混凝土拱坝筑坝技术

——大岗山水电站工程专辑

主编 ○ 黄彦昆　邵敬东

主审 ○ 中国电建集团成都勘测设计研究院有限公司
　　　　水利水电混凝土坝信息网

西南交通大学出版社

·成都·

图书在版编目（CIP）数据

混凝土拱坝筑坝技术：大岗山水电站工程专辑 / 黄
彦昆，邵敬东主编. —成都：西南交通大学出版社，
2019.9
　ISBN 978-7-5643-7154-8

Ⅰ．①混… Ⅱ．①黄… ②邵… Ⅲ．①混凝土坝 – 拱
坝 – 施工管理 – 石棉县②混凝土坝 – 筑坝 – 施工管理 – 石
棉县　Ⅳ．①TV642.4②TV541

中国版本图书馆 CIP 数据核字（2019）第 206102 号

Hunningtu Gongba Zhuba Jishu
—Dagang Shan Shuidianzhan Gongcheng Zhuanji

混凝土拱坝筑坝技术
——大岗山水电站工程专辑

主编　黄彦昆　邵敬东

责 任 编 辑	杨　勇
封 面 设 计	何东琳设计工作室
出 版 发 行	西南交通大学出版社
	（四川省成都市金牛区二环路北一段 111 号
	西南交通大学创新大厦 21 楼）
发行部电话	028-87600564　028-87600533
邮 政 编 码	610031
网　　　址	http://www.xnjdcbs.com
印　　　刷	四川森林印务有限责任公司
成 品 尺 寸	185 mm × 260 mm
印　　　张	14.75
字　　　数	359 千
版　　　次	2019 年 9 月第 1 版
印　　　次	2019 年 9 月第 1 次
书　　　号	ISBN 978-7-5643-7154-8
定　　　价	68.00 元

前　言

大岗山水电站是国家"十二五"重点工程，电站位于大渡河中游高山峡谷地区。电站总装机容量 2 600 MW（4×650 MW），年发电量 114.3 亿千瓦时。水库正常蓄水位 1 130.00 m，死水位 1 120.00 m，水库总库容 7.42 亿立方米，调节库容 1.17 亿立方米，具有日调节能力。工程静态总投资为 140.43 亿元，工程总投资为 174.37 亿元。

大岗山水电站枢纽工程由拦河大坝、泄洪建筑物、引水发电建筑物等组成。挡水坝为混凝土双曲拱坝，最大坝高 210 m，引水发电系统布置于左岸，由电站进水口、压力管道、主副厂房、尾水调压室、尾水洞等建筑物组成，泄洪消能建筑物由拱坝坝身 4 个泄洪深孔、坝下游水垫塘和二道坝以及右岸布置 1 条开敞式进口无压泄洪洞构成。枢纽总泄量为 7 049（设计）~ 8 841 m³/s（校核），泄洪总功率为 15 400 MW，其中，坝身泄量为 5 211 ~ 5 462 m³/s（设计 ~ 校核），泄洪洞泄量为 1 838 ~ 3 352 m³/s（设计 ~ 校核）。工程场址地震基本烈度为Ⅷ度，挡水建筑物抗震设防标准以 100 年为基准期，超越概率为 0.02 确定设计地震加速度代表值的概率水准，相应的地震水平加速度为 557.5 cm/s²，为世界已建和在建工程中最高的，工程抗震设计难度非常大。同时该工程还具有大坝基础地质条件差、基础处理难度大、边坡失稳模式复杂、规模大、边坡加固技术难度大等特点。

大岗山水电站于 2005 年 9 月开始前期筹建，于 2010 年 12 月 5 日通过了国家核准。2008 年 1 月 30 日工程截流，2015 年 9 月 2 日首台机组投产发电，2015 年 10 月 31 日全部 4 台机组投入正常运行。目前工程已运行 4 年多，各建筑物性态正常，运行状况良好，已经产生了巨大的经济效益和社会效益。2018 年该工程获得国家优质工程金质奖。

本论文集对大岗山工程设计、施工、建设及新材料运用方面成果进行总结，共包括论文 26 篇，供类似工程借鉴。

邵敬东
2019 年 6 月

目　录

一、工程建设

二、工程设计

三、工程施工

四、其　他

一、工 程 建 设

浅谈数字大岗山的建设与实践

吴 楠

（国电大渡河流域水电开发有限公司，四川　成都　610041）

【摘　要】大渡河公司先后在瀑布沟、深溪沟、大岗山、枕头坝一级、猴子岩等水电工程中大力推进工程建设信息化的同时，进行了大量的标准化建设和规范化管理工作，并逐步建成了全面感知和数字处理的管控系统，形成了以数字化建设为主要特点的智慧工程先期探索，积累了智慧工程建设的初步经验。文章结合数字大坝的理论概念，介绍了大岗山数字化管理的探索和实践中通过建立八大业务管理系统，以及对工程进度、质量和安全管理取得的主要成果，为大渡河智慧工程建设提供了参考和借鉴，并推动了水电建设管理技术的进步。

【关键词】数字大坝；智能工程；信息化；大岗山

0 引　言

大岗山工程建设中，结合工程建设需要，提出了工程管理"四化"要求，通过建设"工程数字化"平台，综合利用建筑物信息模型（BIM）、计算机仿真技术、可视化技术、物联网与传感技术，实现施工过程的精细化、专业化、标准化、数字化。在保证工程质量、进度和安全目标的同时，提高了管理成效，推动了信息技术的发展。

1 数字大坝理论概念

数字大坝集成涉及工程质量、进度、施工过程、安全监测、工程地质、设计资料等各方面数据、信息；涵盖业主、设计、监理及施工等单位，同时集成计算机技术、管理科学、信息技术等，借助软、硬件，实现了海量信息数据的管理；并协调各类信息内部关系，实现优势互补、资源共享及综合应用的系统体系，为提升大坝建设管理水平提供了科学途径。数字大坝可用如下表达式表述：数字大坝 = 互联网 + 卫星技术 + 当代信息技术 + 先进控制技术 + 现代坝工技术。[1]

2 数字大岗山的建设

2.1 大岗山工程的技术难点

大岗山水电站为一等大（Ⅰ）型工程。工程特点可简要概括为"三高一大"，即高地震烈度（设计抗震基本烈度为8度，属世界第一）、高拱坝（坝高210m，大渡河流域唯一一座混凝土拱坝）、高边坡（边坡开挖高度达到500m级）、大型地下洞室群。工程建设过程中，拱坝抗震安全、混凝土温控、复杂地层灌浆等技术问题十分突出。为了适应大岗山水电站工程建设安全风险大、质量标准高、进度压力大、投资风险高等的需要，就必须改变传统的管理模式，采用技术先进、管理高效、程序优化的大数据智能化科学管理模式。

2.2 研究的总体构架

大岗山工程数字化管理系统的定位为处于工程管理层和现场生产之间的执行层，主要负责生产管理和调度执行与质量监控。建立在企业上层的项目管理信息系统（如 PMS），强调的是面向宏观目标管理；建立在底层进行生产控制的是以先进控制、操作优化为代表的过程控制技术（PCS），强调的是通过控制优化，减少人为因素的影响，从而提高产品的质量与系统的运行效率；中间建立面向生产过程控制的施工过程执行系统（CES），实现计划管理层和底层控制层之间的上传下达、互联互通。

系统在统一的分布式平台上集成诸如生产调度、产品跟踪、质量控制、设备运行分析、总体报表等管理功能，使用统一的数据库和通过网络连接可以同时为工程业主单位、设计单位、施工单位、监理单位等提供现场管理信息服务。系统通过强调施工过程的综合监控与整体优化来帮助实施完整的闭环生产，协助工程建立一体化和实时化的信息体系，全面保证工程建设的安全、进度与质量。根据大岗山工程的特点，数字化管理系统平台分为4个层次，分别为：业务处理与数据采集层、数据查询与单据输出层、综合查询与分析对比层、关键指标评价与预报警层。其中，前两个层属于操作执行层，可通过制定标准的规范与方法，采用固定的流程组织业务工作，采集相关数据；后两个层次为管理决策层，通过对现场采集的各类数据汇总、归类，实现查询分析、综合关键指标评价与预报警，进而实现对操作执行层的综合反馈、实施控制与工作指导。如图1。

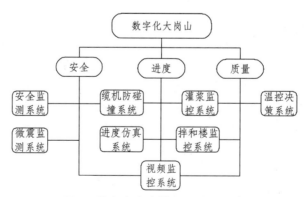

图1 数字大岗山管理系统的组成

2.3 研究的主要内容

经过专题研究，汇集国内相关科研院、所优势资源，建成了八大业务管理系统，详见表1。

表 1   大岗山数字化管理业务管理系统及实施单位

序号	名　　称	实施单位
1	温控仿真分析系统	武汉大学
2	大坝施工进度仿真系统	天津大学
3	灌浆实时监控系统	长江科学院
4	工程安全监测系统	西北院
5	缆机防撞预警系统	武汉大学/武汉理工大学
6	视频监控系统	四川能信
7	微震监测系统	大连力软
8	枢纽工程三维模型及信息查询系统	天津大学

3   主要技术创新点

3.1   温控仿真分析系统

利用物联网技术，在数据采集中应用数字化方法，提高数据采集的效率、及时性与准确性，避免了传统作业方式带来的弊端，系统中应用的数字温度计＋数字温度采集器＋数字化温控管理平台的组合方案，实现了大坝混凝土数字测温。

温控决策支持系统能够记录混凝土从生产、入仓、浇筑乃至后期养护全过程中的温度数据，形成每一仓的温度检测统计数据，包括出机口温度、入仓温度、浇筑温度、最高温度、环境温度等。统计每日监测次数，平均温度，最高、最低气温及最大温差，并在图表中绘制气温曲线，包括日平均温度曲线和日最大温差曲线。通过分析采集的相关数据，对混凝土龄期情况、内部温度变化情况、温控措施实施情况、以及环境变化情况等进行实时监测及快速分析，对超出设计标准的指标采取相应预警提示及提出决策支持，指导施工进行。

3.2   施工进度仿真系统

包括九大模块，即施工参数模块、仿真计算模块、对比分析模块、图形显示模块、数据输出模块、实际进度模块、信息查询模块、数据库管理模块及帮助模块。该系统支持坝体动态分层分块、大坝施工过程动态跟踪、实时仿真计算、施工进度预测分析与预警、大坝浇筑进度计划制定等功能。结合本系统集成平台，可实现提供大坝基础定义及现场的实际施工进度数据，并依此来综合仿真分析大坝的施工进度计划（浇筑、接缝灌浆等），提供并验证综合施工计划方案，指导长、中、短期的施工计划制定。最终将大坝施工进度仿真计划在系统中予以发布，为工程管理决策以及施工提供有力支持。

3.3   灌浆实时监控系统

以计算机和网络协调器为核心，将一个施工面的所有内嵌无线通信模块的灌浆记录仪，通过无线网络通信方式联网组成。每台灌浆记录仪在完成灌浆数据显示、记录的同时，将所采集的数据以无线多跳路由的方式，实时传输给网络协调器。网络协调器直接与灌浆管理系统的核心电脑连接，完成对现场施工所有数据的实时显示、记录、查询、曲线显示分析、打印、防伪分析等功能。彻底改变了过去灌浆施工仪器设计面向施工方，施工点分散、孤立、难以全面实时监控的局面；采用全新的面向业主和监理的设计理念，大大强化了现场的施工管理和监控的能力。通过设定灌浆量、抬动、压力预警值，实现异常情况的及时处置，保证了工程质量。如图2。

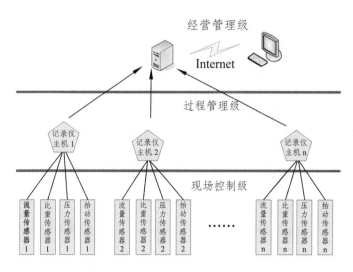

图 2　灌浆监控系统组成

3.4　缆机防撞预警系统

针对大岗山阴雾和夜间施工环境下大坝施工的混凝土料罐精确定位的问题，从施工环境复杂性和自然环境多雾性两个角度出发，由武汉大学和武汉理工大学在缆机定位系统的基础上，通过软件与硬件集成的手段，研制的一套全天候自动测控运行系统。

结合 GPS 实时获取高精度位置信息的功能和 GIS 强大的空间分析功能，对项目进行精心的技术设计，通过无线电波通信实现数据远程实时传输，建设一套连续、自动、实时监测，而且不受包括阴雾等自然环境因素影响的、全天候的面向大型缆机施工过程安全的GNSS/GIS 集成的智能诱导系统，满足连续工作和不受天气影响的施工管理要求。

3.5　微震监测系统

针对右岸边坡卸荷裂隙加固处理（图 3），进行了岩质边坡稳定性数值仿真方法的研究，提出了针对岩质边坡稳定性分析的新型数值模拟方法——离心加载法，并研发了 RFPA-centrifuge软件系统；通过数值仿真试验，再现了岩质边坡渐进破裂和滑坡过程，揭示了岩质边坡在开挖扰动条件下的裂纹萌生、扩展、贯通过程和潜在滑面孕育过程中的微破裂前兆规律；基于能量耗散原理，提出了考虑微震损伤效应的边坡岩体劣化准则，建立了基于微震监测数据反馈的微震损伤效应边坡稳定性分析法，并开发了 RFPA-MMS 岩石边坡微震损伤稳定分析软件系统。

电站蓄水过程中，受外部因素影响，蓄水时间推后，大坝施工形象与设计发生较大改变，大坝整体出现前倾变化趋势，现有监测手段难以反映坝踵的真实性态状况，为此，首次利用微震监测技术，开展了坝体及坝基在施工、蓄水、初期运行过程中岩体及坝体微破裂变形监测，开拓了微震监测技术的应用新领域。

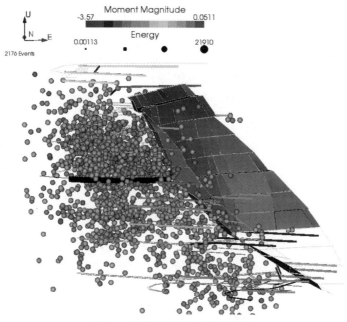

图 3　右岸边坡微震监测事件

3.6　安全监测系统

系统对安全监测数据进行了规范的综合统计、分析和展示，以便相关工作人员从整体的角度对大坝工程施工监测数据进行掌控与分析。采用表格、曲线图等多种方式对安全监测的数据进行了个性化的展现，并对安全监测的数据进行分析、整理后，在监测结果查询页面中以成果曲线图和统计报表的形式展现出来。通过成果曲线图，我们可以掌握大坝施工过程中温度、开合度、应力、应变、位移、稳定、渗流、渗压、裂缝等监测项目等监测值的变化趋势，能够对安全监测信息进行全面的查询和展现。

3.7　视频监控系统

系统布置总共 11 个点位：桃坝渣场下游省道与县道交汇处、泄洪洞出口、大岗山隧道出口路边、右坝肩下游、右坝肩上游、主厂房安装间顶部、副厂房顶部、海流沟大坝沙石系统、观景台、左坝肩上游、左坝肩下游。各监控点将监控到的图像信息通过光纤网络远程传入数字化监控系统，经过数据转化后，形成的图像信息，可在办公室内安装有客户端的计算机上观看。

3.8　三维模型及信息查询系统

枢纽工程三维模型是实现工程数字化管理的基础工作。三维模型不仅应用于枢纽工程的可视化展现，也是枢纽工程建筑物特征的重要描述要素，可以用来定义枢纽工程建筑物的几何特性，如：部位、坐标、方量等信息，同时，作为建筑物信息模型（BIM）的基础，用来定义并维护特征结构、材料、施工工艺参数、约束条件等信息，为数字化管理提供准确的边界条件。同时，通过将施工过程数据与三维模型关联，实现动态的工程数字化管理和展现。

3.9　数字化大坝管理平台

以上管理系统的开发对工程建设起到了较大的促进作用，但各系统之间不能兼容，应用还不方便。为此，委托武汉英思科技公司进一步开发了数字大坝集成管理平台，将各个专业子系统进行应用与消息集成，实现数据单一入口、信息资源共享与应用操作集成，进一步提高了施工管理效率。

4　取得的成效

4.1　工程安全管理

通过缆机防碰撞系统应用，施工过程预警提示 3 000 余次，实现紧急避险 5 次，保证了项目安全生产。

4.2　大坝施工质量管理

通过"数字大岗山系统"有效实施，采集近 45 万罐混凝土实时生产数据，监控 450 余万条大坝混凝土关键温控数据，使混凝土双曲拱坝浇筑温度合格率和混凝土峰值温度合格率从前期的不足 80% 提升到 96.3%，大坝未出现一条危害性裂缝。

4.3　大坝施工进度管理

借助大岗山大坝施工进度仿真系统，科学调配各类资源，精心组织施工，使大坝实际施工进度执行率从 82% 提高至 98.7%；通过拌和楼监控平台、缆机远程监控和防碰撞系统联合作用，混凝土施工工效整体提高 7%，大坝总进度提前 2 个月。

4.4　投资控制管理

通过数字化应用取得了较好的经济效益。通过数字化智能管理技术研究，取得直接经济效益 8 000 万元，间接效益 2 亿元。

5　结　语

在大岗山水电站，大渡河公司联合多家科研单位提出了"数字大岗山"建设规划，通过对大坝浇筑、温度控制、基础处理、缆机运行等施工过程的信息化、数字化管控，实现了多个专业工程的全面数字管理，保障了工程安全和质量。

参考文献

[1] 钟登华，王飞，吴斌平，等. 从数字大坝到智慧大坝[J]. 水力发电学报，2015（10）：1-13.

[2] 吕鹏飞. 大岗山大坝数字化管理[J]//水电可持续发展与碾压混凝土坝建设的技术进展：中国大坝协会 2015 学术年会论文集：33-40.

[3] 吕鹏飞，卢军. 大岗山水电站数字化管理平台开发与应用[J]. 人民长江，2014（22）：9-12.

[4] 肖平，吴基昌，李方平，等. 大岗山水电站数字化管理信息系统建设与应用[J]. 人民长江，2012（22）：18-21.

大岗山水电站库区郑家坪变形体应急处置

陈兴泽[1, 2]　赵连锐[1]　廖勇[1]　曾露[1]

（1. 国电大渡河大岗山水电开发有限公司，四川　石棉　625409；

2. 四川铁投城乡投资建设集团有限责任公司，四川　成都　610041）

【摘　要】近年来，部分身处西部高山峡谷地区的大型能源、交通工程在建成投用的同时，也深受伴随其身的大型变形体（滑坡体）等地质灾害的"困扰"。大岗山水电站面对蓄水后在库区出现的郑家坪变形体，通过采取勘察与界定、变形监测、分析定性、安全应急、工程临时处置等措施，保持了 S217 省道淹没复建公路的通畅，实现了重大地质灾害下长时间的零伤害，避免了电站的不正常运行。

【关键词】地质灾害；变形体；应急处置；成效

0　引　言

近年来，部分地处西部高山峡谷地区的大型能源、交通工程在建成投用的同时，也深受伴随其身的大型变形体或滑坡体等地质灾害的"困扰"，工程的正常运营及人民生命财产的安全受到了严重威胁[1-4]。针对这些大型变形体（滑坡体），国内外现阶段的文献主要集中于研究其成因机制、动态演化过程、时空分布规律、灾害影响、风险评价体系、防灾减灾措施等偏理论方面，系统性论述应急处置实践经验的较少。而对地质灾害及时、科学、妥当的应急处置是地质灾害理论研究的主要意义之一，也是对科学技术方面要求最具体和最突出的工作阶段[5]。同时，地质灾害应急防治是一项各阶段相互联系的工作，是有组织的科学与社会行为[5]，故深入分析研究典型案例的实践经验具有很重要的现实意义。

1　概　况

郑家坪变形体位于大渡河大岗山水电站水库右岸，S217 省道淹没复建公路（以下简称"复建公路"）K8 + 030 m ~ K10 + 750 m 之间，距离坝址约 11.8 ~ 15.0 km，总体积约 5 500 万立方米（见图 1）。

大岗山水电站于 2015 年 10 月份四台机组全投，并首次蓄水至正常蓄水位高程 1 130 m。同月，复建公路 K9 + 400 m ~ K9 + 500 m 段开始出现沉降变形，至 12 月底，公路边坡及挡墙出现多处裂缝。2016 年 3 月，在与路面高差 47 ~ 110 m 之间的公路边坡开口线外发现数条宽 10 ~ 70 cm 的裂缝，同时在公路内侧边坡挡墙及外侧便道路面发现横向裂缝，上、下边坡多条裂缝基本贯通；内侧部分边坡挡墙在变形体挤压作用下出现鼓包。同年 4 月下旬，变形体上游侧及前缘水库水面有大量气泡冒出，在其后 4 月底至 10 月的雨季，上边坡发生数次零星垮塌。

图 1　郑家坪变形体全貌照

2　应急处置的实施

2.1　勘察与界定

为查明郑家坪变形体的边界、规模、裂缝分布、微地貌形态特征、工程地质特性等，在发现相关变形迹象之后，相关单位立即组织开展了资料收集、测绘、现场调查、钻探、洞探、岩土体物理力学试验等变形体勘察与界定相关工作。根据变形特征，将变形体划分为了Ⅰ、Ⅱ、Ⅲ区，具体如下：

Ⅰ区位于复建公路 K9 + 430 m ~ K9 + 600 m 段，以两旁冲沟为侧边界，后缘开裂高程约 1 260 m，体积约 50 万立方米。该区变形强烈，后缘裂缝与上、下游侧边界裂缝已基本贯通，形成了半椭圆形边界，内侧公路边坡和外侧防撞墙可见裂缝，公路边坡有数处局部崩塌，水下可能有小型塌滑。

Ⅱ区位于复建公路 K9 + 052 m ~ K9 + 430 m 段（Ⅰ区下游）、K9 + 600 m ~ K10 + 120 m 段（Ⅰ区上游），后缘高程一般 1 200 m 以下，局部达高程 1 330 m，体积约 150 万立方米（上游区体积约 70 万立方米，下游区体积约 80 万立方米）。变形主要表现为公路路面沉降裂缝、边坡混凝土喷层裂缝脱落等，公路边坡有数处局部崩塌。

Ⅲ区位于复建公路 K8 + 030 m ~ K8 + 800 m 段，高程 1 270 m 以下，体积约 120 万立方米。变形主要表现为公路挡墙沉降裂缝、边坡混凝土喷层裂缝等，公路边坡局部崩塌，公路边坡后缘存在裂缝。

2.2　变形监测

为及时掌握变形体的位移及发展趋势，组织开展了包括外部变形监测、深层侧向位移监测以及裂缝监测三部分的变形监测。

2.2.1　外部变形监测

外部变形监测采用 GNSS（全球卫星导航系统）方法进行自动观测，实现了对变形体的连续实时监测。当现场信号较差无法接收到数据时，采用传统人工监测的方式对变形体进行监测，确保及时掌握变形体的变化状态与发展趋势。

2.2.2　深层侧向位移监测

深层侧向位移监测采用 3 个深度达到 80 m 的测斜孔进行，观测频次为 1 次/周，并根据郑家坪变形体变形情况进行调整。

2.2.3 裂缝监测

裂缝监测采用游标卡尺对裂缝宽度进行量测，量测频率为：在裂缝发育较显著时为每天上午、下午各一次，其后每天一次；在裂缝发育较缓慢后调整为 1 次/周。

郑家坪变形体监测成果及变形情况每天两次以短信方式向相关单位及地方政府报送。同时每周、每月形成周报和月报，对变形趋势进行阶段性总结分析；当变形体位移每日变化量 > 10 mm，监测短信发送频率变更为每小时一次，并在当日发布简报。

2.3 分析定性

2.3.1 变形破坏原因分析

通过地表地质调查、边坡变形发展过程，以及钻孔、平硐勘探成果分析，郑家坪变形体边坡变形破坏的内因在于其发育于大渡河断裂带夹持的三叠系白果湾组（T_{3bg}）薄层状砂页岩地层中，顺层结构面发育，岩体倾倒变形强烈；外因在于复建公路开挖切脚、公路通行、水库蓄水、降雨等导致坡体前缘稳定条件变差。水库蓄水对坡脚岩土体的改造，降雨沿地表裂缝入渗弱化岩土体物理力学性状，进一步加剧了坡体的变形破坏[6]。

2.3.2 稳定性分析

经地表地质调查、变形监测以及边坡稳定性计算分析，综合判断认为：

郑家坪变形体是水库蓄水前已存在的，形成于地质历史时期地表以里一定深度范围内的倾倒变形体，天然条件下（蓄水前）处于稳定状态。

监测资料显示，变形体Ⅰ区每天变形量为 3.12 ~ 8.54 mm，整体处于初期变形阶段，边坡处于临界稳定状态，可能形成滑坡。Ⅰ区局部稳定主要受公路边坡上部覆盖层和碎裂松动岩体控制，可能产生蠕滑 ~ 拉裂型滑坡或崩塌。

变形体Ⅱ区地形较陡，每天变形量小于 1 mm，总变形量在 10 mm 左右，整体处于基本稳定至临界稳定状态。Ⅱ区局部稳定受公路开挖边坡上部土体或碎裂松动岩体控制变形体。

变形体Ⅲ区大渡河断裂 F1 断层位于库水位以上，加之白果湾组地层出露宽度变窄，岩体倾倒变形相对较弱，地表大树直立，岩土体中未见贯通性裂缝，蓄水后后缘裂缝无新的变化，整体基本稳定。Ⅲ局部稳定受公路开挖边坡上部土体或碎裂松动岩体控制。

变形体稳定性计算结果显示，Ⅰ区整体在蓄水、暴雨工况下边坡处于临界稳定状态，地震工况下可能整体失稳；变形体Ⅰ区、Ⅱ区、Ⅲ区公路内侧边坡局部稳定性差，在各种工况下存在拉裂、局部掉块和垮塌的风险。

2.3.3 危害分析

主要对状况最差及地质灾害危险性最大的Ⅰ区进行分析，具体如下：

因大岗山电站水库库容较大，在正常蓄水位 1 130.00 m 时，该段水库回水深度约 110 m，变形体Ⅰ区整体失稳时虽属于大型滑坡，但不会形成堰塞湖次生灾害。

根据中国水利水电科学研究院黄种为、董兴林等的经验公式进行的滑坡涌浪分析成果如下：

假定郑家坪变形体Ⅰ区整体下滑，水库水位 1 130 m 时，估算在入水点引起的涌浪高度为 6.76～19.39 m，传播到坝址时一般为 0.36～0.81 m，小于大岗山拱坝的 5 m 超高，不会对电站运行产生危害性影响，但涌浪对水库上下游约 6 km 范围将产生较大的影响，需注意水上、水边活动的安全。

对右岸（本岸）的影响：复建公路将中断，Ⅰ区上部土地受影响；涌浪传播到右岸下游约 400 m 处的高度一般为 2.87～6.37 m，爬坡后的高度仍低于该处公路和公路内、外侧村民房屋的高程，不会影响该处公路和房屋安全。

对左岸（对岸）影响：入水点对岸涌浪最大爬坡高度 7.06～20.24 m，因左岸库周公路较高，路面高程约 1 280 m，涌浪对其影响不大；但左岸上游新华滑坡距离郑家坪变形体较近，涌浪到达对岸爬坡后对滑坡稳定不利，可能引发新华滑坡前缘产生塌滑破坏。

综合分析认为，郑家坪变形体短时间内整体失稳下滑的概率较低，现阶段面临的主要威胁是复建公路内侧局部边坡随时可能发生掉块和垮塌，威胁公路的安全、顺畅通行。

2.4　安全应急措施

鉴于该段复建公路是进出四川藏区乃至西藏地区的重要通道，确保该路段持续安全、顺畅通行有特别重要的意义，故无法简单采取封闭道路、完全中断通行的应对措施。为此，2016年 3 月在发现裂缝明显变化后，相关单位随即采取了如下安全应急措施：

（1）为避免雨水渗入加剧变形，在变形区域后缘外侧布置截水沟，同时对裂缝采用塑料膜进行封闭处理；为防止边坡滚石危及过往车辆安全，采取了沿公路内侧挡墙布置被动防护网、对山体冲沟部位边坡喷素混凝土等临时防护措施；此外，为利于车辆快速通过，并尽可能远离掉块滑渣，对边坡易垮塌地段的公路在路基外侧采用钢筋石笼码砌、内侧回填碎石以扩建拓宽。

（2）在变形体上、下游复建公路上设置了十余块醒目的地质灾害警示牌、安全通行警示牌，提高警示提醒效果。

（3）与地方公安、交通部门联合发布交通管制通告，并在变形体两端设置交通管制站，对途径该段的车辆实施交通管制：禁止五轴以上（含五轴）货车通行，其他车辆每日 7：00～19：00 单边观察通行，其余时间和大雨及以上天气、山体边坡发生落石滑坡或变形体位移每小时变化量 > 10 mm 等异常情况时，禁止通行。管制站安排专人 24 小时三班值守，对过往人员及车辆进行告诫、劝阻，与地方公安部门共同引导社会车辆通行。

（4）在易垮塌地段设置观察哨，实行三班制，每班 4 人，发现上边坡滚石、塌方等马上用警报器报警，同时用对讲机通知两端管制点禁止车辆及行人通行，并及时将险情上报。

（5）在变形监测之外，每日安排 4 人对边坡进行巡视检查，检查内容包括边坡是否新出现裂缝以及已有裂缝深度和宽度的变化情况，是否出现掉渣或掉块现象，坡表有无隆起或下陷，并做好巡视记录。

（6）成立应急领导小组和应急抢险队伍，编制应急预案并进行演练，同时，将预案向地方政府进行报备。给应急抢险队伍配置救生衣、照明电筒等应急品；现场配备一台 15 kW 柴油发电机、2 台装载机和 2 台挖掘机，同时配备一艘 6 座快艇和一艘捞渣船，停靠于大岗山大坝附近，根据需要随时投入应急抢险；为便于夜间照明观察，在现场增配了多盏探照灯；在变形体正对面的库区左岸设置红外线摄像头，对变形体区域进行24小时监控，及时留存突发状况的影像资料。

（7）每天安排有专门人员和设备对变形体路段的路面清扫、清理，保证路面整洁；根据天气情况，安排洒水车对路面进行洒水除尘、保湿，以保证观察人员和驾驶员视野清晰。

2.5　工程临时处置措施

郑家坪变形体永久治理实施难度大、周期长，而道路保通意义又特别重大，故尚需在上述安全应急措施的基础之上，采取进一步的工程临时处置措施，以尽可能降低永久治理完成前的通行安全风险。经相关单位会同地方政府的多次讨论研究，决定采用"减载＋锚喷支护"的临时处置工程方案进行道路保通，具体方案如下：

（1）复建公路 K9＋370～K9＋633 段（Ⅰ区）：以公路内侧边沿为基点，按 1:1 的坡比进行放坡，每 20 m 设置宽 3 m 的马道。从上到下每开挖完成一级后进行系统挂网喷锚支护，锚杆采用 Φ25 自进式中空锚杆，间排距 2 m×2 m，梅花形布置，锚杆长度为 4.5 m，挂钢筋网 Φ6.5@20 cm×20 cm，喷 C25 混凝土厚 12 cm。完成支护后才能进行下一级施工。

（2）复建公路 K9＋270～K9＋370 段（Ⅱ区）：在高程约 1 335 m 处设置施工开口线，在开口线附近先设置 6 m 长 Φ25 自进式中空锚杆进行锁口，完成后再按 1:1 的坡比进行放坡，第一级设置为高差 15 m、马道宽 3 m 的边坡，以下则每 30 m 设置宽 3 m 的马道至公路，支护参数及要求同Ⅰ区。

（3）对其他存在掉块和垮塌风险的公路边坡进行支护处理，支护参数同Ⅰ区。

3　应急处置的成效

（1）在郑家坪变形体应急处置中，由于相关单位反应迅速、应对科学和处置妥当，避免了省道 217 线石棉至泸定段的中断，保证了过往车辆和人员的安全，实现了重大地灾下长时间零伤害。据不完全统计，在 GNSS 监测数据的实时指导及所建应急机制的果断、有效响应下，应急处置的过程中成功实现紧急避险 5 次，估计避免因人员伤亡和车辆损毁造成的直接经济损失超过 2 000 万元，有力地维护了地方社会的稳定。

（2）郑家坪变形体工程临时处置措施于 2016 年年底实施完毕。变形体在经过减载后，变形监测数据趋于减少，相关部位也在开挖支护后，再未发生过垮塌，目前，复建公路通行正常。

（3）在对郑家坪变形体发展趋势及危害的正确研判下，大岗山水电站避免了不必要的低水位运行，初略估算避免的间接经济损失超过 1.2 亿元。

4　结　语

（1）郑家坪变形体总变形规模大，严重影响了 S217 省道淹没复建公路石棉至泸定段的安全、顺畅通行，但在相关单位的迅速反应、科学应对和妥当处置下，保持了省道的通畅，实现了重大地质灾害下长时间零伤害，避免了不必要的损失，经济和社会效益显著。

（2）中国地质环境监测院刘传正曾指出，高效有序地应对重大突发地质灾害的应急行动可概括为 6"快"，即"快调查、快监测、快定性（会商）、快论证、快决策（应对）和快实施"[5]。对郑家坪变形体的成功应急处置，十分吻合这一经验。

（3）郑家坪变形体的应急处置，是企业联合地方政府智慧应对重大地质灾害的一次成功协作，对国内地质灾害的应急响应具有巨大的参考和借鉴意义。

（4）针对郑家坪变形体的永久根治，在遵循"有利于变形体的根治，有利于保通期的安全，有利于造价控制，有利于快速实施，有利于后续移交"的原则下正在积极研究中。

参考文献

[1] 文良友，蔡频. 溪洛渡水电站水库影响区地质灾害的预测预防[J]. 水力发电，2018，44（1）：94-97.

[2] 赵明华，朱信波，赵雄. 金沙水电站花石崖危岩体稳定性分析与治理[J]. 四川水力发电，2018，37（2）：45-47.

[3] 刘勇，倪迎峰，郑江. 锦屏水电站地质灾害防治治理与启示[J]. 人民长江，2017，48（2）：44-48.

[4] 童广勤，王翔俊，石纲. 三峡水库地质灾害防治措施分析与建议[J]. 人民长江，2011，42（22）：20-22＋41.

[5] 刘传正. 重大突发地质灾害应急处置的基本问题[J]. 自然灾害学报,2006,15(3):24-30.

[6] 曹廷，王丽君，何鑫. 郑家坪变形体变形机制与稳定性分析[J]. 岩土工程技术，2018，32（5）：242-246.

二、工程设计

大渡河大岗山水电站枢纽布置

黄彦昆　邵敬东　黎满林

（中国电建集团成都勘测设计研究院有限公司，四川　成都　610072）

【摘　要】大岗山水电站坝址区山体雄厚、岸坡陡峻，地形地质条件复杂，地震烈度高，枢纽布置难度大。根据坝址区水文地质条件，枢纽布置采取混凝土双曲拱坝挡水、坝身深孔、右岸泄洪洞泄洪及水垫塘、二道坝消能防冲，以及左岸引水发电系统，很好地利用了上、下游的两个河湾地形，使左岸引水发电系统和右岸泄洪建筑物都能裁弯取直布置，在保证水流顺畅的同时，节约了工程投资。

【关键词】地震烈度高；枢纽布置；地形地质；大岗山水电站

0　引　言

大岗山水电站位于四川省大渡河中游雅安市石棉县挖角乡境内，是大渡河干流规划 22 个梯级的第 14 个梯级电站。工程的主要任务是发电，兼顾防洪。电站总装机容量 2 600 MW，平均年发电量 114.30 亿千瓦时。水库正常蓄水位 1 130.00 m，死水位 1 120.00 m，正常蓄水位以下库容约 7.42 亿立方米，调节库容 1.17 亿立方米，具有日调节能力。大渡河大岗山水电站早期的勘测设计工作早在 20 世纪 70—80 年代就已经开展。1983 年，勘测设计工作因地震问题而被迫停止，2003 年通过长达 20 年的大量调查研究论证工作大岗山设计重新启动，随即对大岗山电站枢纽布置进行深入研究。

1　工程概况及基本条件

1.1　区域地质

工程区位于川滇南北向构造带北段，为南北向安宁河断裂、北西向鲜水河断裂和北东向龙门山断裂交汇部位，处在由磨西断裂、大渡河断裂和金坪断裂所围限的黄草山断块的西侧边缘，坝址距磨西断裂和大渡河断裂分别为 4.5 km、4 km，地震地质背景复杂，区域构造稳定条件差。经地震地质、地震活动性以及潜在危险性分析，工程区未来面临的地震危险性主要来自鲜水河地震带和安宁河地震带对它的影响。

1.2　水文条件

坝址区多年平均气温 16.9 °C，多年平均年降水量 801.3 mm，多年平均相对湿度 69%；

多年平均流量 1 010 m³/s；多年平均悬移质年输沙量 2 430 万吨，多年平均含沙量 0.773 kg/m³，汛期（6—9 月）多年平均悬移质输沙量 1 930 万吨，汛期平均含沙量 0.973 kg/m³。

1.3　工程地质条件

坝址河谷狭窄，两岸山体雄厚，谷坡陡峻，基岩裸露[1-3]，自然坡度一般 40°～65°，相对高差一般在 600.00 m 以上，左岸海流沟、右岸铜槽沟为较大的支沟，海流沟口以上大渡河河谷呈"V"形峡谷，向下游河谷相对宽缓。坝址区河谷呈"Ω"形嵌入河曲形态，河流流向由和平沟上游的近 EW 向，转为 SW26°～47°通过坝址，在铜槽沟口大渡河以一约 135°的大转弯向东流，海流沟口以下急转向南流。正常蓄水位 1 130.00 m 时谷宽 380.00～470.00 m。坝基处覆盖层最大厚度 14.0 m。

坝区基岩以澄江期灰白色、微红色黑云二长花岗岩（γ24-1）花岗岩类为主，中粒结构。此外，尚有辉绿岩脉（β）、花岗细晶岩脉（γι）、闪长岩脉（δ）等各类脉岩穿插发育于花岗岩中，尤以辉绿岩脉分布较多，辉绿岩脉走向以近 SN、NNE、NNW 向为主，大多数为陡倾角，多较破碎，与围岩接触关系主要有焊接式、裂隙式和断层式三种类型。坝址区断层主要有三组，即近 SN、NNW 和 NNE 向，多沿辉绿岩岩脉发育（约占 68%），断层破碎带宽多在 0.10～1.00 m 之间，由片状岩、碎粉岩、角砾岩等组成。

坝址区节理裂隙主要发育有六组，三组陡倾、一组缓倾、一组中倾主要发育于右岸；岩体风化卸荷强烈，且具有随高程降低而逐渐减弱的规律。1 080.00～1 200.00 m 高程，风化水平深度一般 60～90 m；97.00～1 080.00 m 高程，风化水平深度一般 40～90 m，970.00 m 高程以下，岩体风化铅直深度 3～13 m。

2　影响枢纽布置关键技术问题及其处理

2.1　特征水位选择

在特征水位的选择上，从电站能量指标和电站经济指标看，高正常蓄水位指标较好；而从建坝条件看，由于坝区地震烈度较高，地质条件较差，且随正常蓄水位的增加，拱坝承受的总水推力、坝体主拉压应力、坝体工程量均呈增大趋势，坝肩抗滑稳定安全系数逐渐减小，拱坝抗震设计难度在国内外均较突出，正常蓄水位不宜太高；梯级衔接、水库淹没及环境影响等其他因素，不制约正常蓄水位的选择；综合分析后确定正常蓄水位为 1 130.00 m。由于电站库容较小，水库消落深度增加后所增加的调节库容而增加的下游梯级效益，难以弥补由于消落深度增加而降低大岗山电站平均水头所损失的电量，因此，消落深度小是有利的。从四川电力系统需要及电站运行灵活性的需要出发推荐消落深度为 10 m，死水位确定为 1 120.00 m。

2.2　坝型选择

考虑到坝址距磨西断裂和大渡河断裂距离近，地震地质背景复杂，区域构造稳定条件差。地震设防烈度为国内最高，且坝高超过 200 m，因此，选择合理的坝型，关系到整个工程的成败。

根据对混凝土双曲拱坝以及面板堆石坝抗震性能的综合分析，从大坝抗震性、抗震设计技术成熟性和筑坝经验方面来看，混凝土拱坝坝型优于面板堆石坝。从枢纽建筑物布置灵活性来看，混凝土拱坝方案较优。建设征地及移民安置的难度和补偿投资、环境影响等方面，混凝土拱坝方案略优。从施工组织方面分析，两者各有优缺点，两种坝型均无明显的优势。最终确定采用混凝土双曲拱坝坝型。

2.3 泥 沙

考虑河流悬移质含量大，汛期输沙量大。为了减少泥沙淤积，降低泥沙对发电效益的影响，将电站进水口紧靠坝肩设置，在坝身设置的 4 个深孔，在汛期进行排沙。

3 枢纽布置研究

3.1 工程等级及设防标准

（1）主要建筑物级别。挡水、泄水、引水及发电等永久性主要建筑物为 1 级建筑物，永久性次要建筑物为 3 级建筑物。

（2）挡水、泄水建筑物按 1 000 年一遇洪水设计，5 000 年一遇洪水校核；电站厂房按 200 年一遇洪水设计，1 000 年一遇洪水校核；泄水建筑物消能防冲按 100 年一遇洪水设计。

（3）挡水建筑物抗震设防类别为甲类。挡水建筑物抗震设防标准以 100 年为基准期，超越概率为 0.02 确定设计地震加速度代表值的概率水准，相应的地震水平加速度为 557.5 cm/s²；非壅水建筑物以 50 年为基准期，超越概率为 0.05 确定设计地震加速度代表值的概率水准，相应的地震水平加速度为 336.4 cm/s²。

3.2 枢纽布置方案选择

3.2.1 坝轴线选择

拱坝坝线位置的选择是一个全面的技术经济比较问题，根据坝址区工程地质条件，确定坝轴线选择原则如下：① 尽量使拱坝布置在河谷相对狭窄部位，且有利于其他建筑物的布置；② 坝肩抗力体避开左岸Ⅳ、Ⅳ₂勘探线附近的两条冲沟；尽量使大坝远离抗力体中岩脉发育部位；③ 坝肩抗力体尽量避开 F_1、f_5、f_7、f_{17} 等断层出露部位。

根据上述原则，在上坝址拟定上、中、下三条坝轴线进行比选，以Ⅺ勘探线上游 30 m 为上坝线，以Ⅺ勘探线上游 50 m 为中坝线，以Ⅳ勘探线下游 50 m 为下坝线。经过坝体应力、坝肩抗滑稳定、枢纽布置、工程量等综合比较，上坝线和中坝线拱坝无论从坝肩抗滑稳定、拱坝平面布置、还是拱坝局部地质条件等方面，均优于下坝线拱坝；上坝线地质风化深度比中坝线浅，坝体混凝土量和坝基开挖量最小，并且结合其他建筑物的布置条件看，上坝线略优于中坝线。最终确定坝轴线为上坝线，相应的拱坝中心线走向为 N26°16′37″W。

3.2.2 泄洪消能建筑物布置选择

考虑到大岗山水电站河谷狭窄，岸坡陡峻，洪水流量大，水头高，泄洪功率大，约为

15 400 MW，泄洪消能建筑物采用"分散泄洪、分区消能"的布置原则。利用坝身 4 个深孔兼顾泄洪、放空和排沙，保证进水口前门前清。坝后采用挑流式消能。

泄洪洞布置在右岸，利用"Ω"河湾裁弯取直，使进出口水流顺畅，水流条件简单，出口水流归槽好；同时，泄洪洞布置远离大坝和厂房尾水建筑物，消除泄洪雾化对拱坝抗力体和厂房尾水的影响，且施工干扰小。泄洪洞设置成开敞式进口泄洪洞，保证泄洪具有一定的超泄能力。

3.2.3 引水发电建筑物布置选择

坝址位于中高山峡谷地区，河谷狭窄，沿河平缓阶地很少，不具备布置地面厂房的条件，因此采用地下厂房。

考虑到左岸具有较好的河弯地形条件，引水发电系统布置在左岸可以裁弯取直，既有利于水流顺畅，同时还可缩短了建筑物布置线路长度，从而节约了工程投资。同时，左岸地质条件比右岸好，对布置引水发电系统较为有利。因此，引水发电系统布置在左岸。

通过对首部、中部、尾部三种厂房形式的综合比较得出：① 中部厂房形式因需设上、下游调压室，工程量大，运行管理复杂；② 尾部厂房布置方案引水隧洞较长，引水隧洞如出现渗透稳定问题将影响坝肩抗力体稳定；同时，需设置上游调压室，引水、尾水系统工程量较大；此外，厂房设在尾部靠近河边，且靠近海流沟挤压破碎带，该部位地质构造复杂、岩脉、断层发育，地下厂房洞室围岩稳定性较差。③ 首部式地下厂房地质条件明确、洞室围岩稳定条件较好，建筑物布置相对集中。因此，大岗山水电站采用首部式地下厂房。大岗山水电站枢纽布置见图 1。

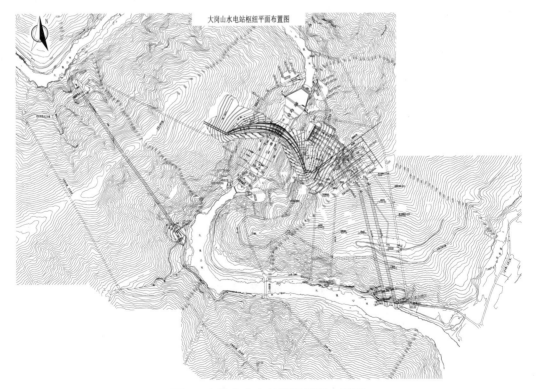

图 1 大岗山水电站枢纽平面布置图

4 枢纽布置

枢纽由挡水、泄水及消能防冲、引水发电等永久建筑物组成。挡水建筑物采用混凝土抛物线双曲拱坝，坝顶高程 1 135.00 m，建基面高程 925.00 m，最大坝高 210.00 m。泄洪隧洞布置在右岸库区"Ω"地形上弯段处，进口为"开敞式"岸塔结构。引水发电建筑物布置在左岸，主要由电站进水口、压力管道、主副厂房、主变室、尾水调压室、尾水洞、尾闸室和尾水出口等组成。

4.1 挡水建筑物

挡水建筑物为混凝土双曲拱坝，最大坝高 210 m[4-6]，坝顶高程 1 135.00 m，底部建基面高程 925.00 m 坝顶厚 10.00 m，坝底厚 52.00 m，最大中心角 93.54°，坝顶中心线弧长 635.467 m，厚高比为 0.248，弧高比为 3.026。大拱坝共设置 28 条横缝，分为 29 个坝段，横缝形式为"一刀切"的铅直平面，不设纵缝。

4.2 泄洪消能建筑物

泄洪消能建筑物由坝身 4 个深孔、右岸一条泄洪洞、坝后水垫塘及二道坝等组成。

坝身 4 个泄洪深孔孔尺寸均为 6.00 m×6.60 m，进口底板高程分别为 1 052.00 m 和 1 049.00 m，出口底高程分别为 1 043.19 m 和 1 046.21 m。

水垫塘中心线与溢流中心线重合，断面形式为复式梯形断面，水垫塘底宽 45.00 m，顶宽 91.00 m，底高程 930.00 m，顶高程 971.00 m。

二道坝为重力坝形式，最大坝高 36.00 m，坝顶高程 961.00 m，坝顶宽 8.26 m，最大坝底宽度 38.35 m。共分为 6 个坝段，与上、下游坡面交界处采用圆弧衔接。

泄洪隧洞布置在右岸库区"Ω"地形上弯段处，进口为"开敞式"岸塔结构。进口采用 WES 实用堰，堰顶高程 1 110.00 m。洞身全长 1 077.50 m，采用一坡到底的无压隧洞段纵坡 $i = 0.103\ 9$，断面形式为圆拱直墙型。考虑到泄洪洞具有流速高（最大流速达 42 m/s）、单宽流量大、洞线较长的特点，为了减免空蚀破坏，设置了 6 道掺气设施，每级间距约 150.00 m。出口采用挑流鼻坎消能。

4.3 引水发电系统

引水发电建筑物布置于左岸，由电站进水口、压力管道、主厂房、主变室、出线竖井、尾水调压室、尾水隧洞、尾闸室及其出口组成。采用"单机单管"供水及"两机一室（调压室）一洞（尾水洞）"的布置格局。

岸塔式进水口布置于左岸坝肩上游，4 台机组进水塔呈"一"字形布置，其前缘近平行河道水流方向。进水塔顺水流长度 28.50 m，依次设有拦污栅段和闸室段。检修闸门尺寸 8.00 m×10.75 m（净宽×净高），工作闸门尺寸 8.00 m×10.00 m（净宽×净高）。

压力管道采用单机单管供水，4 条压力管道平行布置。其上平段轴线与进水口前缘线垂直，下平段轴线与厂房上游边墙夹角为 75.3°。压力管道采用斜井布置方案。压力管道布置受进水口及厂房纵轴线控制，进水口前缘方位 N29.74°E，厂房纵轴线方位 N55°E，上下平段在平面上夹角 169.44°，高差 151 m。压力管道分为上平段、上弯段、斜井段、下弯段、下平段等，管道总长 304.11～346.30 m，内径 10.00 m，机组单机设计引用流量 $Q = 447.6 \text{ m}^3/\text{s}$。

尾水系统采用"两机一室一洞"的布置方式，即 2 条尾水连接管在调压室底部交汇为一条尾水洞。尾水连接管过水断面尺寸 11.60 m × 16.20 m（宽×高），尾水洞过水断面尺寸 15.20 m × 16.20 m（宽×高）。

两条尾水洞独立平行布置，在平面上设有一个转弯，转弯前洞轴线方向 N35°W，洞轴线间距 68.00 m；转弯后洞轴线方向 N13.407°W，洞轴线间距 60.00 m。1#、2#尾水洞长度分别为 723.26 m、698.85 m，主洞的纵坡分别为 −1.98%、−2.05%。

尾水洞后设置尾闸室，闸门井后接盲肠段，尾水洞及盲肠段断面为城门洞型，净断面尺寸为 15.20 m × 16.70 m（宽×高）。

5 结　语

大岗山水电站地质条件复杂，地震烈度高。根据大岗山水电站地形地质条件，枢纽布置采取混凝土双曲拱坝挡水，坝身深孔、右岸泄洪洞泄洪及水垫塘、二道坝消能防冲，以及左岸引水发电系统。枢纽布置很好地利用了上、下游的两个河湾地形，使左岸引水发电系统和右岸泄洪建筑物都能裁弯取直布置，在保证水流顺畅的同时，节约了工程投资。

总体说来，大岗山水电站枢纽布置协调紧凑、安全可靠、经济合理。

参考文献

[1] 黎满林，卫尉，张荣贵. 大岗山右岸边坡卸荷裂隙密集带加固及稳定性评价研究[J]. 岩石力学与工程学报，2014，33（11）：2276-2282.

[2] 黎满林，宋玲丽，刘翔. 大岗山拱坝整体稳定数值分析[J]. 人民长江，2014，45（22）：54-57.

[3] 刘宏. 大渡河大岗山水电站拱坝坝肩抗力体边界条件工程地质研究[D]. 成都：成都理工大学，2005.

[4] 张燕，唐宗敏，邵敬东. 大岗山混凝土双曲拱坝体形设计[J]. 人民长江，2014，45（22）：66-68.

[5] 张建华，高林章，吴基昌. 大岗山混凝土拱坝设计与施工[C]// 首届全国水工抗震防灾学术会议论文集，2006.

[6] 吴基昌，郭金婷. 大岗山拱坝建基面质量标准及评价[J]. 人民长江，2012，43（22）：16-19.

高地震区大岗山水电站拱坝设计

邵敬东　黎满林　刘　翔　王　超　何光宇

（中国电建集团成都勘测设计研究院有限公司，四川　成都　610072）

【摘　要】根据大岗山水电站地形地质条件，采用数值分析方法及模型试验，对大岗山拱坝体形、坝体应力、基础处理、坝肩抗滑稳定、抗震设计、温控设计等进行研究分析，结合现场施工以及监测资料表明：大岗山拱坝设计安全可靠、技术可行、经济合理。大岗山拱坝设计经验对地震烈度高、地质条件复杂的高拱坝设计具有一定的参考价值。

【关键词】拱坝；控制标准；体形设计；抗震设计；温控措施；大岗山水电站

1　工程概况及设计关键技术问题

1.1　工程概况

大岗山水库正常蓄水位 1 130.00 m，死水位 1 120.00 m，正常蓄水位以下库容约 7.42 亿立方米，调节库容 1.17 亿立方米，具有日调节能力。挡水大坝为混凝土双曲拱坝，最大坝高 210 m，坝顶厚 10.00 m。坝身设有 4 个泄洪深孔，深孔尺寸均为 6.00 m × 6.60 m。

坝址距区域活断裂磨西断裂和大渡河断裂分别为 4.5、4 km，地震烈度高，地质构造复杂。坝址河谷狭窄[1-2]，两岸山体雄厚，谷坡陡峻，基岩裸露。坝区基岩以澄江期灰白色、微红色黑云二长花岗岩类为主，多条陡倾岩脉穿插发育。坝址区断层主要发育 3 组，节理裂隙主要发育有 6 组。坝址区岩体风化卸荷强烈，其中左岸风化深度较大，水平深度最深约 135 m，右岸卸荷相对较深，最深达到 150 m。

坝基水文地质条件复杂，河床基岩裂隙承压热水以 $HCO_3^- $ - SO_4^{2-} - Ca^{2+} -（ $Na^+ + K^+$ ）型为主，少量为 HCO_3^- - SO_4^{2-} -（ $Na^+ + K^+$ ）型水，HCO_3^- 浓度在 0.53 ~ 1.0 mmol/L，属弱-强碱性淡水，对混凝土具溶出型腐蚀性。

拱坝设防标准以 100 a 为基准期，超越概率为 2%确定设计地震加速度代表值的概率水准，相应的地震水平加速度为 557.5 cm/s²。

1.2　拱坝设计关键技术问题及思路

大岗山水电站地质条件复杂，基础处理难度大。根据地形地质条件、拱坝建基要求，结合现场实际，确定基础处理思路为"慎置换、严清基、多固灌、强防排，确保大坝绝对安全"。

大岗山水电站地震设防水平高，拱坝抗震问题突出。抗震设计具体设计思路为：① 特征水位的选择时，充分考虑对大坝抗震的影响，减小大坝抗震设计难度；② 体形设计时，充分考虑体形抗震适应性，选择抗震性能高的体形；③ 坝上结构设计时，增加拱坝的整体性，以提高拱坝的抗震性能；④ 采取合理可行的抗震措施，增加大坝抗震安全系数。

2 拱坝应力、坝肩抗滑稳定控制标准

2.1 拱坝应力控制标准

根据相关规范规定，结合我国近年高拱坝设计与建设经验及本工程拱坝的特点，本着安全可靠、经济合理、施工方便等要求，提出了大岗山拱坝采用拱梁分载法分析与坝体应力相配套的容许应力控制标准（见表1、表2）。

表1 静力工况拱坝坝体应力控制标准

荷载组合	容许压应力/MPa	容许拉应力/MPa		混凝土抗压强度安全系数
		上游坝面	下游坝面	
基本组合	8.0	− 1.0	− 1.5	4.0
特殊组合〔无地震〕	9.0	− 1.5	− 1.5	3.5

表2 坝体各混凝土分区的容许动应力值　　　　　　　单位：MPa

混凝土强度等级	容许压应力	容许拉应力
$C_{180}36$（A 区）	17.20	− 3.19
$C_{180}30$（B 区）	14.33	− 2.66
$C_{180}25$（C 区）	11.94	− 2.22

2.2 坝肩抗滑稳定控制标准

坝肩动力稳定分析采用刚体极限平衡法，刚体极限平衡法要求纯摩安全系数不小于1.3，剪摩安全系数不小于 3.5。根据抗剪断公式计算得到的安全系数不小于 1.31。刚体弹簧元法安全控制标准与刚体极限平衡法一致。

3 建基面确定及拱坝体形设计

3.1 建基面确定及基础处理

合理地确定拱坝建基面对改善坝体应力、保证坝肩稳定、减少工程量和缩短工期都有重大意义。考虑到大岗山拱坝坝高在 200 m 以上，水推力大，抗震要求高，因此要求基础具有相应的承载能力、抗渗能力及稳定性要求；同时，结合现场实际工程地质条件，确定拱坝建基面利用岩体原则为：两岸 1 040.00 m 高程以上拱坝建基岩体以微新—弱风化下段 Ⅱ ~ Ⅲ₁ 类岩体为主，其中 1 080.00 m 高程以上可局部利用 Ⅲ₂ 类岩体；两岸 940.00 ~ 1 040.00 m 高程

建基岩体以微新Ⅱ类为主，局部弱风化下段Ⅲ₁岩体；河床 925.00～940.00 m 高程坝段建基岩体为微新Ⅱ类岩体。根据大岗山工程特点确定左岸拱端平均嵌深 73.37 m，右岸拱端平均嵌深约 49.69 m，左右岸拱端嵌深见表 3。

表 3   左右岸拱端嵌深   单位：m

高程	左岸	右岸	高程	左岸	右岸
1 135	86.4	41.47	1 010	72.19	65.9
1 120	84.86	41.22	980	51.68	54.29
1 090	79.24	53.05	950	60.27	32.46
1 050	78.98	59.43	平均	73.37	49.69

根据主要地质缺陷的分布位置、性状及对拱坝的影响，分别采取深部置换网格、表层混凝土置换以及固结灌浆，以提高其完整性及综合变形模量，达到整个基础的均匀性，满足拱坝建基要求。针对左岸岩脉 β_{21}、右岸岩脉 β_{43}、β_8 分别采取了深层置换网格与表层混凝土置换相结合的处理方式，其他主要缺陷处理有左岸 960.00～979.00 m 高程置换块、右岸 1 090.00～1 135.00 m 高程垫座、河床 930.00～917.00 m 高程置换块。针对开挖爆破、地应力释放后的松弛岩体、Ⅲ₂类岩体、岩脉和断层及低波速岩体等灌浆对象，对拱坝建基面进行全面固结灌浆。根据拱坝基础受力特点、建基面上各类岩体类别、各地质缺陷出露位置、规模、性状等因素综合确定坝基固结灌浆分区，主要原则为：① 根据拱坝上部与下部高程、拱端中线上游与下游基础受力差别，灌浆设计采用不同的孔深与间距；② 为了提高建基岩体以及一定深度爆破松弛岩体的完整性，整个建基面及上下游一定范围，都进行了固结灌浆；③ 灌浆处理的重点对象是Ⅲ₂类花岗岩体及Ⅲ₂类辉绿岩脉和断层为建基面的主要地质缺陷；④ Ⅳ类～Ⅴ类辉绿岩脉或花岗岩体在建基面出露部位已经进行混凝土置换处理，部分岩脉深部也进行了混凝土网格置换处理，未置换完的部位固结灌浆采用针对性措施进行灌浆；⑤ 建基面及以下一定深度范围低波速带分布范围较大，部分坝段深度较深，固结灌浆孔距和孔深在低波速区进行了相应的调整。根据上述灌浆分区设计原则，拱坝基础固结灌浆孔间排距为（1.5～3）m×（2～3）m，孔深为 17、15、13 m 三种。

贯穿建基面的辉绿岩脉是坝基主要渗漏通道，而渗透压力对坝肩稳定影响较大。基础防渗采取"先阻后排、防排结合"的原则。根据基础渗透剖面及防渗要求，分高程、分部位，分别布置了基础防渗帷幕和基础及抗力体内的排水系统。其中坝基帷幕灌浆廊道左右岸各布置了 5 层，坝基排水廊道左右岸各布置了 4 层，抗力体排水平洞左右岸各布置了 4 层（三横二纵）。帷幕灌浆最大深度为 143 m。

帷幕灌浆主要采用水泥灌浆。对于溶出型弱腐蚀性承压热水区域，通过系统研究不同水浴温度下水泥浆液及结石体的物理力学性能，不同 HCO_3^- 浓度对水泥结石体的渗透耐久性的影响，确定采用水泥-化学复合灌浆的方式，以提高坝基防渗能力。对于Ⅳ类～Ⅴ类岩脉、断层等特殊地质条件，通过研究不同灌浆材料的适应性、岩体的可灌性，确定采用水泥-化学复合灌浆的方式，以满足坝基防渗要求。初期蓄水后监测成果表明，现有的防排措施合理有效。

3.2 拱坝体形设计

在拱坝设计中考虑地形地质条件以及抗震要求，采用刚度适中的混凝土双曲拱坝体形，按照"静载设计，动载复核"的设计原则进行设计，具体原则为：① 增加拱坝厚高比，采用中厚拱坝，提高拱坝抗震能力；② 增加拱端嵌深，保证有足够的抗力体来承担地震力，从而保证抗力体的稳定；③ 取消了表孔，增加拱坝上部的完整性；④ 控制上游倒悬，尽量使体形简单，以利于抗震；⑤ 拱坝下游设置贴角，增加拱坝抗震整体性。根据上述原则，经多次优化，得到拱坝体形的主要特征参数：坝高 210 m；拱冠顶厚 10.00、底厚 52.00 m；拱端最大厚度为 55.6 m，在 950 m 高程处；顶拱中心角为 92.4°；最大中心角为 93.54°，在 1 090 m 高程处；顶拱中心线弧长 635.467 m；顶拱上游弧长 644.184 m；拱坝厚高比为 0.248、弧高比为 3.026；上游倒悬度为 0.12；单位坝高柔度系数为 12.471，混凝土浇筑量 298.298 万立方米。

4 应力分析及稳定性分析

4.1 坝体应力

坝体应力分析以拱梁分载法为主，有限元法及地质力学模型试验为辅。通过对各种工况坝体应力分析，以及基础特性等参数的敏感性分析得出。

（1）静力工况。该工况下，拱坝应力分布良好，整个坝面基本处于受压状态，只有局部出现拉应力，且对基础条件具有较好的适应能力。拱梁分载法计算成果中坝体拉、压应力均满足控制标准，有限元法计算成果除去小部分区域存在一定的应力集中外，坝体拉、压应力均满足控制标准。坝身设有深孔后，对大坝整体应力分布无影响，仅导致孔口附近局部应力集中，通过加强配筋即可解决。

（2）动力工况。动力拱梁分载法计算的正常蓄水位时大坝基频为 1.63 Hz，基本自振周期约 0.61 s；有限元法计算得正常蓄水位时大坝基频为 1.65 Hz，基本自振周期约 0.61 s。动力拱梁分载法计算的大岗山静动综合最大主拉应力值为 – 8.49 MPa，高于溪洛渡、锦屏一级、沙牌、小湾和白鹤滩水电站的大坝，略大于上虎跳峡大坝。有限元法计算的大坝静动综合主拉应力最大值为 10.25 MPa，与沙牌水电站大坝在 0.4g 地震动参数作用时的坝体拉应力水平基本相当。总体上，大岗山拱坝坝体应力和位移的量值仍在目前国内工程设计水平可以接受和控制的范围以内。

4.2 坝肩抗滑稳定分析

坝肩抗滑稳定分析以三维刚体极限平衡法为主，同时辅以三维刚体弹簧元、三维非线性有限元法以及模型试验，通过多方法、多手段，综合评判坝肩抗滑稳定性。根据坝肩范围内的岩脉、断层、优势裂隙等结构面的分布及特征，对可能产生滑块的结构面进行组合，并开展了整体稳定块体、局部稳定块体等抗滑稳定分析，包括结构面的力学指标及产状的敏感性分析、规范法渗流场以及三维实际渗流场分析。经过综合分析，在采用锚索加固处理措施后，大岗山拱坝在静、动力情况下坝肩是稳定的。

（1）静力工况。静力条件下，大岗山左右岸坝肩大部分控制块体抗滑稳定安全系数满足控制标准；在采取锚索加固处理措施后，各控制块体抗滑稳定安全系数均有一定程度提高。其中采用刚体弹簧元法，加固后各控制块体均满足控制标准；采用刚体极限平衡法，加固后左岸裂隙③ + f_{145} + 裂隙④组成的块体以及 f_{99} + f_{54} 组成的块体、右岸 f_{231} 作为中滑面形成的一陡一中一缓块体抗滑稳定安全系数略低于控制标准，其余块体都满足控制标准。其中刚体极限平衡法计算锚索加固时，没有考虑结构面力学参数的提高；同时，模型试验结果表明：对于 f_{54}、f_{145}、β_{62}、β_{68}、f_{231} 等软弱结构面在正常荷载时，上下岩盘基本未产生相对错动。

（2）动力工况。动力条件下，大岗山左右岸坝肩大部分控制块体抗滑稳定安全系数满足控制标准；对于部分不满控制标准的控制块体，在采取锚索加固处理后，在采用锚索加固措施以后，其最小稳定安全系数都在 1.1 左右；其安全系数小于 1.31 控制标准的历时非常短暂，且时间不连续。考虑到实际地震是高度往复作用的，即使滑动块体在某一瞬时产生滑动，也并不意味着该滑动块体在整个地震过程中完全发生滑动失稳。同时，动力模型试验成果表明：在设计地震水平的各种工况及超载至 2.0 倍工况，均未观测到坝肩滑裂体的明显滑移。此外，锚索的计算虽然考虑了 C 值有一定的提高，但实际效果远非如此，汶川地震中凡施加了锚索的边坡完好无损，这些边坡有些震前已有变形，计算安全系数都不满足规范要求。

4.3 整体稳定分析

拱坝整体稳定分析采用三维非线性有限元法和地质力学模型试验，模拟坝基岩体分级及主要岩脉、断层、裂隙等软弱结构面，并模拟深部置换网格、浅表混凝土置换处理、抗力体锚索等加固处理措施，研究大坝工作性态和超载能力。

（1）静力工况。该工况下，大岗山拱坝坝体余能范数见图 1。研究成果表明：正常工况下坝体变形正常；顺河向位移基本对称；左拱端顺河向位移和横河向位移大于右拱端，且处于合理范围以内；在超载过程中，坝肩滑块没有产生滑移；整体超载安全度为：$K_1 = 2.5$（起裂荷载）、$K_2 = 5 \sim 6$（坝体处于非线性）、$K_3 = 11 \sim 12$（坝体失去承载力）；与其他工程相比，大岗山拱坝具有较高的整体稳定性。

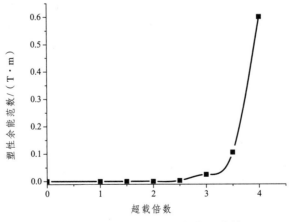

图 1　大岗山拱坝坝体余能范数

（2）动力工况。该工况下，大坝体系在超载条件下破坏形式是由左岸滑块滑动造成该部位坝体与基岩之间局部滑移增长，并逐渐带动坝体发生向下游的滑移达到较大数值，使坝体形成绕右岸的转动。坝体位移及坝基开裂情况随地震超载系数的变化都存在显著的拐点，地震超载倍数在 1.25～1.4 的范围是坝体-地基体系工作性态发生变化的转折，按照偏于安全的原则可初步建议大岗山拱坝的抗震超载安全系数取为 1.25，相应的大坝极限抗震能力为水平地震峰值加速度 696.9 cm/s^2。

5 优化设计

5.1 抗震措施研究

大岗山拱坝抗震设防水平在国内外已建和在建的 200 m 级拱坝中是最高的，无规范可依，也无类似工程经验可借鉴。设计从材料特性、计算理论、分析方法、评价体系等进行了系统全面的研究，并采用布置梁向钢筋、增加抗力体锚索、设置抗震阻尼器等抗震措施，增加大坝抗震安全系数，保证拱坝的抗震安全性。

大岗山拱坝抗震设计过程中，首先从大坝混凝土动态特性出发，采用现场四级配施工配合比混凝土，开展大坝全级配混凝土动态特性研究，为大坝全级配混凝土动态特性、破坏机理等研究提供重要依据。同时，开展了规范法（动力拱梁分载法和线弹性有限元法）大坝动力分析。计算结果表明，静动综合时的大坝主压应力小于混凝土动态抗压强度，但是上、下游面静动综合主拉应力远远大于混凝土的动态抗拉强度，主拉应力较大值集中出现在上游面高高程拱冠部位和下游面中高高程的拱冠附近；另外，坝基附近的基础约束区也有较大的主拉应力。

考虑到规范法无法模拟材料的非线性作用、坝体混凝土损伤、坝体横缝在地震作用下的开合变化及地基辐射阻尼的影响，因此，采用拱坝非线性有限元分析、拱坝-地基系统整体抗震安全分析、拱坝结构动力模型试验，综合评价拱坝的抗震安全性。多个计算模型的非线性有限元动力分析表明：各种方法得出的结果虽然具体数值不同，但是规律较为一致，得出的大坝动力水平基本相同。其中坝体材料为非线性时，考虑地基辐射阻尼，设计地震荷载作用下，大坝最大横缝开度为 11 mm，最大动位移为 10 cm；坝体拱、梁最大拉应力出现在死水位时，下游面中高高程坝体中部梁向，大小为 3 MPa；坝体拱、梁最大压应力出现在下游面坝趾区域，大小约为 17 MPa。动力模型试验成果表明：在正常水位人工波 1.84 倍超载地震作用下，右岸坝肩及拱冠梁下游近坝顶首先出现开裂损伤；在正常水位人工波 2.3 倍超载地震作用下，左岸坝肩开裂，拱冠梁上游近坝顶部位开裂；在设计地震水平的各种工况及超载至 2.0 倍工况，均未观测到坝肩滑裂体的明显滑移。通过与其他几座拱坝进行对比，大岗山拱坝在设计地震和校核地震时，拱坝的安全是有保证的。

5.2 混凝土温控措施

大岗山拱坝坝体浇筑混凝土约330万立方米，坝块浇筑尺寸较大，如何防止拱坝混凝土开裂十分重要，而防裂的关键在于大坝混凝土设计、温度控制和施工养护等。

根据拱坝应力控制标准和坝体浇筑周期及蓄水时间，确定拱坝混凝土的强度标准为180 d龄期的最大极限抗压强度为36 MPa，强度保证率为85%。同时，根据坝体应力分布和孔口结构布置，确定拱坝强度分A、B、C三区，其混凝土设计强度分别为36、30、25 MPa。

根据《混凝土拱坝设计规范》[7]，结合大岗山拱坝体形尺寸、坝身孔口布置情况以及拱坝受力特点，大拱坝共设置28条横缝，分为29个坝段，不设纵缝。横缝形式为"一刀切"的铅直平面，陡坡坝段基础区分缝基本形式为斜缝结构[8]。拱坝分缝分区见图2。

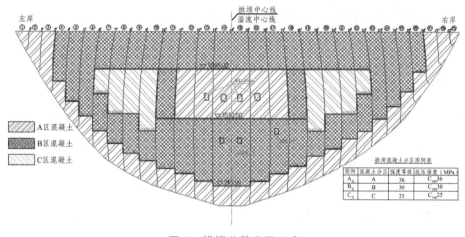

图 2　拱坝分缝分区示意

根据对坝区水文气象资料以及下游瀑布沟水库实测水温，分析了拱坝温度边界条件和准稳定温度场，论证了采用比稳定温度场低1~3 ℃封拱的必要性、合理性及可靠性，选定拱坝封拱温度为12~15 ℃，并在此基础上得到了温度荷载。采用三维有限元温度徐变应力分析方法，对拱坝基础温差应力、上下层温差应力、表面温度应力、孔口温度应力、陡坡坝段温度应力、拱坝整体温度应力分析、拱坝横缝开度分析等分别进行了研究，并结合现场施工条件，制定了拱坝温差控制标准。坝体分为约束区与自由区，相应的最高温度控制标准为：约束区≤27 ℃，自由区最高温度≤30 ℃。基础温差控制标准：陡坡坝段≤12 ℃，其他坝段≤14 ℃。混凝土内外温差≤16 ℃，容许上下层温差≤16 ℃。主要温控技术指标为混凝土浇筑层厚一般采用3 m，6号~25号坝段固结灌浆盖重区以内浇筑层厚为1.5 m，6号~25号坝段固结灌浆盖重区内以及自由区水管间距为1.5 m×1.5 m（水平×垂直，钢管，HDPE管），其余部位水管间距为1.0 m×1.5 m（水平×垂直，HDPE管），混凝土浇筑温度≤12 ℃，混凝土浇筑间歇期一般为5~7 d；同时，对一期冷却、中期冷却以及二期冷却分别提出了具体要求。并要求拱坝在混凝土浇筑中应遵循短间歇、均匀连续浇筑的原则，温度控制过程应遵循"早冷却、小温差、缓慢冷却"的原则。现场施工情况表明，大岗山拱坝混凝土温度控制标准及温控措施合理。

5.3 坝体细部结构设计

为满足坝内交通、排水及观测检查等要求，分别在 1 081.00、1 030.00、979.00、940.00、937.00 m 高程共设 5 层水平廊道。坝内各层廊道在平面上呈折线形，与电梯井、坝后桥及坝后启闭机房配电房、两岸岸坡贴角及灌浆排水平洞等连接。所有廊道底板上设 0.25 m×0.30 m 断面的排水沟，沟水通过坝内廊道汇集到坝后贴角或设在低高程的集水井，集水井内积水再通过坝后深井泵抽排至下游。

坝后桥设于坝体下游面，分别设置于 1 080.75、1 029.75、978.75 m 高程，并分别与坝体深孔启闭机房、导流底孔出口闸墩及深井泵房配电房相连，两端连接左右岸贴角，并与坝内廊道相连。

大坝下游设置贴角，贴角高程从坝底 925.00 m 到 1 135.00 m 高程，在 971.00 m 高程和水垫塘顶板相接，贴角设计成 3.00 m 高差的台阶。

6 结 语

大岗山拱坝坝高 210 m，地质条件复杂，地震烈度高，拱坝设计具有挑战性。本文立足于现有的技术分析水平，借鉴国内外的成功经验和最新研究成果，以混凝土试验成果为依据，以规范方法为基础，并以现代仿真分析方法和模型试验相互验证，对拱坝体形、应力分析、抗滑稳定、基础处理、温控设计、抗震设计等进行总结，计算分析及现场施工表明，拱坝设计安全可靠、技术可行、经济合理。

结合大岗山水电站实际建设情况，总结高地震区拱坝设计的几点启示：① 在特征水位的选择上，不能一味追求电站能量指标和电站经济指标，而应选择适中的正常蓄水位，以减少抗震设计难度。② 增加拱坝厚高比，采用中厚拱坝，提高拱坝抗震性能。③ 增加拱端嵌深，可以保证有足够的抗力体来承担地震力，从而保证抗力体的稳定。④ 坝上结构设计力求简单，在方便施工的同时增加抗震能力。⑤ 温控措施应便于现场操作，提高混凝土浇筑质量，降低混凝土开裂风险以减少坝体裂缝的产生。⑥ 布置梁向钢筋、增加抗力体锚索是有效的抗震措施。

参考文献

[1] 黎满林，卫尉，张荣贵. 大岗山右岸边坡卸荷裂隙密集带加固及稳定性评价研究[J]. 岩石力学与工程学报，2014，33（11）：2276-2282.

[2] 黎满林，宋玲丽，刘翔. 大岗山拱坝整体稳定数值分析[J]. 人民长江，2014，45（22）：54-57.

[3] 王仁坤. 溪洛渡拱坝设计综述[J]. 水力发电，2003，11（17）：17-19.

[4] DL5073—2000 水工建筑物抗震设计规范[S].

[5] 中国电建集团成都勘测设计研究院有限公司. 四川省大渡河大岗山水电站枢纽工程蓄水验收（第一阶段）设计自检报告[R]. 水工分册.成都：中国电建集团成都勘测设计研究院有限公司，2014.

[6] 中国水电顾问集团成都勘测设计研究院. 四川省大渡河大岗山水电站混凝土拱坝抗震设计专题报告[R]. 成都：中国水电顾问集团成都勘测设计研究院，2013.

[7] D5346—2006 混凝土拱坝设计规范[S].

[8] 黎满林，潘燕芳，王超，等. 大岗山拱坝陡坡坝段并缝型式研究[J]. 人民长江，2014，45（22）：58-61.

[9] 李鹏，何江达，谢红强，等. 地震作用下岩质边坡动力响应分析[J]. 水力发电，2014，40（2）：41-44，64.

大岗山拱坝抗震设计思路与措施设计

陈　林　李仁鸿　童　伟

（中国电建集团成都勘测设计研究院有限公司，四川　成都　610072）

【摘　要】 大岗山水电站坝址区域地震烈度高，设计地震基岩水平峰值加速度为 557.5g，且坝高超过 200 m，工程设计在抗震方面难度很大。本文较为全面地介绍了大岗山拱坝的抗震设计过程，包括抗震设计思路、动力仿真分析成果、抗震结构设计、抗震措施设计。

【关键词】 大岗山拱坝；地震；设计思路；动力反应；抗震措施

1　引　言

　　大岗山水电站位于大渡河中游上段的四川省雅安市石棉县挖角乡境内，工程坝址控制流域面积 62 727 km²，总库容 7.42 亿立方米，具有日调节能力，电站总装机容量 2 600 MW（4×650 MW）。大岗山水电站大坝为混凝土双曲拱坝，最大坝高 210 m。经国家地震局烈度评定委员会审查，确定大岗山电站工程区地震基本烈度为 8 度。根据对大岗山坝址进行的专门地震危险性分析，设计地震加速度峰值取 100 年基准期内超越概率 P_{100} 为 0.02，相应基岩水平峰值加速度为 557.5g。对比目前国内已建、在建和拟建工程，这一设计地震水平在国内首屈一指，在世界范围内采用相当的地震水平设计的水电站工程也十分罕见。

　　由于大岗山拱坝坝址区的地震烈度高，且大岗山拱坝坝高超过 200 m，拱坝的抗震安全对工程的可行性和安全性至关重要，因此很有必要针对大坝抗震安全进行系统、全面、深入的分析与研究。

2　大坝抗震设计思路和设计过程

　　大岗山拱坝的抗震设计是一个长期的过程，是一个不断探索的过程，是随着大岗山工程不同设计阶段而逐渐深化和具体的过程。

　　由于大岗山水电站的抗震安全是工程设计的难点和重点，而拱坝的抗震安全更是重中之重，所以从最初的工程预可行性研究阶段到施工图阶段，在各个方面的设计，尤其是拱坝设计过程中，都考虑或兼顾到大坝抗震，尽量提高大坝的抗震安全性。

　　首先，在预可行性研究阶段的正常蓄水位选择上，从电站能量指标和电站经济指标看，高正常蓄水位指标较好；而从建坝条件看，由于坝区地震烈度较高，且随正常蓄水位的增加，拱坝承受的总水推力、坝体主拉压应力、坝体工程量均呈增大趋势，坝肩抗滑稳定安全系数逐渐减小，正常蓄水位不宜太高；梯级衔接、水库淹没及环境影响等其他因素，不制约正常蓄水位的选择；综合分析后选择大岗山水电站正常蓄水位为 1 130 m。

然后，在预可行性研究阶段的坝型选择时，从工程投资、施工组织等方面分析，混凝土拱坝和面板堆石坝差异不大，但从枢纽布置的灵活性，特别是两种坝型的抗震条件比较，混凝土拱坝优于面板堆石坝。枢纽布置方案比选时，在考虑泄洪水流条件、成洞地质条件等因素的同时，也考虑了工程的抗震安全性，选择了取消坝身表孔，增加了拱坝抗震性能的拱坝坝身四个深孔加右岸一条泄洪洞的枢纽布置方案。

在后续的可行性研究阶段、招标设计阶段和施工图设计阶段，与大坝设计相关的所有结构设计，如大坝体形设计、坝身孔口设计、坝后贴角设计等等均做了抗震安全方面的考量。并且针对拱坝抗震进行了长期的系统全面的分析与研究。

由于大岗山拱坝坝高超过 200 m，抗震设计设防烈度高，大坝抗震设计无规范可依，无类似工程经验可借鉴，因此大坝抗震研究从最基础的材料特性试验研究，到计算理论和分析方法研究，再到结构动力模型试验研究，以及抗震安全评价体系都做了大量细致的研究工作。大岗山拱坝的抗震设计和研究内容由浅入深主要分为 6 个层次。

第一层次，采用现场四级配施工配合比混凝土进行的全级配混凝土动态抗力材料试验研究。

第二层次，按照现行抗震规范进行的常规动力计算分析。

第三层次，考虑地基辐射阻尼，大坝结构非线性、大坝材料非线性、地震动非均匀输入等因素的动力仿真分析，计算分析大坝的动力响应特性，分析各种抗震措施效果。多种方法进行坝肩动力抗滑稳定分析。

第四层次，将坝和地基考虑为一个整体，模拟拱坝横缝、地基岩体岩类分区、坝肩控制性滑块结构面、基础处理等复杂因素的基础上，进行大坝和地基整体动力分析和结构动力模型试验研究。

第五层次，在第四层次的基础上，进行拱坝抗震整体安全度及风险分析。

第六层次，根据以上五个层次大量的计算分析和试验研究的成果综合评判大岗山拱坝的抗震安全性，并结合工程实际施工情况，进行工程抗震措施的具体设计。大坝抗震措施方面尝试设置了抗震阻尼器，在国内、国际均尚属首例。

大岗山拱坝的抗震研究采用了很多国内、国际的先进理论和方法，研究成果代表着国内水电工程抗震研究和设计的最高水平。

3 大坝抗震设计

3.1 大坝动力仿真分析和研究成果

按照上述抗震设计思路进行的大岗山拱坝抗震专题研究得到了丰硕的研究成果，对大坝的抗震设计和抗震措施设计有重要的指导作用。

对于大岗山拱坝的抗震研究，常规的分析方法已不能满足工程需要，因此采用了多种方法，多个模型对大岗山拱坝进行了非线性有限元动力仿真分析。各种方法得出的结果虽然具体数值不同，但是规律较为一致，得出的大坝动力水平基本相同。通过不同方法分析得出的主要结论如下：坝体材料非线性时，考虑地基辐射阻尼，设计地震荷载作用下，大坝最大横缝开度为 11 mm；最大动位移为 10 cm；坝体拱、梁最大拉应力出现在死水位时下游面中高高程坝体中部梁向，大小为 3 MPa；坝体拱、梁最大压应力出现在下游面坝趾区域，大小约为 17 MPa。考虑无限地基辐射阻尼坝体压应力极值减小 25%左右，拉应力极值减小 45%左右。考虑无限地基辐射阻尼，大坝上游坝面无损伤产生，坝体下游中上部损伤区发展到坝厚 1/3～1/2，中低高程建基面损伤区发展到坝底 3/4 厚度，但未贯穿。大坝上、下游面坝基交界面附近和坝顶附近区域，以及下游坝面坝体中部是容易出现裂缝的区域，可以认为是大坝抗震薄弱部位。这一结论与假设材料线弹性的大坝动力分析结果一致。工程类比分析，大岗山拱坝的静动综合拱、梁向拉、压均比溪洛渡、锦屏一级和沙牌 0.2g 实测地震作用时的坝体应力大。但坝体拉应力与沙牌拱坝在 0.4g 实测地震作用时的坝体拉应力水平基本相当。大坝坝肩动力抗滑稳定分析采用了拟静力法和动力时程法，结果表明大岗山拱坝的坝肩动力抗滑稳定是有保证的。

大坝和地基整体抗震安全分析成果表明：在设计地震作用下，坝体横缝开度总体上较小；坝体静动综合最大主拉应力在数值上大大超过了坝体混凝土的动态容许抗拉强度，但同静态一样，主要发生在受坝肩滑裂体影响的坝基交界部位，高拉应力分布范围较小，应力集中较为明显；坝体静动综合最大主压应力未超过混凝土动态容许抗压强度。坝体震后未出现明显的残余位移，基岩滑块存在一定的滑移，但在震后仍能保持稳定，且除引起局部应力集中外，对坝体工作状态影响不大。设计地震条件下，大岗山拱坝的坝体静动综合主应力和小湾拱坝的坝体静动综合主拉应力水平相当，均在 10.5 MPa 左右。校核地震下，大岗山拱坝能满足不溃坝的要求。体系在超载条件下破坏形式是由左岸滑块滑动造成该部位坝体与基岩之间局部滑移增长，并逐渐带动坝体发生向下游的滑移达到较大数值，使坝体形成绕右岸的转动。大岗山拱坝的抗震超载安全系数为 1.25，相应的大坝极限抗震能力为水平地震峰值加速度 696.9 cm/s^2。

大坝和地基整体结构动力模型试验的结果，与其他几座拱坝的试验结果进行对比，大岗山模型拱坝最初发生损伤为设计地震时，固有频率有所降低，损伤部位不明确。大坝首先发生开裂时的地震超载倍数，大岗山拱坝为 1.38 倍，小湾拱坝为 2.0 倍，溪洛渡拱坝为 2.1 倍，锦屏一级拱坝大于 7.0 倍。

另外，大坝抗震风险分析得出，运行期内发生设计地震时大坝完好的概率达到 97.5%，轻微损伤的概率为 1.5%，中等损伤、严重损伤级溃坝的概率一般为 0.2%～0.3%，可以认为大岗山拱坝具有比较大的抗震安全性。

根据上述各种计算、试验研究的成果，以及工程类比分析可以得出，大岗山拱坝的抗震安全是有保证的，大坝基础约束区、上游坝踵区域、下游面坝体中部是大岗山拱坝的抗震薄弱部位，需针对性地采取有效抗震措施予以加强。

3.2 大坝抗震措施设计

3.2.1 大坝抗震结构设计

大坝作为水电站的主体建筑物之一，大坝的抗震安全意义重大，因此在拱坝设计时，主动考虑拱坝抗震，以提高拱坝抗震性能为目标进行拱坝坝体设计。在拱坝体形设计和不断优化的过程中，借鉴以往工程的设计经验，主要考虑了以下几个方面：① 增加拱端宽度，减小坝顶区域的高拉应力；同时，在不降低坝顶刚度的同时，使坝体的上部质量最小化。② 在满足坝肩抗滑稳定的情况下，适当加大中心角，增加拱的作用以承担大部分地震力。③ 控制上游倒悬，改善施工期应力条件，使体形尽量简单，方便施工，利于抗震。④ 在拱坝嵌深上，多利用弱风化上限岩体，尽量控制拱坝基础的综合变形模在 10 GPa 左右。

为了提高拱坝的抗震能力，在与坝体相关的结构方面还进行了如下设计：取消了表孔，增加拱坝上部的完整性；"静动兼顾"地进行坝体混凝土分区设计；拱坝上下游设置贴角；加强坝肩防渗帷幕和排水措施以降低岩体内的渗透压力，等等。大坝基础与大坝抗震安全亦密切相关，大岗山拱坝坝基加固处理设计中也采取了一些措施来提高大坝的抗震安全性。

在考虑以上结构抗震设计的基础上，大坝抗震设计还有一个重要环节就是采取工程抗震措施以提高坝体抗御地震的能力。对于各种抗震措施进行研究可知：配置跨缝钢筋可以减小强震时坝体横缝开度，防止止水破坏，不会改变坝体应力状态和分布，但是跨缝钢筋的布置对施工影响很大。配置梁向钢筋可以较好地增强拱坝的整体刚度，对于最大的可能扩展裂缝有一定的抑制作用，使横缝开度有所降低。配置阻尼器对横缝开度有一定效果，但对坝体拉、压应力水平基本没有改变。

针对大岗山工程自身的特点和实际情况，从提高拱坝抗震安全和减小施工影响的角度出发，大岗山拱坝采取上、下游坝面布设抗震钢筋网的工程抗震措施。同时，为了增加坝肩动力抗滑稳定性，在坝肩抗力体部位针对控制性块体布置了抗震预应力锚索。预应力锚索对边坡及抗力体的动力稳定有显著效果，这点在经受了"汶川大地震"的水电站工程中再次得到了有力的证明。

3.2.2 大坝坝面钢筋设计

抗震钢筋的布置主要针对大坝坝基部位和中高高程的坝体中部在地震作用下会出现高拉应力的区域，以限制拱坝裂缝的开展，防止这些部位的高拉应力造成大坝严重损伤，增加拱坝的整体性，从而提高拱坝的抗震安全性。

对已有计算分析和试验研究的成果进行综合分析后，并结合实际工程经验，基本按照外包络的思路，确定大岗山拱坝坝面梁向钢筋的布置分为五个区域（见图 1 ~ 图 2）。Ⅰ区：上游面孔口部位双排钢筋网区域；Ⅱ区：上游面孔口周边单排钢筋网区域；Ⅲ区：上游面建基面附近双排钢筋网区域；Ⅳ区：下游面坝体中部双排钢筋网区域；Ⅴ区：下游面单排钢筋网区域。

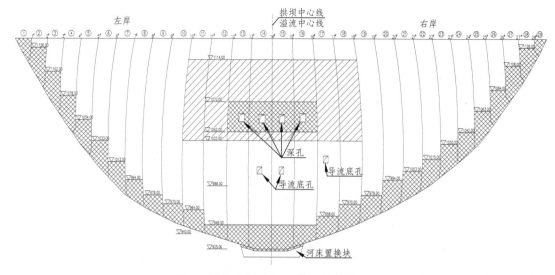

图 1 拱坝上游面坝面抗震钢筋布置图

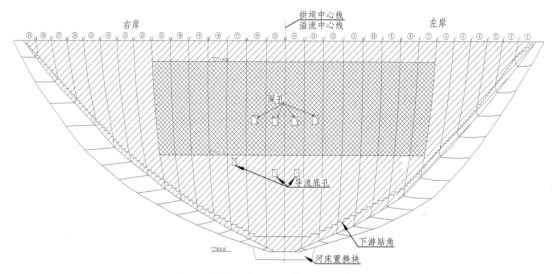

图 2 拱坝下游面坝面抗震钢筋布置图

对于配置钢筋的排数，设计时除了考虑坝体在各种工况条件下的工作状态，更需要结合工程实际和现在国内施工技术等现状，因此，大岗山拱坝坝面钢筋最多布置排数为两排，以保证混凝土的浇筑质量。

坝面抗震钢筋的类型和直径主要是出于钢筋性能和坝面钢筋混凝土的工作状态进行选择。热轧Ⅳ级钢筋的抗拉强度很高，但是热轧"Ⅳ级钢筋的焊接质量较难控制，在承受重复荷载的结构中，如没有专门的焊接工艺，不宜采用有焊接接头的Ⅳ级钢筋"，水电站现场施工工艺水平无法满足要求。其他强度更高的钢筋更适合用作预应力钢筋。热轧Ⅲ级钢筋的塑性和可焊性较好，强度也较高，地震时坝体裂缝开展宽度一般会大于静力产生的裂缝，因此可以较为充分发挥其强度。综合比较后选择热轧Ⅲ级钢筋，即 HRB400E（或 HRBF400E）钢筋，作为大岗山拱坝坝面抗震的梁向受力钢筋。分布钢筋要求的抗拉性能略低，选择热轧Ⅱ级钢筋，即 HRB335E（或 HRBF335E）钢筋。结合其他工程的实践经验和目前对大体积钢筋混凝土结构的认识，坝面梁向抗震钢筋的直径选择 32 mm，间距 300 mm；拱向分布钢筋的直径选择 28 mm，间距 500 mm。

另外，在横缝部位为了使混凝土能够振捣均匀，保证混凝土浇筑质量，钢筋端头与横缝处止水错开布置，并间隔一定距离。

4 结 语

综上所述，虽然大岗山拱坝的设防动参数是目前已建和在建的同类工程中最大的，但是通过采用最先进的多方法、多手段的全面深入分析，拱坝的动力特性很明确，大岗山拱坝基础约束区、上游坝踵区域、下游面坝体中部以及左右岸拱座抗力体是大岗山拱坝抗震的关键部位，目前针对拱坝抗震进行的结构抗震设计和工程抗震措施设计都是非常有效和必要的，大岗山拱坝抗震安全性是有保证的。

大岗山拱坝坝面抗震钢筋设计

陈 林 刘 洋

（中国水电顾问集团成都勘测设计研究院，四川 成都 610072）

【摘 要】大岗山水电站由于坝址区域地震较高，工程设计在抗震方面难度较大，高坝抗高地震成为大坝设计的关键技术问题。本文介绍了大岗山拱坝的抗震设计思路，及经过大量计算分析和试验研究后确定的综合抗震措施方案，并对其中的梁向钢筋抗震措施进行了详细介绍。

【关键词】大岗山拱坝；地震；抗震措施；坝面抗震钢筋网；梁向钢筋

1 引 言

大岗山水电站位于四川省大渡河中游上段雅安市石棉县挖角乡境内，是大渡河干流规划22个梯级的第14个梯级电站。本工程的主要任务为发电。电站装机容量2 600 MW，年发电量114.50亿千瓦时。水库正常蓄水位1 130.00 m，死水位1 120.00 m，正常蓄水位以下库容约7.42亿立方米，调节库容1.17亿立方米，具有日调节能力。

大岗山水电站为一等工程，枢纽由挡水、泄水及消能、引水发电等永久建筑物等组成。挡水建筑物采用混凝土抛物线双曲拱坝，为Ⅰ级建筑物，坝顶高程1 135.00 m，最大坝高210 m，厚高比为0.248，弧高比为3.026。

大岗山水电站工程区位于川滇南北向构造带北段，为南北向安宁河断裂、北西向鲜水河断裂和北东向龙门山断裂交汇部位。在具体构造部位上，大岗山水电站坝址区和库首段即处于由磨西断裂、大渡河断裂和金坪断裂所切割的黄草山断块上，西距大渡河断裂4 km、磨西断裂4.5 km，东距金坪断裂21 km，区域构造稳定性较差。根据中国地震局（中震函〔2004〕253号文）批复的地震安全性评价成果，坝址50年超越概率10%的基岩水平峰值加速度为251.7g，相应的地震基本烈度为Ⅷ度，100年超越概率2%的基岩水平峰值加速度为557.5g，大大超出现行《水工建筑物抗震设计规范》（DL5073—2000）最高地震设防水平。不过，坝区无区域断裂切割，构造型式以沿脉岩发育的挤压破碎带、断层和节理裂隙为特征。坝址区断层规模小，多数沿辉绿岩脉分布，与磨西断裂带无成生联系，非活动断裂，不具备发生破坏性地震的潜在能力，也无伴随外围地震产生地表破裂的能力。大岗山工程虽然抗震设防动参数高，但库坝区地质构造清晰，不具备强震的控震构造背景条件，不存在工程抗断问题；坝基岩体坚硬，抗变形能力强；河谷狭窄，两岸地形对称，适合于修建具有较好地震适应性的拱坝。水库诱发地震低于大坝设防水平，不会对建筑物产生较大影响。

对比目前国内已在建和拟建工程，大岗山拱坝设计地震水平在国内首屈一指，在世界范围内采用相当的地震水平设计的水电站工程也十分罕见。在我国目前的水电工程中，坝高在200 m以上的高拱坝设计已有相当的技术难度，而对于在如此高地震区域，建坝高超过200 m的高拱坝就使得设计难度是难上加难。而且在国内外都难以找到类似的工程，缺乏可借鉴的经验。除了要处理好拱坝体形设计中静力和动力之间的关系，尽量在拱坝结构和其他工程相关设计中减小地震可能引起的不利影响之外，怎样使大坝在运行中更好地规避地震带来的危险，在合理可行的条件下采取什么工程措施能最有力地保证大坝的抗震安全，这些问题成为本工程设计中的关键技术难题。

2 拱坝抗震设计思路和抗震措施研究

由于大岗山拱坝坝高超过 200 m，大坝设防地震水平高，因此大岗山拱坝的抗震安全成为本工程设计的难点和重点，所以在设计过程中从一开始就在各方面设计中都尽可能地兼顾到大坝抗震，尽量提高工程的抗震安全性。

首先，在正常蓄水位的选择和坝型选择时，就从工程投资、施工组织、泄洪水流条件等多个方面分析，尽量保证大坝和工程的抗震安全。在枢纽布置方案比选时，也是考虑地震因素，选择了取消坝身表孔，增加顶拱完整性，坝身设四个深孔加右岸一条泄洪洞的枢纽布置方案。其次，从可行性研究阶段就确定大岗山拱坝的设计不是"静力设计、动力复核"，而是在体形设计和调整中就需要考虑大坝动力响应的因素。在拱坝体形设计和优化过程中，在保证静力条件大坝满足设计要求的前提下，从多方面改善大坝地震情况下的受力状态，提高大坝自身的抗震能力。例如增加拱端宽度；在满足坝肩抗滑稳定的情况下，适当加大中心角等。再次，在与坝体相关的结构设计方面也尽可能地增加大坝抗震安全裕度，如混凝土分区设计、设置贴角等。

对于在以上工作基础上得到的"静动兼顾"的拱坝体形，还对其进行了全面的动力计算分析和拱坝动力模型试验研究，分析拱坝的抗震安全度。除此之外，还针对拱坝－地基系统的整体抗震安全进行了计算分析和不同方法的地质力学模型试验研究，综合评判大坝－地基系统的整体稳定性。在2008年11月汶川大地震后，对大岗山拱坝的抗震设计又进行了全面的复核，并增加了万年一遇校核地震情况下大坝的地震响应分析工作。此外，针对大岗山拱坝大坝混凝土还专门开展了全级配混凝土地震动态抗力试验研究，研究成果建议大岗山拱坝大坝混凝土 180 d 龄期动态抗拉强度的设计值可取为 2.25 MPa。

大岗山拱坝如按照《水工建筑物抗震设计规范》（DL5073—2000）的要求采用动力试载法和线弹性有限元对大坝动应力进行分析，得出的动态拉应力远远超过混凝土的抗拉应力，无法满足规范要求。因此大岗山拱坝的大坝设计从最初就采用非线性有限元法，模拟大坝横缝、地基辐射阻尼等分析大坝的动态响应情况，并且在大坝体形调整中予以参考。

通过上述大量的计算分析和试验研究工作，对大岗山拱坝的抗震安全和动力响应有了以下认识：

按非线性动力反应分析，不考虑无限地基辐射阻尼效应时，横缝开度最大值约为 15 mm，坝体上部 1/2～1/3 最大坝高区域的横缝均有明显的张开现象；压应力基本上可控制在 14 MPa 左右，拉应力在 7 MPa 左右。考虑无限地基辐射阻尼效应后，横缝开度最大值为 5.2 mm，横缝的张开 1/3 左右坝高；最大压应力一般为 8～12 MPa，最大拉应力一般为 2～5 MPa。与设计地震时相比，在万年一遇地震作用下，坝体应力略有变化，下游面的最大拉应力和上下游面最主压应力数值有所增长；横缝最大开度无明显增长；大坝-地基体系的非线性反应有所发展，但并无转折性的变化，且尚未到达其抗震能力的极限状态，能够保证大坝的整体稳定性。大岗山拱坝坝体具有较好的地震超载安全裕度，极限抗震超载能力约为 2.0 倍；大岗山拱坝-地基系统整体也具有一定的抗震超载能力，地震荷载的超载倍数在 1.5 倍左右。

从研究成果可以看出，大岗山拱坝地震时的横缝最大开度在目前生产的止水可以承受的范围之内，坝体压应力也小于相应部位混凝土的动态抗压应力，但是坝体出现的高拉应力局部超出了混凝土动态抗拉应力。对于这部分高拉应力需要采取一定的工程措施，以保证大坝抗震安全。

目前国内外高拱坝设计中针对抗震采取的工程措施主要有在坝体－基础交界面附近设置底缝和周边缝、跨缝钢筋、梁向钢筋、跨缝阻尼器、上游面设防渗层。"设置底缝尽管可局部降低坝踵拉应力，但对坝体其他部位的动应力及横缝张开的影响很小，尤其是在常遇低水位工况下。因此，设置底缝可能并不能起到改善坝体抗震性能的作用。" 跨缝阻尼器对大岗山拱坝的抗震效果不显著，只能局部控制横缝的张开，对应力的改善极其微弱，对坝的整体性增强作用也不大。配置横缝钢筋对于横缝张开度的控制效果较为显著，对应力基本没有改善，横缝配筋相比阻尼器来说更能提高拱坝的整体性，但是因配置穿横缝钢筋而带来严重的施工干扰问题，所以综合考虑未采用。梁向钢筋对抑制坝体混凝土因地震荷载作用而发生损伤断裂的效果是十分显著的，并且也使最大横缝开度有所减小。阻尼器和梁向配筋的综合抗震措施研究表明，在梁向钢筋显著改善坝体损伤断裂程度、控制横缝开度、提高拱坝整体性的基础上，阻尼器可进一步局部限制横缝的张开。上游面设置防渗层可以有效防止大坝地震时发生裂缝的部位和张开的横缝部位产生水力劈裂，增加大坝地震时的抗渗安全。

综合分析大量的计算成果，针对大岗山工程自身的特点和实际情况，从提高拱坝抗震安全和减小施工影响的角度出发，提出了大岗山拱坝梁向配筋＋跨缝阻尼器+上游面坝面防渗的大坝抗震措施方案。同时，为了增加坝肩动力抗滑稳定性在坝肩抗力体部位设置抗震预应力锚索。

3 坝面抗震钢筋（梁向钢筋）抗震效果分析

通过有限元计算分析表明大坝坝基部位和中高高程的坝体中部在地震作用下会出现高拉应力，为了防止这些部位的高拉应力造成大坝严重损伤，在该区域设置了梁向抗震钢筋。对于梁向钢筋的抗震效果委托清华大学采用非线性有限元法进行了分析和研究。

分析计算中考虑了混凝土的受拉应变软化现象，为了客观描述混凝土材料在达到峰值强度后微裂损伤带来的软化力学行为，对计算中混凝土的一些材料参数如抗拉强度、断裂能（裂缝扩展单位面积所需耗散能量）以及软化曲线形状进行了明确和定义。软化曲线按线性软化

（如图 1）进行简化描述，计算中根据单元特征尺寸，及断裂带表征宽度对软化段描述进行调整，使其满足断裂能守恒准则。

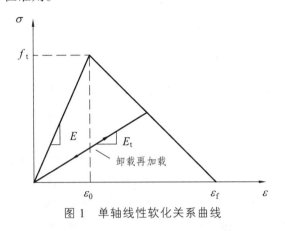

图 1　单轴线性软化关系曲线

计算模型中梁向钢筋的布置如图 2 所示，分为 5 个区域。梁向配置了 φ40 的四级钢筋，间距取 30 cm，拱向配置 φ28 的二级分布钢筋，间距为 50 cm，坝面配置的梁向钢筋实际上形成坝面钢筋网。对于基岩，当考虑地基非均质性时，按不同岩类选取相应的变形模量值和基岩泊松比。在人工截断地基的动力分析、自重应力等分析中，均认为岩石容重为 0，即认为地基为无质量弹簧。动力分析中坝体材料阻尼比 $\xi_1 = \xi_5 = 0.05$。横缝的抗拉强度取为零。在所有分析中动弹模均取为静弹模的 1.3 倍。

分析中考虑的荷载包括：坝体分缝自重；上游库水静水压力；上游淤砂的泥砂压力；温度荷载；上游库水动水压力，采用 Westergaard 公式附加质量加以考虑。

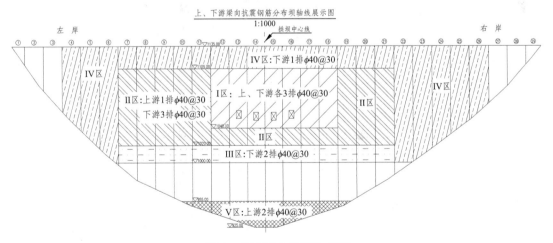

图 2　坝面梁向钢筋布置图

图 3~图 7 为几种计算条件下上、下游坝面或拱冠梁的损伤断裂区分布，分析计算成果可以得出以下几点结论：

（1）不计无限地基辐射阻尼，考虑横缝张开非线性的条件下，在正常蓄水位、设计地震荷载时，坝体将出现大范围损伤，坝体中上部和建基面的损伤区贯穿坝体上、下游。坝体最大损伤因子达到1（认为混凝土完全破坏）。损伤断裂最先出现在拉应力水平较高的下游坝面中上部和坝踵区，随着地震时程的发展，坝体中上部损伤区向四周和上游面扩展，坝踵损伤区向下游面扩展，在 $t = 10$ s 时上、下游面损伤区基本贯穿。后期上游坝面高应力区出现损伤并向下游扩展，逐渐与下游损伤区贯通。

（2）考虑无限地基辐射阻尼的影响，大岗山拱坝坝体动力损伤区域大大减小。上游坝面无损伤产生，下游面坝体中上部损伤范围有所降低，坝体下游中上部损伤区发展到坝厚 1/3 ~ 1/2，建基面损伤区发展到坝底 3/4 厚度，未贯穿。大坝损伤区的发展过程与不考虑地基辐射阻尼相同。

（3）在不考虑地基辐射阻尼、正常蓄水位条件下，配筋对于坝体下游中上部损伤开裂范围影响不显著，但配筋后坝体中上部沿厚度方向损伤深度有所减小，对于最大的可能扩展裂缝有一定的抑制作用，但中上部和建基面仍存在贯通损伤区。配筋后损伤断裂区的出现还是从下游坝面坝体中上部高应力区和坝踵区域开始，到 $t = 10$ s 时刻损伤区基本稳定。

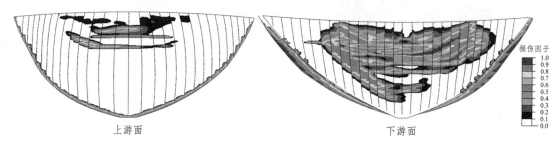

图 3　不考虑地基辐射阻尼、正常蓄水位、设计地震荷载时上、下游坝面的损伤断裂区分布

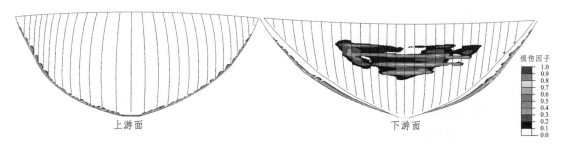

图 4　考虑地基辐射阻尼、正常蓄水位、设计地震荷载时上、下游坝面的损伤断裂区分布

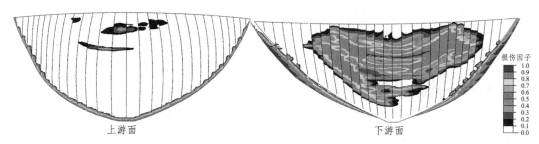

图 5　配筋条件下、不考虑地基辐射阻尼、正常蓄水位、
设计地震荷载时上、下游坝面的损伤断裂区分布

图 6　配筋条件下、考虑地基辐射阻尼、正常蓄水位、设计地震荷载时上、下游坝面的损伤断裂区分布

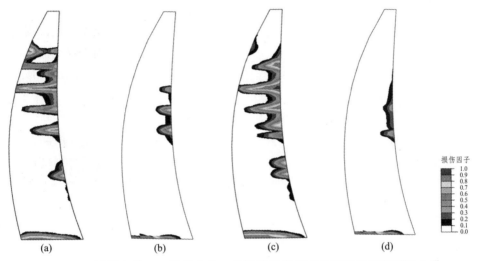

图 7　不同计算条件下正常蓄水位、设计地震荷载时拱冠梁损伤断裂区分布

注：（a）为不考虑地基辐射阻尼、正常蓄水位、设计地震荷载时；（b）考虑地基辐射阻尼、正常蓄水位、设计地震荷载时；（c）配筋条件下、不考虑地基辐射阻尼、正常蓄水位、设计地震荷载时；（d）配筋条件下、考虑地基辐射阻尼、正常蓄水位、设计地震荷载时。

考虑辐射阻尼的情况下，配筋后坝体中上部损伤区范围相较与配筋前变化也不明显，但损伤程度有所缓和，损伤区沿厚度方向发展减小，最大开裂应变也有所减少。

综合分析得出的初步结论是：按照设计配筋方案配置上、下游坝面梁向钢筋（实际形成钢筋网），对大岗山拱坝因地震荷载作用而发生损伤断裂范围影响不大，但可以有效控制沿厚度方向损伤深度，对于最大的可能扩展裂缝有一定的抑制作用。配置梁向钢筋可以增强拱坝的整体刚度，使横缝开度有所降低。

4　坝面抗震钢筋布置方案

首先需要明确的是，大岗山拱坝坝面抗震钢筋的设计是为了限制拱坝裂缝的开展，而并不是防止坝体出现裂缝。地震条件下坝体肯定会出现超过混凝土动态抗拉强度设计值的高拉应力，这样的高拉应力通过配置的钢筋承担，来保证混凝土不开裂是不可能的。但是通过配置钢筋可以有效地控制坝体裂缝损伤的开展，增加拱坝的整体性，从而提高拱坝的抗震安全性。

对于配置钢筋的排数，设计时除了考虑坝体在各种工况条件下的工作状态，更重要的是需要结合工程实际和现在国内施工技术等现状。大岗山拱坝坝面钢筋最多布置排数为两排。三排及三排以上钢筋的布置不现实，因为多层钢筋布置部位的钢筋混凝土厚度超过振捣棒长度，采用人工振捣也不能振捣到位，根本无法保证混凝土的浇筑质量，这对拱坝安全来说更加不能接受，因此，坝面抗震钢筋的最多布置排数选择两排。

钢筋的类型和直径主要是出于钢筋性能和坝面钢筋混凝土的工作状态进行选择。热轧Ⅳ级钢筋的抗拉强度很高，但是热轧"Ⅳ级钢筋的焊接质量较难控制，在承受重复荷载的结构中，如没有专门的焊接工艺，不宜采用有焊接接头的Ⅳ级钢筋"，水电站现场施工工艺水平无法满足要求，因此不能选择Ⅳ级钢筋。其他强度更高的钢筋更适合用作预应力钢筋。热轧Ⅲ级钢筋的塑性和可焊性较好，强度也较高，地震时坝体裂缝开展宽度一般会大于静力产生的裂缝，因此可以较为充分发挥其强度。热轧Ⅲ级钢筋也常常经过冷拉后用作预应力钢筋。对比各类型钢筋的性能，综合比较后选择热轧Ⅲ级钢筋，即 HRB400E（或 HRBF400E）钢筋，作为大岗山拱坝坝面抗震的梁向受力钢筋。分布钢筋要求的抗拉性能略低，选择热轧Ⅱ级钢筋，即 HRB335E（或 HRBF335E）钢筋。如果允许抗震钢筋应尽量选用抗震性能较好的含钒（V）钢筋。对于坝面布置的抗震钢筋网来说，钢筋网的分布越均匀，钢筋越细密，则抗震效果越好。在充分发挥钢筋良好的受拉性能的同时，也应部分利用混凝土的抗拉性能，因此结合其他工程的实践经验和目前对大体积钢筋混凝土结构的认识，坝面梁向抗震钢筋的直径选择 32 mm，间距 300 mm；拱向分布钢筋的直径选择 28 mm，间距 500 mm。

对前述计算分析和试验研究的成果进行综合分析后，考虑大岗山拱坝自身特点，并结合实际工程经验，基本按照外包络的思路，确定了坝面抗震钢筋的布置方案。大岗山拱坝坝面梁向钢筋的布置分为五个区域，见图 8 和图 9。Ⅰ区：上游面孔口部位双排钢筋网区域；Ⅱ区：上游面孔口周边单排钢筋网区域；Ⅲ区：上游面建基面附近双排钢筋网区域；Ⅳ区：下游面坝体中部双排钢筋网区域；Ⅴ区：下游面单排钢筋网区域。

Ⅰ区对应的混凝土分区全部在 A 区（C$_{180}$36），Ⅱ区对应大坝混凝土分区大部分在 A 区，部分在 B 区（C$_{180}$30）。Ⅰ区和Ⅱ区是地震时上游面可能出现高拉应力的区域，静动综合最大拉应力约为 3 MPa（考虑地基辐射阻尼），局部区域可能会超过混凝土动态抗拉强度设计值。特别是在孔口区域，由于有较大的悬臂挑出结构，该部位地震时会出现高拉应力。因此，在孔口区域选择设置两排钢筋网，在孔口周边区域设置一排钢筋网。

由于地基辐射阻尼的效果不能完全计入设计中，需要进行折减，所以在各个钢筋布置区域的边界确定时，在依据动力计算成果的静动综合应力等值线图和坝体损伤开裂云图的基础上考虑了一定程度的扩大。

Ⅲ区钢筋的布置主要是为了控制地震作用下大坝坝基部位的损伤开裂程度，以免地震时大坝基础部位的损伤开裂区上、下游贯穿，其中坝体中部的坝踵区域也容易出现较高的拉应力，且静力条件下该区域也容易出现裂缝，因此Ⅲ区钢筋布置为两排。Ⅲ区钢筋在垂直方向的布置高度主要依据非线性有限元大坝损伤开裂分析得到的损伤区大小确定，并留有一定余度，特别是在较大的基础置换块和基础岩体低波速对应区域，有目的地增加了钢筋布置区域的高度。Ⅲ区除了极少部位对应大坝混凝土分区的 B 区，绝大部分区域对应大坝混凝土 A 区。

Ⅳ区位于下游面坝体中部的中高高程区域，是大坝在地震荷载作用时出现最大梁向拉应力（考虑地基辐射阻尼约为 5 MPa）的部位，也是最先出现损伤开裂的区域，因此是需要重点防护的部位，在该区域布置两排钢筋。根据计算成果可以看出，大岗山拱坝动力条件下的静动综合应力分布和损伤开裂区域并非对称分布，而是偏向大坝左岸，因此对应地Ⅳ区坝面钢筋也偏向左岸布置。同时为了尽量保持拱坝自身性能的对称性，右岸钢筋的布置区域相较计算成果中高拉应力分布区来说做了一定增加。Ⅳ区钢筋分布区域包含了坝体中部的全部 A 区，部分 B 区和 C 区（$C_{180}25$）。

Ⅴ区为下游面除了Ⅳ区以外的全部区域，这主要是考虑到大坝下游面在地震情况下出现高拉应力的范围较大，而且在Ⅳ区布置两排抗震钢筋后，在遭遇地震时拱坝作为多自由度结构会进行应力重分配，这样拉应力会向Ⅳ区周围的区域传递，因此为了更好地有效地提高拱坝的抗震安全，在整个下游坝面布设钢筋，只是在重点部位的Ⅳ区布置两排，在Ⅴ区布置一排。

另外，在坝面钢筋分布区域混凝土强度等级与大坝同区域混凝土相同，级配采用三级配。在横缝部位为了使混凝土能够振捣均匀，保证混凝土浇筑质量，钢筋端头与横缝处止水错开布置，并间隔一定距离。

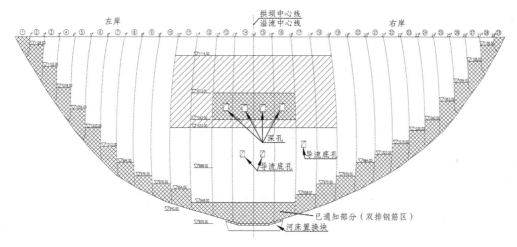

图 8　上游坝面钢筋布置立视图

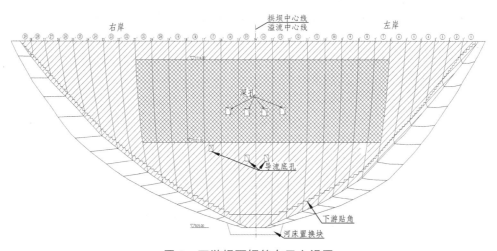

图 9　下游坝面钢筋布置立视图

注：图 8 和图 9 中单斜线区域表示为单排钢筋网布置区，交叉斜线区域为双排钢筋网布置区。

5 结 语

大坝抗震问题一直是水电工程的一个技术难题，国内外许多科研机构和高等院校都在长期进行这方面的科学研究。由于大岗山工程坝址区地震烈度高，坝高超过 200 m，大岗山拱坝设计中高拱坝抗震成为关键技术问题，同时也是目前国内、乃至国际高难度的技术问题。

通过多年的不懈努力，对大岗山拱坝的抗震问题有了一个全面深入的认识。首先，工程区地震地质不存在工程抗断等问题，可以在该区域修建抗震性能较好的拱坝。其次，通过大量的研究分析对拱坝地震时的工作状况、抗震的薄弱方面，采取的工程措施抗震效果都有了更清晰的认识，并确定了大岗山拱坝梁向配筋＋跨缝阻尼器+上游面坝面防渗的大坝抗震措施方案。本文主要介绍了梁向钢筋（坝面钢筋网）的设计方案。

可以说，大岗山拱坝抗震设计既是以往成功的工程经验的很好总结，也体现了目前国内拱坝抗震研究和设计的高水平。

参考文献

[1] 河海大学，大连理工大学，西安理工大学，清华大学合编. 水工钢筋混凝土结构学. 北京：中国水利水电出版社，1996.

[2] 中国水电顾问集团成都勘测设计研究院. 四川省大渡河大岗山水电站可行性研究报告专题 5-3 混凝土坝坝抗震设计专题研究报告. 2006.

[3] 中国水电顾问集团成都勘测设计研究院,中国水利水电科学研究院. 四川省大渡河大岗山水电站可行性研究报告 附件 5-1 双曲拱坝抗震安全分析与抗震措施研究. 2005.

[4] 中国水电顾问集团成都勘测设计研究院,清华大学. 四川省大渡河大岗山水电站可行性研究报告 附件 5-2 双曲拱坝非线性地震反应特性及抗震措施研究. 2006.

[5] 中国水电顾问集团成都勘测设计研究院,大连理工大学. 四川省大渡河大岗山水电站可行性研究报告 附件 5-3 双曲拱坝非线性动力分析及抗震安全评价. 2006.

[6] 中国水电顾问集团成都勘测设计研究院,中国水利水电科学研究院. 四川省大渡河大岗山水电站可行性研究报告 附件 5-4 双曲拱坝整体抗震分析与结构动力模型试验研究. 2006.

[7] 中国水电顾问集团成都勘测设计研究院. 四川省大渡河大岗山水电站工程防震抗震研究设计专题报告. 2008.

复杂地质条件下大岗山拱坝渗控措施研究

黎满林　何光宇　邵敬东

（中国电建集团成都勘测设计研究院有限公司，四川　成都　610072）

【摘　要】大岗山拱坝坝址区地质条件复杂，V_1 类辉绿岩脉发育，可灌性差；940 m 高程以下隐微裂隙发育，普通水泥灌浆效果差；同时，河床出露承压热水，对混凝土具溶出型腐蚀性，影响帷幕的耐久性。本文根据大岗山工程地质特点，通过开展溶出型腐蚀承压热水对水泥结石体室内试验研究，以及 V_1 类岩脉和隐微裂隙岩体的可灌性研究，确定了辉绿岩脉、隐微裂隙岩体、溶出型腐蚀性承压热水的帷幕灌浆处理方案。采用三维渗流场复核成果表明，采取措施后坝基渗流场得到很好的控制。蓄水后监测成果表明，大岗山拱坝坝基渗控措施是合理有效的。大岗山坝基帷幕灌浆方案的成功实施，对我国西南地区复杂地质条件下帷幕灌浆设计具有重要的借鉴意义。

【关键词】大岗山拱坝；渗控设计；帷幕灌浆；承压热水；辉绿岩脉

0　引　言

大岗山水电站位于四川省大渡河中游雅安市石棉县挖角乡境内，挡水建筑物为混凝土双曲拱坝，坝顶高程 1 135.0 m，最大坝高 210 m。拱坝设防地震烈度高，设计地震水平加速度为 0.557 5 g。坝区基岩以澄江期灰白色、微红色黑云二长花岗岩类为主，多条陡倾岩脉穿插发育[1-3]，地质条件复杂，其中 V_1 类辉绿岩脉、节理裂隙发育[4-7]，可灌性差。河床基岩裂隙出露承压热水，对混凝土具有溶出型腐蚀性。

本文基于大岗山水电站复杂地质条件，首次开展了溶出型腐蚀承压热水对水泥结石体室内试验研究，研究承压热水对帷幕耐久性的影响，并通过对 V_1 类岩脉以及隐微裂隙岩体的可灌性进行深入研究，确定了大岗山拱坝复杂地质条件下帷幕灌浆处理方案。目前，大岗山帷幕灌浆已经在现场成功实施，其帷幕已经通过两年多的蓄水检验，大岗山帷幕灌浆处理研究成果对我国西南地区复杂地质条件下帷幕灌浆设计具有重要借鉴意义。

1　水文地质条件及关键技术问题

坝基水文地质条件复杂，河床基岩裂隙承压热水以 $HCO_3^- \text{-} SO_4^{2-} \text{-} Ca^{2+} \text{-} (Na^+ + K^+)$ 型为主，少量为 $HCO_3^- \text{-} SO_4^{2-} \text{-} (Na^+ + K^+)$ 型水，HCO_3^- 浓度在 0.5 ~ 1.0 mmol/L，属弱-强碱性淡水，对混凝土具有溶出型腐蚀性。

坝基地质条件复杂，部分辉绿岩脉具有地质性状差、遇水易软化泥化，水泥灌浆可灌性差；同时，940.0 m 高程以下存在"回浆返浓"（吸水不吸浆）现象，加大了帷幕灌浆的难度。

2 渗控处理思路

为了有效地控制坝基渗流、降低坝基扬压力、减少坝基及两岸山体绕坝渗漏、增强软弱夹层充填物的长期渗透稳定性，需对坝基及两岸山体进行渗控处理。大岗山拱坝渗控处理思路如下：

（1）渗控处理采用"先堵后排、防排结合"的原则，即在上游侧设有防渗帷幕，减少绕坝渗流，下游侧设置排水孔及排水廊道，以有效降低扬压力；通过"防排结合"的方式，提高了渗控效果。

（2）根据不同部位、渗透压力的不同及对渗透压力对拱坝的影响，采用分区确定渗控标准，在保证渗透稳定的基础上，节约了工程投资。其中 1 135.0 m ~ 1 081.0 m 高程灌后透水率 $q \leqslant 3$ Lu，1 081.0 m 高程以下灌后透水率 $q \leqslant 1$ Lu[8]。

（3）针对防渗技术难点，通过生产性试验研究，结合现场施工情况，根据三维渗流场计算分析成果，确定最终的渗控处理措施。

（4）采用"边评价、边调整"的思路，动态调整帷幕灌浆方案，使帷幕灌浆方案结合现场施工情况。在保证了工程安全的基础上，节约了工程投资。

3 拱坝渗控方案布置

3.1 防渗布置

在拱坝坝基上游侧，帷幕灌浆平洞共布置 5 层，高程分别为 1 135.0 m、1 081.0 m、1 030.0 m、979.0 m、940.0 m，两岸帷幕深入岸坡的长度为天然地下水位与大坝正常蓄水位的相交处。通过在灌浆平洞向下施灌到下层灌浆平洞以下 5.0 m，形成封闭的防渗帷幕体系。其中河床帷幕底高程为 782.0 m，左岸坝基帷幕底高程为 920.0 m，右岸坝基帷幕底高程为 910.0 m，最大孔深 158.0 m。左岸坝基帷幕与厂区帷幕相接，形成统一的帷幕体系。

3.2 排水布置

拱坝坝基的排水孔幕在拱坝坝基防渗帷幕的下游侧单独设排水廊道内实施，排水廊道基本与灌浆廊道基本平行，共布置 4 层，高程分别为 1 081.0 m、1 030.0 m、979.0 m、937.0 m，其中左岸排水廊道延伸于左岸帷幕灌浆廊道厂坝分界处。坝基 979.0 m 高程及以上的水通过坝体廊道自排到下游河道，坝基 979.0 m 高程以下的水通过 937.0 m 高程坝基排水廊道汇入坝体集水井，通过 979.0 m 高程泵房抽排至下游。

左右岸抗力体分别在横河向设置 3 排排水平洞，顺河向设置 2 列排水平洞。左右岸抗力体排水平洞的水，自排到下游河道。大岗山拱坝渗控布置见图 1，沿灌浆帷幕展开图见图 2。

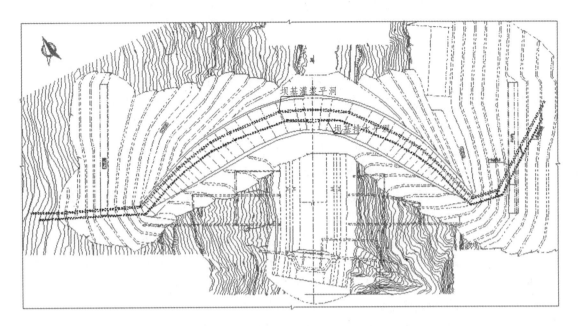

图 1　大岗山水电站渗控布置平面图

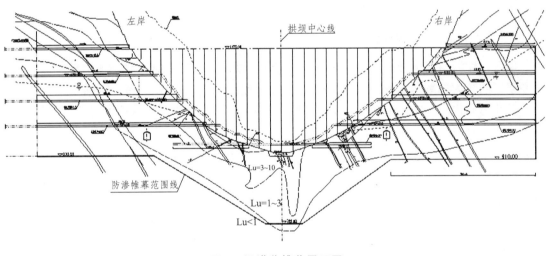

图 2　沿灌浆帷幕展开图

4　帷幕灌浆关键技术问题研究及处理

4.1　河床承压热水处理研究

河床深部基岩裂隙承压水顶面分布大致在河床 760.0 ~ 790.0 m 高程左右，水温 30 ~ 40 ℃。坝基深部基岩承压热水在工程区 D503、D507、D508 钻孔出现，坝基深部基岩承压热水对混凝土腐蚀性评价见表 1。

表 1　坝基深部基岩承压热水对混凝土腐蚀性评价表

腐蚀性类型	腐蚀性特征判定依据	界限指标	深部基岩裂隙承压水					腐蚀性评价
			D508	D507	D503-1	D503-2	D503-3	
溶出型	HCO_3^- 含量 / （mmol/L）	> 1.07，无腐蚀 0.70～1.07，弱腐蚀 < 0.70，中等腐蚀	0.86	0.96	0.77	0.73	0.51	弱腐蚀～中等腐蚀

河床承压热水属弱-强碱性淡水，对混凝土具有溶出型腐蚀性。河床坝基防渗帷幕穿过承压热水区，将对水泥结石的耐久性产生不利影响。

为确保防渗帷幕的耐久性，通过系统研究不同水浴温度下水泥浆液及结石体的物理力学性能、不同 HCO_3^- 浓度对水泥结石体渗透耐久性的影响，并结合现场施工条件，确定大岗山河床承压热水的处理方案如下：（1）增加帷幕孔排数，即在两排帷幕灌浆中间增加一排水泥灌浆，以增加帷幕体厚度；同时采用细水泥灌注等措施以提高幕体的防腐蚀能力。（2）根据地勘揭示，坝基承压热水顶面分布大致在河床 760.0～790.0 m 高程左右，在满足坝基防渗要求的前提下，将河床坝基帷幕底界适当上抬，尽量减少帷幕进入承压热水分布的区域，以减轻腐蚀性热水对帷幕的危害，从而降低帷幕灌浆处理难度。（3）加强水垫塘底板以下的排水，保证水垫塘底板抗浮稳定满足要求。（4）优化施工工艺，对于承压热水区域灌浆采用分段卡塞纯压式灌浆[9]，以提高灌浆效果，保证灌浆质量。

4.2　辉绿岩脉等软弱岩带处理研究

坝区以澄江期花岗岩为主，有辉绿岩脉穿插，坝区小断层多沿辉绿岩脉发育，其中对帷幕灌浆影响较大的辉绿岩脉主要有 β_8（ f_7 ）、 β_{88}（ f_{124} ）、 β_{43}（ f_6 ），该部分岩脉地质性状差、遇水易软化泥化，同时，与库水联通易形成渗水通道；此外，该部分岩脉水泥灌浆可灌性差、抗渗透破坏能力差，需要采取针对性的处理措施，才能有效地保证帷幕的可靠性。

针对帷幕穿过右岸 β_8（ f_7 ）、 β_{43}（ f_6 ）岩脉及其影响带部位，首先结合坝基基础处理，采用表层置换 + 深部置换网格进行处理，减少岩脉对帷幕的影响。此外，针对 β_8（ f_7 ）、 β_{88}（ f_{124} ）、 β_{43}（ f_6 ）等 IV 类～V 类辉绿岩脉、断层等特殊地质条件，通过研究不同灌浆材料的适应性、岩体的可灌性，确定了采用水泥-化学复合灌浆的处理方式，以保证坝基防渗满足要求。

4.3　回浆返浓处理研究

在施工过程中，左岸 AGL1 及河床 940.0 m 高程以下灌浆时出现普遍的"回浆返浓"（吸水不吸浆）现象，普通水泥灌浆后，合格率为 30% 左右，远低于设计要求。

针对"回浆返浓"现象，首先研究岩体的微观结构，在此基础上，研究不同灌浆材料的适应性、岩体的可灌性[10]，确定了采用水泥-化学复合灌浆的处理方式，即先采用普通水泥灌浆后，再在中间增加一排细水泥，细水泥灌浆后岩体透水率合格率有所提高，为 50% 左右，但仍然不满足设计要求；然后再针对重要不合格区域，采用化学灌浆的方式，保证了灌浆后满足设计要求。同时，通过对灌浆工艺的优化研究，确定了对"回浆返浓"段采用多次置换细水泥浆，有效地提高了水泥灌浆合格率。

5 三维渗流场复核计算成果

通过模拟现场地质条件、现场实施的灌浆、排水方案等渗控措施，建立三维渗流模型，采用河海大学自主研发大型三维渗流控制及优化分析软件进行渗流计算分析。计算分析把裂隙岩体渗透介质按等效连续各向异性介质来进行处理；考虑到岩体中水流流速一般不大，假定地下水运动服从不可压缩流体的饱和稳定达西渗流规律。

模拟区域范围为左右岸约 1 600.00 m，上下游约 1 000.00 m。其中，左岸范围超出厂房 150 m，右岸位于 F_1 断层以右约 200 m；上游位于导流洞进口以上约 60 m，下游位于导流洞出口以下约 200 m 处。主要模拟的坝基岩层有：① 微透水岩体（$q < 1.0$ Lu）；② 弱透水岩体（1 Lu $\leq q < 3$ Lu）；③ 弱透水岩体（含 III 2 类辉绿岩）（3 Lu $\leq q < 10$ Lu）；④ 中等透水的弱风化上段岩体（含 IV 类辉绿岩）（10 Lu $\leq q < 100$ Lu）；⑤ 中等透水的强风化岩体（含 V 类辉绿岩）（10 Lu $\leq q < 100$ Lu）；⑥ 强透水的全风化岩体（$q \geq 100$ Lu）；⑦ 河床覆盖层（强透水）。主要模拟地质实际揭露的控制枢纽渗流场的 11 条断层、岩脉。岩脉渗透参数见表 2。

表 2　岩脉渗透性参数表

左岸岩脉	渗透性参数
β_{80}	（$1.1 \sim 1.5$）$\times 10^{-4}$ cm/s
β_6	中等透水，10 Lu 线以上 —（$1.1 \sim 1.5$）$\times 10^{-4}$ cm/s，10 Lu 线以下 —（$3.0 \sim 10.0$）$\times 10^{-5}$ cm/s
β_{118}	（$1.5 \sim 5.0$）$\times 10^{-4}$ cm/s
β_{21}	中等透水，10 Lu 线以上 —（$1.1 \sim 1.5$）$\times 10^{-4}$ cm/s，10 Lu 线以下 —（$3.0 \sim 10.0$）$\times 10^{-5}$ cm/s
β_{28}	中等透水，10 Lu 线以上 —（$1.1 \sim 1.5$）$\times 10^{-4}$ cm/s，10 Lu 线以下 —（$3.0 \sim 10.0$）$\times 10^{-5}$ cm/s
β_{41}	中等透水，10 Lu 线以上 —（$1.1 \sim 1.5$）$\times 10^{-4}$ cm/s，10 Lu 线以下 —（$3.0 \sim 10.0$）$\times 10^{-5}$ cm/s
右岸岩脉	渗透性参数
β_{43}	全部按（$1.5 \sim 5.0$）$\times 10^{-4}$ cm/s
β_8	全部按（$1.5 \sim 5.0$）$\times 10^{-4}$ cm/s
β_5（F_1）	全部按（$1.5 \sim 5.0$）$\times 10^{-4}$ cm/s
β_4	中等透水，10 Lu 线以上 —（$1.1 \sim 1.5$）$\times 10^{-4}$ cm/s，10 Lu 线以下 —（$3.0 \sim 10.0$）$\times 10^{-5}$ cm/s
β_{117}	中等透水，10 Lu 线以上 —（$1.1 \sim 1.5$）$\times 10^{-4}$ cm/s，10 Lu 线以下 —（$3.0 \sim 10.0$）$\times 10^{-5}$ cm/s
全风化带内，均为强透水，β、γ 均一致	

正常水位时枢纽区浸润面等值线及地下水流向见图 3，拱冠梁剖面渗流场见图 4，正常水位时厂坝区渗流量见表 3。

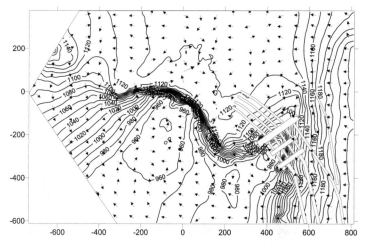

图 3　正常水位时枢纽区浸润面等值线及地下水流向图（单位：m）

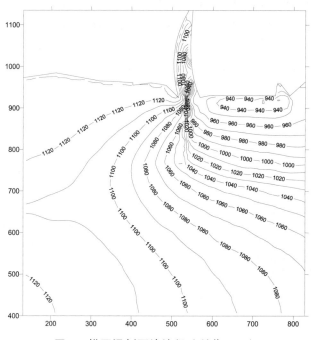

图 4　拱冠梁剖面渗流场（单位：m）

表 3　坝区渗流量统计

计算工况	坝基抽排（979.00 m 高程以下）/（m³/d）	大坝泵房抽排能力/（m³/d）	坝基自排（979.00 m 高程以上）/（m³/d）	水垫塘抽排/（m³/d）	水垫塘抽排能力/（m³/d）
正常运行	3 270	21 600	1 609	4 773	16 800

由计算结果可知：正常水位工况下，坝区渗流场都得到很好的控制，坝区总体渗漏量较小，其渗漏量在抽排系统的设计抽排能力之内。

6 大坝蓄水后监测成果

水库蓄水后，坝基帷幕后渗压计水头折减系数见图6（坝基渗压计布置见图5），坝基渗流量过程线见图7。

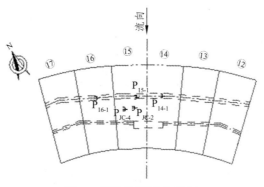

图 5 坝基渗压计布置图

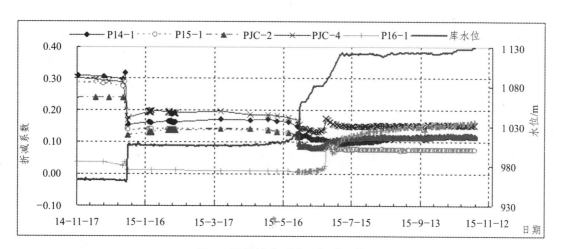

图 6 坝基帷幕后渗压折减系数

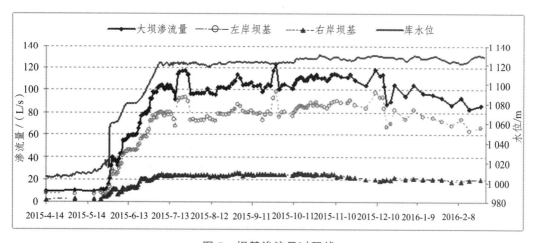

图 7 坝基渗流量过程线

由图可知，坝基帷幕后渗压折减系数为 0.01 ~ 0.15，测压管水头折减系数为 0.03 ~ 0.30，均小于设计值 0.4，满足设计要求。坝基总渗漏量为 86.08 L/s（7 347 m³/d），小于设计抽排能力（21 600 m³/d），设计抽排系统满足渗漏量排水要求。总体说来，现有的防排措施是合理有效的。

7　结　语

本文根据大岗山电站辉绿岩脉发育、溶出腐蚀性承压热水出露、隐微裂隙发育等水文、地质条件，并结合现场施工条件，提出了有针对性的处理措施。

（1）针对河床深部基岩裂隙承压水，采取了增加帷幕孔排数，以增加帷幕体厚度，并采用细水泥灌注等措施以提高幕体的防腐蚀能力；根据承压热水的分布范围，在满足坝基防渗要求的前提下，将河床坝基帷幕底界适当上抬，尽量减少帷幕进入承压热水分布的区域，以减轻腐蚀性热水对帷幕的危害；加强水垫塘底板以下的排水，保证水垫塘底板抗浮稳定满足要求；优化施工工艺，以提高灌浆效果，保证灌浆质量。

（2）针对 IV 类 ~ V 类辉绿岩脉、断层等特殊地质条件，通过研究不同灌浆材料的适应性、岩体的可灌性，确定了采用水泥-化学复合灌浆的处理方式，以保证坝基防渗满足要求。

（3）针对"回浆返浓"现象，通过研究不同灌浆材料的适应性、岩体的可灌性，确定了采用水泥-化学复合灌浆的处理方式，并且通过优化灌浆施工工艺，有效地提高了水泥灌浆合格率。

三维渗流场复核计算成果表明：正常水位工况下，坝区渗流场都得到很好的控制。蓄水后监测成果表明：坝基帷幕后渗压计及测压管水头折减系数均小于设计值。此外，三维渗流场复核计算成果以及蓄水后监测成果都表明：坝区总渗漏量不大，设计抽排系统满足渗漏量排水要求。总体说来，现有的防排措施是合理有效的。

大岗山拱坝帷幕灌浆方案的成功实施，对我国西南地区复杂地质条件下的帷幕灌浆具有很好地借鉴意义。

参考文献

[１]　黎满林，卫尉，张荣贵. 大岗山右岸边坡卸荷裂隙密集带加固及稳定性评价研究[J]. 岩石力学与工程学报，2014，33（11）：2276-2282.

[２]　黎满林，宋玲丽，刘翔. 大岗山拱坝整体稳定数值分析[J]. 人民长江，2014，45（22）：54-57.

[３]　邓忠文，李思嘉. 大岗山水电站关键工程地质问题研究[J]. 水力发电，2015，41（7）：47-51.

[４]　徐敬武，邓忠文，曾金华. 大岗山水电站辉绿岩脉工程地质特性研究[J]. 人民长江，2012，43（22）：36-39.

[5]　符平，邢占清，杨晓东. 大岗山水电站承压热水灌浆帷幕侵蚀性试验研究[J]. 水利与建筑工程学报，2013，11（6）：1-5.

[6]　何光宇，钟语超，巴光明，等. 大岗山水电站防渗帷幕科研试验区的化灌设计与选材[J]. 广州化学，2012，37（4）：1-6.

[7]　王超，黎满林，刘翔. 大岗山水电站拱坝建基面开挖与基础处理设计[J]. 人民长江，2012，43（22）：42-46.

[8]　中华人民共和国电力行业标准. D5346—2006 混凝土拱坝设计规范（S）. 北京：中国电力出版社，2007.

[9]　中华人民共和国电力行业标准. 水工建筑物化学灌浆施工规范（DL/T 5406-2010）[S]. 北京：中国标准出版社，2010.

[10]　邵敬东，黎满林，刘翔，等. 高地震区大岗山水电站拱坝设计[J]. 水力发电，2015，44（7）：34-38.

大岗山拱坝温度场及温度应力全过程仿真研究

黎满林[1]　常晓林[2]　周　伟[2]　潘燕芳[1]

（1. 中国水电顾问集团成都勘测设计研究院，四川　成都　610072；
2. 武汉大学水资源与水电工程国家重点实验室，湖北　武汉　430072）

【摘　要】大岗山拱坝坝高 210 m，其温控防裂是保证坝体正常施工和安全运行的重要措施。本文采用三维有限元法对大岗山拱坝 14#坝段施工期温度场及温度应力进行全过程仿真分析得到了大岗山拱坝温度场及温度应力变化的一般规律。仿真中考虑了坝体材料的热力学性能、浇筑过程、环境温度变化、封拱和蓄水过程。仿真结果对大岗山拱坝的温控设计有参考价值。

【关键词】大岗山拱坝；温度场；温度应力；仿真；有限元法

1　引　言

对拱坝来说，温度是仅次于水压的主要基本荷载。坝体温度除与蓄水过程、气温、库水温度、日照时间、范围，以及泄洪雾化程度等因素有关外[1]，还具有动态变化特征。由坝体变温形成的温度荷载还涉及不同灌区封拱温度，坝体蓄水前初始温度场，以及蓄水后不同时段（季节）的坝体变温场。

大岗山水电站位于大渡河中游上段，河谷狭窄且对称，呈"V"型河谷，最大坝高 210 m；正常蓄水位以下库容约 7.42 亿立方米，调节库容 1.17 亿立方米。装机容量（台数×单机容量）4×650 = 2 600 MW。

由于大岗山双曲拱坝的坝高较高，坝块浇筑尺寸较大，其温度应力和温控防裂问题不容忽视[2]，必须严格仿真大坝的施工过程和蓄水过程，动态模拟其全过程，逐时段计算大坝的温度场和应力场，采用三维瞬态有限元法仿真温度应力形成的历史过程、变化规律及大坝施工、运行环境对温度场和应力的影响，预测大坝不利应力发生的可能性及时空分布，从而为大坝温控防裂措施设计提供科学依据和参考。

2　计算仿真流程

温度场及温度应力仿真计算流程见图 1。
计算中一些技术处理如下。

2.1　温度场分析

（1）温度初始条件：计算开始瞬时，混凝土和基础内部的温度分布规律是重要的定解条件之一。坝体浇筑前，先按照地表温度和深层稳定温度为基础，进行稳态温度场计算，以此结果作为坝体浇筑前的地基的初始温度。新浇筑坝体混凝土的初始温度取为浇筑温度。新浇筑混凝土和老混凝土结合面处的起始温度，采用上下层结点的平均值。

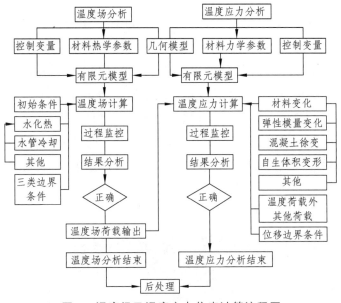

图 1　温度场及温度应力仿真计算流程图

（2）边界条件：地基部分的边界按绝热边界条件处理。坝体与水接触的边界为第一类边界条件，在蓄水过程中取为河水温度，温度为时间的函数，在正常运行期取库水温度，温度为时间和空间的函数。坝体与空气接触的边界为第三类边界条件，不同时段的表面放热系数根据当地风速与时间的变化关系和固体表面放热系数随风速的变化关系而定。

（3）材料热学性质：根据试验资料将水泥水化热拟合为双曲线，并以体积力的形式施加在混凝土单元上。采用朱伯芳院士提出的考虑水管冷却的等效热传导方程[3]，将水管冷却的降温作用视为混凝土的吸热，按负水化热处理，在平均意义上考虑水管的冷却效果。

2.2　温度应力分析

温度应力仿真计算时，弹模是随时间变化的函数，根据实际工程的实验资料拟合为指数形式。徐变度是持荷时间和加载龄期的函数，根据实验数据拟合为朱伯芳院士提出的指数函数形式[4]。

在温度场及温度应力仿真分析时，坝体混凝土在分层浇筑的过程中体形不断变化，计算时可用单元生死来模拟这一过程。首先根据大坝的实际浇筑过程建立有限元模型，在计算时，将坝体单元按照从坝基到坝顶的实际浇筑顺序依次激活，未浇筑的坝体单元是死的，死单元各种热力学参数均取为零，依此类推，直到坝体的最顶层浇筑层浇筑完毕。在温度场仿真分析时影响温度场的三类边界条件随着坝体上升自动添加。在温度应力仿真过程中，随着坝体单元的逐步激活，由温度场计算得到的温度荷载也同时施加。在仿真分析中考虑混凝土自身体积变形、混凝土徐变、浇筑过程、水库蓄水过程以及封拱顺序等因素的影响。

3 仿真模型及计算资料

3.1 计算模型

坝体（准）稳定温度场及运行期应力场三维计算网格立体图如图 2~图 4 所示，其中建基面 925 m 高程以下基岩厚度约 1.0 倍坝高，坝轴线上游侧顺河向范围约 1.5 倍坝高，下游侧顺河向范围约 2 倍坝高，左右坝肩横河向范围约 1 倍坝宽。离散中坝体及坝肩（基）岩体采用空间 8 节点等参实体单元，整个计算域共离散为 34 545 个节点和 28 528 个单元，其中坝体 19 433 个节点、15 285 个单元。图 5 给出了坝体的材料分区。

图 6 给出了河床 14#坝段的几何模型和有限元模型。其中大坝沿顺河向剖分了 8 个单元，3.0 m 浇筑层层内划分 6 层单元，1.5 m 浇筑层层内划分 3 层单元，每层单元的厚度为 0.5 m。

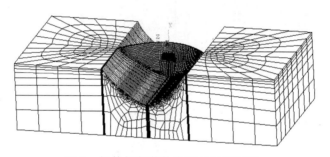

图 2 坝体坝基整体有限元计算网格

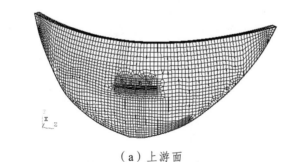

（a）上游面

（b）下游面

图 3 坝体有限元计算网格

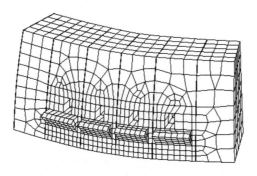

（a）上游面

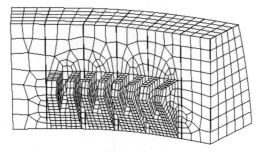

（b）下游面

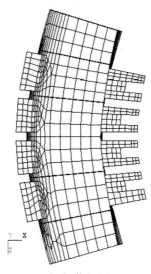

（c）俯视图

图 4　孔口 A 区混凝土有限元网格图

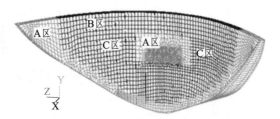

图 5　坝体不同混凝土分区图

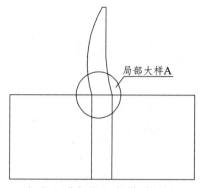

（a）14#坝段几何模型剖面

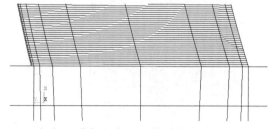

（b）14#坝段有限元模型局部放大图

图6　14#坝段剖面有限元计算网格

3.2　基本计算资料

大岗山水电站位于大渡河中游上段，雅安市石棉县挖角乡境内。最大坝高 210 m，坝底高程 925 m，坝顶高程 1 135 m。坝顶弧长 622.42 m，设 28 条横缝，横缝基本间距约 22 m。坝体自底向上分为 16 个灌区。根据大坝混凝土浇筑进度的初步安排，在第 7 年 6 月坝体浇筑全部完成，8 月接缝灌浆至死水位 1 120 m 高程，9 月封拱灌浆全部完成。坝址多年平均气温16.2 ℃，最高月平均气温 23.6 ℃（7 月），最低月平均气温 7.2 ℃（7 月），坝址多年平均水温 12.9 ℃。封拱灌浆温度为：高程 925 m～高程 950 m 为 11.0 ℃，高程 950 m～高程 1 120 m为 13.0 ℃，高程 1 120 m～高程 1 135 m 为 15.0 ℃。

4　温度场分析

温度场是模拟施工过程和考虑不同边界介质以及混凝土水化热随时间变化等因素仿真计算得出的。施工期温度场仿真计算的目的：一是通过数值计算预测整个坝体在施工过程中的温度变化过程，为进一步制定和修改温控措施提供依据；二是确定坝体应力计算的温度荷载，温度场计算得到的相临时间步的温差作为应力计算相应时间步的温度荷载。

4.1　稳定温度场

拱坝稳定温度场（稳定温度场）是确定运行期温度荷载、封拱灌浆时机及施工期控制基础混凝土温差，防止贯穿裂缝的重要依据。通常所说的坝体稳定温度场是指坝体多年平均温度场。上游坝面的温度取前述水库水温，坝踵处库底水温按拱坝规范建议的方法取 8.13 ℃。在正常运行工况，下游水垫塘底水温受上游库水渗流、地基温度、气温和日照影响，按照热量平衡原理计算，并类比其他工程，底部水温取为 10 ℃，表面水温取 18.2 ℃，中间直线变化。混凝土表面温度按气温考虑日照取 18.2 ℃。坝基面温度按上游坝踵 8.13 ℃、下游坝趾 10.0 ℃，中间呈直线变化考虑。

按上述温度边界条件，本报告采用三维有限元法计算典型坝段 14# 的稳定温度，见图 7。从图中可看出，14# 坝段基础约束区稳定温度在 9 ~ 10 ℃。

4.2　施工期变化温度场

图 8 为 14#坝段中心不同高程温度过程线。由这些图表可知：7 月份开浇 14# 坝段的最高温度为 19.8 ~ 30.0 ℃，坝体有 3 个明显的高温区，坝体第一个高温区发生在 945 ~ 990 m 高程范围内，这是由于 10—11 月份混凝土的浇筑温度（16 ℃）较高的原因；坝体第二个高温区发生在孔口顶部高程，这也是由于 3 月份混凝土的浇筑温度（16 ℃）较高的原因；坝体第三个高温区发生在高温季节浇筑的 1 090 ~ 1 135 m 范围内，最高温度达 30 ℃，这是由于该部位混凝土浇筑时受外界高气温的影响所致。

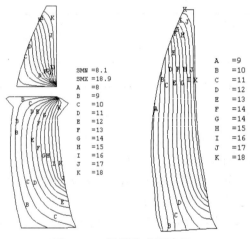

图 7　14#坝段稳定温度场

经计算，7 月份开浇的 14# 坝段的基础约束区最大计算基础温差为 15.9 ℃，小于设计允许基础温差，脱离基础约束区的最大上下层温差为 13.5 ℃，其中孔口部位的最大上下层温差为 11.9 ℃，均小于设计允许的上下层温差。

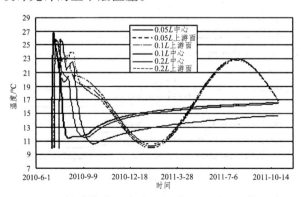

图 8　基础约束区各高程温度历程（7 月份开浇）

5 温度应力

5.1 应力控制标准

《混凝土拱坝设计规范》（SL282—2003）规定，水平方向温度应力的控制按下式确定：

$$\sigma \leqslant \frac{\varepsilon_{\mathrm{p}} E_{\mathrm{C}}}{K_{\mathrm{f}}}$$

式中：σ 为各种温差所产生的温度应力之和；ε_{p} 为混凝土极限拉伸值；E_{C} 为混凝土弹性模量；K_{f} 为安全系数，宜 1.3~1.8，视开裂的危害性而定，此处取 1.8。

根据规范要求及大岗山混凝土的力学参数，用抗拉强度法和极限拉伸法分别计算了不同龄期、不同混凝土材料的应力控制标准。坝体温度应力最大值出现在二期通水冷却结束时，此时混凝土龄期为 180 天左右，因此采用 180 天龄期对应的允许应力值，同时取两种方法计算的允许应力的下限，计算结果见表 1。

表 1　允许水平拉应力　　　　　　　　　　　　单位：MPa

混凝土等级	R360	R300
极限拉伸值×弹性模量	1.70	1.60
抗拉强度	1.80	1.60

5.2 施工期温度应力

7 月份开浇的 14# 坝段基础约束区的最大顺河向温度徐变应力为 1.18 MPa，孔口部位的最大顺河向温度应力为 1.7 MPa，其他部位的顺河向温度应力为 0.54~1.17 MPa，均小于设计允许应力。除孔口部位以外，坝体混凝土的抗裂安全系数为 2.5~5.3，具有较大的安全储备，孔口部位混凝土的抗裂安全系数为 1.8，满足设计要求，但是必须重视孔口部位的温度控制。7 月份开浇的 14# 坝段基础约束区的最大横河向温度徐变应力为 1.1 MPa，发生在 0.1L 高程处，孔口部位的局部最大横河向温度应力也达到了 1.2 MPa，均小于设计允许应力，其他部位的横河向温度应力较小。

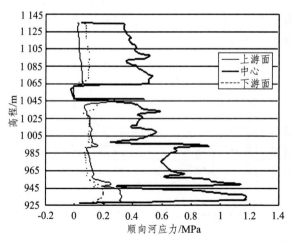

图 9　最大顺河向温度应力沿高程的分布（7 月份开浇）

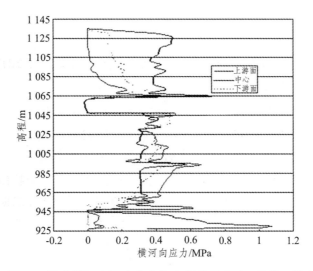

图 10　最大横河向温度应力沿高程的分布（7 月份开浇）

6　温控标准综合评价

根据大岗山水电站大坝的三维温度及应力仿真计算成果，河床坝段 1 月份开浇计算的基础约束区最小抗裂安全系数为 1.9，脱离约束区的最小抗裂安全系数为 1.8，7 月份开浇条件计算的基础约束区最小抗裂安全系数为 2.6，脱离约束区的最小抗裂安全系数为 2.5。因此可以预计在施工期内大坝的抗裂性能较高，不会发生内部贯穿性裂缝，但由于孔口局部部位的最大温度应力接近或者略为超过设计允许应力，抗裂安全系数偏小，因此建议加强孔口部位的温度控制。

另外，当遇上不利组合时，叠加的表面温度应力可能致使混凝土表面产生温度裂缝，根据分析计算结果，建议对于龄期小于 90 天的混凝土应进行表面保护，新浇混凝土拆模后，拱坝上下游面、侧面立即覆盖等效热交换系数 $\beta \leqslant 5.0$ kJ/（$m^2 \cdot h \cdot {}^\circ C$）的保温材料。

本文还比较了国内一些已建和在建的具有代表性的类似工程的温控标准，表 2 给出了国内部分工程基础容许温差，表 3 给出了国内已建、在建高拱坝基础约束区混凝土设计抗裂安全系数的对比。

从表 2 和表 3 可以看出，大岗山电站大坝混凝土基础约束区的试验弹模与其他类似工程的混凝土弹模相比偏低，混凝土的绝热温升也偏低（构皮滩除外），这样就在相同的条件下计算的温度徐变应力也将偏小，同时大岗山电站拱坝混凝土的极限拉伸值较大，这也表明混凝土的抗拉能力较强，因而相对其他类似工程来说，在同样的设计安全系数条件下，大岗山拱坝混凝土的温控防裂更有保证。

近年来，凡在温控防裂方面做得较好的工程，如已建的二滩拱坝、东风拱坝以及江口拱坝，都具有一个共同的特点，即有一个良好的大坝混凝土配比和良好的施工质量。二滩拱坝在温控防裂方面与其他已建工程相比，混凝土配合比先进，用水量 85 kg/m³，胶材用量不超过190 kg/m³，180 d 的抗压强度大于 50 MPa。水泥、粉煤灰、骨料、外加剂等原材料的质量好，混凝土绝热温升较低、极限拉伸较大，并具有微膨胀性、混凝土弹模较低、热膨胀系数适中，这些都是二滩大坝混凝土裂缝少的主要原因。加之施工工艺合理、工厂化生产、混凝土运距短、大型的机械化施工，采取骨料预冷，加冰屑拌和使得混凝土入仓温度控制在规定的范围内（10～14 ℃），并采用不间断的淋水养护，使所生产的大坝混凝土质量得保证。

从混凝土的热学力学性能来讲，大岗山大坝混凝土的极限拉伸值与二滩相当，但绝热温升较二滩低，且混凝土弹模较二滩低，这对温控防裂有利，因此施工过程中只要满足设计制定的温控标准，保证施工质量，可以认为大岗山大坝混凝土不会发生危害性的裂缝。

表 2 国内部分工程基础容许温差

工程名称	坝型	坝高/m	最大底宽/m	基础容许温差/℃
溪洛渡（可研）	拱坝	278	76	15
小　湾（技施）	拱坝	292	73	14
五强溪（可研）	重力坝	87.5	65	14
锦　屏（可研）	拱坝	305	60	14
构皮滩（技施）	拱坝	232.5	58	16
二　滩（技施）	拱坝	240	56	14
大岗山（咨询）	拱坝	210	58	17（河床）
大岗山（可研）	拱坝	210	58	14（河床）

表 3 国内已建、在建高拱坝基础约束区混凝土设计安全系数对比

工程名称	最大坝高	砼强度等级	绝热温升/℃	砼弹模/GPa	极限拉伸值/（×10⁻⁴）	设计抗裂安全系数
小湾（技施）	292	$R_{180}400$	26.0	31.0	1.18	1.8
锦屏（可研）	305	$R_{180}360$	28.0	30.0	0.95	1.8
二滩（实测）	240	$R_{180}360$	26.98	30.8	1.23	1.8
溪洛渡（可研）	278	$R_{180}360$	27.3	42.4	1.06	1.8
构皮滩（技施）	232.5	$C_{180}35$	23.1	42.8	0.90	1.8
大岗山（咨询）	210	$R_{180}360$	25.9	26.1	1.20	1.8
大岗山（可研）	210	$R_{180}360$	25.9	26.1	1.05	1.8

注：1. 抗裂安全系数 $= E_C \varepsilon_p / \sigma$，规范允许抗裂安全系数 $= 1.3 \sim 1.8$。

　　2. 表中混凝土的各项指标均为设计龄期 180 天的值。

7 结　语

本文采用三维有限元法仿真计算了大岗山拱坝典型坝段施工期温度场及温度应力，得到了温度场及温度应力的变化规律。最高温度和坝体温度应力最大值均小于设计允许值，不会产生温度裂缝。仿真计算成果表明，一期采用 8 ℃ 制冷水冷却 + 表面流河水（第一类边界条件）的温控措施可以满足设计的温控标准要求。

参考文献

[1]　三峡水利枢纽混凝土工程温度控制研究[M]. 中国水利水电出版社，2001.

[2]　龚召熊. 水工混凝土的温控与防裂[M]. 中国水利水电出版社，1999.

[3]　朱伯芳. 考虑水管冷却效果的混凝土等效热传导方程[J]. 水利学报，1991（3）：28-34.

[4]　朱伯芳. 大体积混凝土温度应力与温度控制[M]. 北京：中国电力出版社，1998.

大岗山拱坝陡坡坝段并缝型式研究

黎满林　潘燕芳　王　超　井向阳

（中国电建集团成都勘测设计研究院有限公司，四川　成都　610072）

【摘　要】 陡坡坝段由于体型相对较差，且受到基岩及相邻坝段的约束较强，如果分缝型式不合理，将产生过大的局部拉应力，给坝体混凝土带来开裂风险。为了改善陡坡坝段的应力状态，本文以大岗山拱坝为例，采用有限单元法，对陡坡坝段不同的分缝型式进行了应力仿真分析。结果表明，大岗山拱坝陡坡坝段采用斜缝的分缝型式是合适的，可为类似工程提供一定的借鉴和参考。

【关键词】 大岗山拱坝；陡坡坝段；并缝型式；有限单元法；温度应力

1　引　言

拱坝是一种复杂的超静定结构，除了坝顶为自由边界外，其他三面均受到基岩的约束[1-2]；同时由于拱坝相对单薄，对外界水温、气温等比较敏感，坝体内部温度变化相对较大，因此，温度变化将产生较大的温度应力。当温度变化产生的拉应力超过混凝土的抗拉强度时，便产生裂缝。陡坡坝段是高拱坝体型相对较差的部位，且受到基岩及相邻坝段的约束较强，在混凝土温度应力以及干缩变形的作用下，极易导致坝肩与陡坡相接触的区域出现应力集中，进而产生危害性的裂缝。

大岗山水电站位于四川省大渡河石棉县境内，电站正常蓄水位 1 130.00 m，电站装机容量 2 600 MW。混凝土双曲拱坝坝顶高程 1 135.00 m，最大坝高 210 m，拱冠梁顶厚 10.00 m，拱冠梁底厚 52.00 m，厚高比 0.248，弧高比 3.026。

坝体混凝土主要分为 A、B、C 三区，各区混凝土强度等级分别为 $C_{180}36$、$C_{180}30$、$C_{180}25$。横缝形式为"一刀切"的铅直平面，在拱坝中设置 28 条横缝，将大坝分为 29 个坝段，横缝间距约为 22 m。拱坝分缝分区上游立视图见图 1。其中左岸 1#～5#坝段、右岸 27#～29#坝段为陡坡坝段。

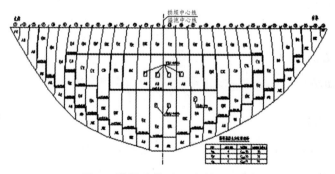

图 1　拱坝分缝分区上游立视图

本文采用三维有限单元法，对大岗山拱坝陡坡坝段不同的分缝型式进行应力仿真分析，从而确定合理的分缝型式，进而提高大坝的抗裂安全度。

2 应力控制标准

《混凝土拱坝设计规范》[3]规定，施工期温度应力的控制按下式确定：

$$\sigma \leqslant \frac{\varepsilon_p E_C}{K_f} \tag{1}$$

式中：σ 为各种温差所产生的温度应力之和；ε_p 为混凝土极限拉伸值；E_C 为混凝土弹性模量；K_f 为安全系数，大岗山拱坝工程取为 1.8。

3 计算原理

3.1 温度场计算原理

在混凝土施工期，由于水泥水化热的作用，混凝土的温度将随时间延伸而变化。根据热平衡原理[4-5]，这种不稳定温度场 $T(x, y, z, t)$ 满足

$$\frac{\partial T}{\partial \tau} = a\left[\frac{\partial^2 T}{\partial x^2} + \frac{\partial^2 T}{\partial y^2} + \frac{\partial^2 T}{\partial z^2}\right] + \frac{\partial \theta}{\partial \tau} \tag{2}$$

式中：$a = \dfrac{\lambda}{c\rho}$ 为混凝土导温系数；θ 为混凝土绝热温升；λ 为混凝土导热系数；c 为混凝土比热；ρ 为混凝土密度；τ，T 分别为任意时刻和温度。

温度场的边界条件主要分以下 3 种情况。

（1）第一类边界条件：已知边界 S 上的温度分布

$$T\big|_S = \varphi(x, y, z) \tag{3}$$

（2）第二类边界条件：已知边界 S 上的热流密度

$$q_n\big|_S = \phi(x, y, z) \tag{4}$$

其中，n 为 S 外法向。

（3）第三类边界条件：已知边界 S 上的对流条件

$$q_n\big|_S = h(T - T_0) \tag{5}$$

式中：φ，ϕ 为已知函数；h 为表面对流系数；T_0 为环境温度。

3.2 温度应力计算原理

取混凝土为线弹性徐变体，将计算域离散为若干单元，则温度应力计算的基本方程为[6]：

$$[K]\{\Delta\delta\} = \{\Delta P_n\}^L + \{\Delta P_n\}^C + \{\Delta P_n\}^T + \{\Delta P_n\}^0 + \{\Delta P_n\}^S$$

式中：$[K]$ 为刚度矩阵；$\{\Delta P_n\}^L$ 为外荷载引起的节点荷载增量，计算温度应力时可不考虑其他荷载；$\{\Delta P_n\}^C$ 为徐变引起的节点荷载增量；$\{\Delta P_n\}^T$ 为变温引起的节点荷载增量；$\{\Delta P_n\}^0$ 为混凝土自生体积变形引起的节点荷载增量；$\{\Delta P_n\}^S$ 为混凝土干缩引起的节点荷载增量。

4 计算成果及分析

4.1 计算模型及计算参数

以 1#、2#、3#陡坡坝段为代表，考虑混凝土温控措施，采用三维有限元对温度应力进行仿真分析；根据 2#、3#坝段之间不同分缝型式的应力分析，确定陡坡坝段的并缝型式。陡坡坝段有限元网格及特征点位置示意见图 2。

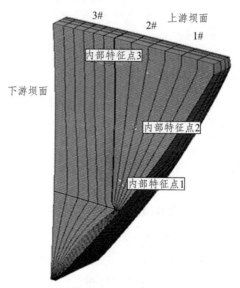

图 2 计算网格及特征点位置示意图

1#～3#坝段为 A 区混凝土，其混凝土主要参数见表 1。

表 1 混凝土主要参数

强度等级	龄期 /d	弹性模量 /GPa	极限拉伸 /（×10⁻⁶）	绝热温升 /℃	线膨胀系数 /（×10⁻⁶/℃）
$C_{180}36$	7	18.8	85	$y = 22.31t/（2.28 + t）$	8.00
	28	25.2	96		
	90	28.4	112		
	180	30.5	117		

主要温控措施为：浇筑层厚度 3.0 m，浇筑温度 ≤12 ℃，间歇期为 5～7 d。

水管间距 1.0 m × 1.5 m（水平×垂直），一期冷却不小于 21 d，通水水温 12～15 ℃，最大日降温速率应 ≤0.5 ℃/d；中期冷却至混凝土龄期 90 d 以上，通水水温 14～16 ℃，最大日降温速率应≤0.2 ℃/d；二期冷却为混凝土龄期不小于 90 d，冷却至封拱温度，冷却时间不小于 30 d，通水水温为 8～10 ℃，最大日降温速率应≤0.3 ℃/d。

4.2 计算工况

根据拱坝体形，结合现场施工，初拟三种不同的并缝型式，即三种不同的计算工况如下。

工况 1：不并缝（见图 3）

工况 2：采用斜缝（见图 4）

工况 3：采用斜折缝（见图 5）

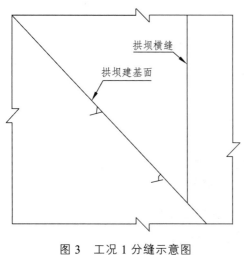

图 3　工况 1 分缝示意图

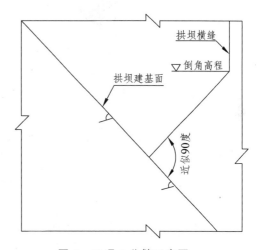

图 4　工况 2 分缝示意图

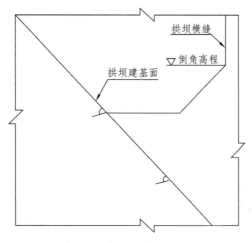

图 5　工况 3 分缝示意图

4.3 计算成果及分析

1）温度场计算成果

模拟混凝土浇筑施工过程、气温等边界条件，计算得到的各工况施工期最大温度包络云图见图 6；各中心典型区域温度历程曲线见图 7。

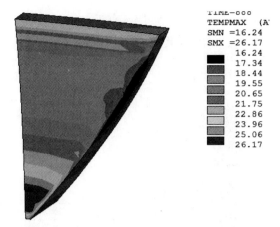

图 6 施工期最大温度包络图（单位：°C）

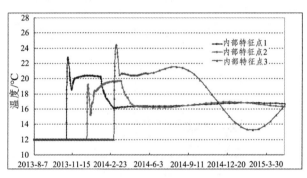

图 7 中心典型区域温度历时曲线

计算结果表明：① 各种工况下的施工期温度场是一致的，其高温区域主要分布于 3#坝段底部，该部位于高温季节进行混凝土浇筑施工，其最高温度约为 26 °C；② 最高温度与混凝土浇筑时气温成明显的相关性。

2）应力计算分析成果

各种工况下施工期第一主应力包络图见图 8～图 10，各种工况下各特征点第一主应力历程曲线见图 11～图 13，各种工况下的内部最大主应力成果见表 2。

由计算结果可以看出：

① 工况 1（不并缝）下，混凝土内部最大拉应力约达到 1.63 MPa，发生在二期通水结束后，小于混凝土相应龄期容许抗拉强度值；但是由于未分缝浇筑，浇筑块尺寸较大，约束较为强烈，靠近坝肩处应力集中较为显著，特别是坝段顶部靠近坝肩处存在较大范围应力集中现象明显，有比较大的区域达到了 2.0 MPa。

② 采用并缝以后（工况 2、工况 3），混凝土内部最大拉应力相对工况 1（不并缝）有所减小，且靠近坝肩的拉应力集中区域明显小于工况 1，说明并缝有利于改善混凝土的内部应力，提高混凝土抗裂安全度。

③ 就两种并缝型式来说，工况 2 的混凝土内部最大主拉应力略小于工况 3 的混凝土内部最大主拉应力，且工况 2 横缝与坝肩接触部位附近应力集中区域小于工况 3；其中工况 2 混凝土内部最大主拉应力为 1.38 MPa，工况 3 混凝土内部最大主拉应力为 1.46 MPa，都发生在二期通水结束后。

总体说来，陡坡坝段采用斜缝的并缝型式，有利于改善坝体应力条件，提高混凝土抗裂安全度。

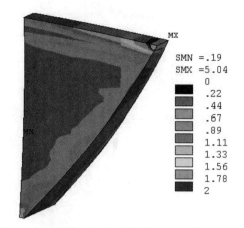

图 8　工况 1 第一主应力包络图（单位：MPa）

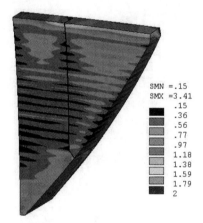

图 9　工况 2 第一主应力包络图（单位：MPa）

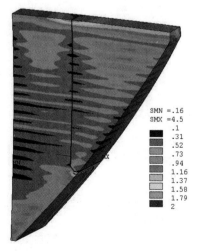

图 10　工况 3 第一主应力包络图（单位：MPa）

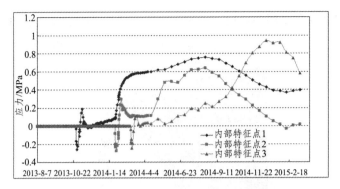

图 11 工况 1 特征点第一主应力历时曲线

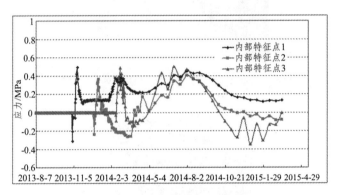

图 12 工况 2 特征点第一主应力历时曲线

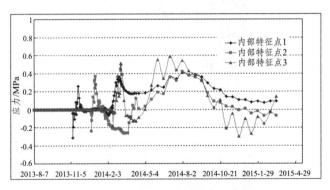

图 13 工况 3 特征点第一主应力历时曲线

表 2 各种工况下内部最大主应力成果表　　　　　　单位：MPa

工况	一期通水内部应力		二期通水内部应力	
	最大拉应力	21 d 混凝土容许抗拉强度	最大拉应力	120 d 混凝土容许抗拉强度
工况 1	0.5	1.19	1.63	1.83
工况 2	0.5	1.19	1.38	1.83
工况 3	0.5	1.19	1.46	1.83

5 结 语

　　高拱坝陡坡坝段应力集中问题，是拱坝温控防裂的重点。本文根据大岗山拱坝温度边界条件，以 1#～3#陡坡坝段为代表，模拟混凝土浇筑过程，采用有限单元法，对陡坡坝段不同分缝型式的温度应力进行仿真分析。计算结果表明，大岗山拱坝陡坡坝段采用斜缝的并缝型式，能够有效地改善坝体应力、减少应力集中、提高拱坝的抗裂安全度。

参考文献

[1] 朱伯芳，高季章，陈祖煜，等. 拱坝设计与研究[M]. 北京：中国水利水电出版社，2002.

[2] 任灏，李同春，陈会芳，等. 考虑温度作用的高拱坝陡坡坝段分缝设置研究[J]，水电能源科学，2007，25（5）：73-77.

[3] 中华人民共和国水利行业标准. SL282—2003 混凝土拱坝设计规范（S）. 北京：中国电力出版社，2003.

[4] 朱伯芳. 考虑水管冷却效果的混凝土等效热传导方程[J]. 水利学报，1991（3）：28-34.

[5] 朱伯芳. 多层混凝土结构仿真应力分析的并层算法[J]. 水力发电学报，1994（3）：19-27.

[6] 朱伯芳. 大体积混凝土温度应力与温度控制[M]. 北京：中国电力出版社，1999.

基于子模型法的大岗山拱坝深孔配筋精细分析研究

潘燕芳　黎满林

（中国电建集团成都勘测设计研究院有限公司，四川　成都　610072）

【摘　要】作为拱坝常用的泄洪建筑物，深孔承受的荷载大，受力复杂，孔口区域结构应力影响因素很多且关系复杂，在孔口周围适当配筋可以改善孔口结构的应力状态，确保大坝施工及运行期安全。以大岗山拱坝为例，建立三维模型进行线弹性有限元分析；在孔口应力有限元分析基础上，采用子模型法对深孔进行配筋精细模拟计算，深入分析孔口应力变化情况，并进行工程类比分析，为深孔孔口配筋设计提供有力的依据。

【关键词】大岗山拱坝；子模型法；有限元；深孔；配筋；工程类比

1　引　言

深孔为拱坝常用的泄洪建筑物，坝身孔口的设置对坝体的整体应力状态影响不大，但局部削弱了坝体的结构，造成局部的应力集中，在孔口周围适当配筋以改善孔口结构的应力状态，限制裂缝发展。深孔承担荷载大，进口段闸墩、孔身段、出口段闸墩，其形式和受力特征较为复杂，对孔口区域结构应力可能造成影响的因素也很多，故采用有限元计算方法分析孔口区域的配筋。

直接在整体模型上精确模拟坝体深孔等细部结构需要消耗大量的计算机资源，考虑到深孔孔洞的尺寸与坝体断面尺寸相比很小，孔洞中心距坝体边界的距离较远（大于3倍洞径），文中视这一类问题为小孔口问题，假定孔洞的存在只引起其附近区域应力的局部重分布，对坝体整体的应力分布状态影响较小或无影响，子模型法是获取大型复杂结构局部区域精确解的有限元方法，本文采用子模型法对大岗山拱坝深孔进行了精细化的模拟分析。在此基础上，确定大岗山深孔配筋方案。

2　模型模拟及其配筋方法

2.1　整体模型的模拟

大岗山拱坝为混凝土双曲拱坝，坝顶高程1 135 m，坝底高程925 m，最大坝高210.00 m，整体模型充分考虑了河谷地形主要特征、拱肩槽开挖、坝区分布的各级岩体和针对坝区主要地质缺陷进行的基础加固措施；模型范围以坝轴线为中心，向上游约 1 倍坝高，下游约 2.5 倍坝高，沿顶拱坝肩向两岸各 1.5 倍坝高，建基面以下约 1 倍坝高，顶拱向上取 50 m，整个范围为 1 200 m × 740 m × 470 m。

坝体采用六面体网格，沿厚度方向分为 4 层，坝基采用四面体网格；整体模型单元总数 49.5 万，节点总数 9.1 万。拱坝坝体的网格模型见图 1，拱坝整体模型网格见图 2。

计算工况选用静力对大坝起控制作用的基本荷载组合 I 工况，即：正常蓄水位 + 淤沙 + 相应下游尾水位 + 自重 + 设计温降。坐标系垂直河流指向左岸为 x 轴方向，y 轴沿河流方向指向上游，竖直向上为 z 轴方向。

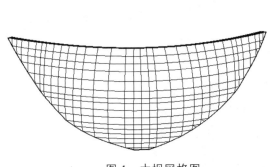

图 1　大坝网格图

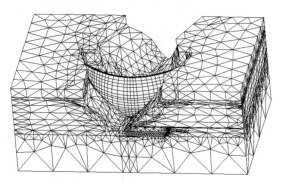

图 2　大坝整体有限元网格图

2.2　深孔子模型的模拟

坝身布置 4 个深孔，孔口尺寸为 6.00 m × 6.60 m（宽×高），最大挡水水头约 90 m。单个深孔设计泄水条件下泄洪流量为 1 303 m³/s。深孔进口处设置平板检修闸门，出口设置弧形工作闸门。闸墩悬臂结构最大长度约为 27 m。弧形工作门支铰布置在支撑大梁上，大梁截面尺寸为 6.00 m × 8.00 m。对闸墩及支承大梁设置"U"形及直形预应力锚索。若在整体模型上精细化模拟深孔全部细部结构且需要加密网格，模型会比较庞大，因此，采用子模型技术，单独建立深孔的精细化有限元子模型。子模型建模时，便于插值运算，保持子模型的坐标系和整体模型完全一致。

根据圣维南原理"载荷的具体分布只影响载荷作用区附近的应力分布"。计算中拟将子模型的边界选取为距离深孔边界 3 倍孔径之外。子模型高程方向为 970 m 到坝顶高程，拱坝中心线左右各 100 m，范围 165 m × 200 m（高 × 宽）。为保证深孔附近区域的计算精度，满足配筋需要，对相应区域的网格进行了加密处理（见图 4）。采用自由网格划分方式，单元类型是与整体模型一致的实体单元，单元总数为 34.1 万，节点总数为 7.1 万。深孔子模型见图 3。进口\出口模型见图 4、图 5。

对于深孔子模型而言，是取整体模型中子模型脱离连接处的位移作为计算域边界约束条件，然后在子模型中施加坝体自重，上、下游水压力，泥沙压力，温度荷载等，以保持整体模型和子模型的荷载条件完全一致。对子模型进行求解分析，即可得出深孔周围的应力分布情况。

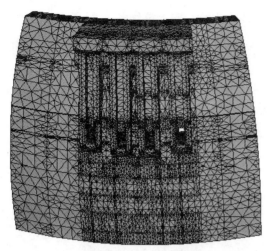

图 3 深孔子模型

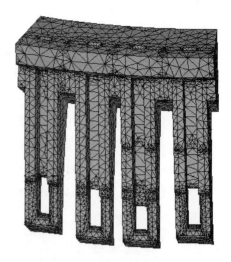

图 4 深孔子模型进口图

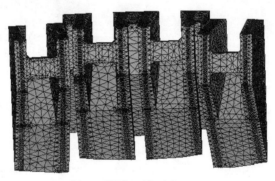

图 5 深孔子模型出口图

2.3 利用有限元结果配筋方法

根据《水工混凝土结构设计规范（DL/T 5057—2009）》，利用式（1）即可求得配筋断面的配筋面积。

$$T \leqslant \frac{1}{\gamma_d}(0.6T_c + f_y A_s) \tag{1}$$

式中：T 为截面弹性总拉力；T_c 为混凝土承担的拉力；f_y 为钢筋抗拉强度设计值，取 300 N/mm²；γ_d 为钢筋混凝土结构系数，取 1.20。

工程实际计算中，从偏安全的角度考虑，将混凝土承担的拉力完全作为安全储备，认为截面上的拉力全部由钢筋来承担，此时，$T_c = 0$，受拉钢筋截面面积 A_s 满足式（2-2）要求：

$$A_s \geqslant \gamma_d \cdot \frac{T}{f_y} \tag{2}$$

从深孔结构图中，在进口、出口、孔身段选取具有代表性的断面，采用上面的方法，可计算出各个断面处的最大拉力值及配筋面积。

假定配筋层数为 a，钢筋截面积为 A_1，钢筋间距为 d（单位为 cm），一延米范围内的配筋满足式（3），通过该式得到各配筋断面的配筋方式。

$$A_s \approx \frac{100}{d} \times A_1 \times a \qquad (3)$$

3 深孔整体和子模型变形特点分析及配筋参数评价

3.1 整体模型和子模型对比分析

子模型是采用整体模型的位移边界作为约束，故对比整体模型与子模型有限元位移计算成果，可以得出以下结论：

（1）子模型和整体模型的位移基本一致，见图 6 和图 7，坝体顺河向位移从拱端至坝面中部逐渐增大，最大值均出现在 1 135 m 高程拱冠梁附近，量值在一个数量级。由于拱坝左侧建基面地质条件较差，存在较大区域的Ⅲ₁类岩体，且下游坝肩处有大量软弱的Ⅳ类、Ⅴ类岩体，弹模较小，左拱的横河向位移略大于右拱。

（2）深孔开孔对其附近的影响范围有限，对 1 倍洞径范围的影响较大，2 倍至 3 倍洞径范围有轻微影响，3 倍洞径以外几乎无影响，采用子模型法模拟大岗山深孔的方法合理。

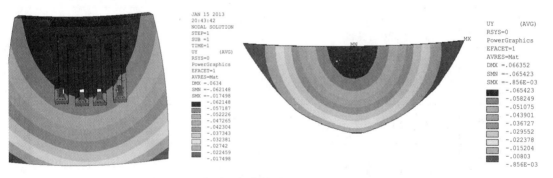

图 6　子模型区与整体模型顺河向位移云图比较

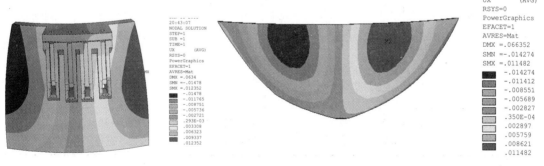

图 7　子模型区与整体模型横河向位移云图比较

3.2 大岗山深孔配筋分析

运用前文介绍的方法，大岗山深孔计算配筋采用的主要原则为：

（1）分析计算结果，对深孔分部位（进口、孔身、出口）选取典型特征代表断面，按照不同高度（即积分深度）积分出该面主应力，来计算总拉应力作为单宽的配筋参数。

（2）综合计算成果、现场施工，合理选取，个性化配置。对 4 个深孔分部位选取统一配筋参数。

（3）对于拉应力积分较小部位，根据孔口结构应力应变特征及构造要求进行构造配筋。

（4）对于受力复杂部位，如出口闸墩的支撑大梁，可适当加强配筋，采用全断面积分配筋。

根据以上配筋原则及计算成果，对大岗山深孔各部位的配筋参数见表 1。在建的锦屏一级、溪洛渡和大岗山均为双曲拱坝，尽管坝高不一，但几个工程的拉应力水平相当，分布规律大致相同，因而将几个工程深孔的配筋参数进行对比分析。表 1 中列举了几个工程深孔不同部位的配筋参数。从下表可以看出：三个工程深孔部位配筋参数基本一致，故采用本文计算方法获得的配筋方案是合适的，能较好地反应高拱坝孔口应力变化特点。

表 1 三个工程深孔配筋方案表

部位		溪洛渡	锦屏一级	大岗山
进口闸墩	闸墩	2Φ36@20（主筋） 2Φ32@20（构造）	2Φ36@20（主筋） 2Φ32@20（构造）	2Φ36@20（主筋） 2Φ32@20（构造）
	牛腿	3Φ36@20（主筋） 3Φ32@20（构造）	2Φ36@20（主筋） 2Φ32@20（构造）	3Φ36@20（主筋、构造）
孔身	进口	3Φ36@20（主筋、构造）	3Φ36@20（主筋） 2Φ32@20（构造） Φ36@20（构造）	3Φ36@20（主筋） 3Φ32@20（构造）
	中段	3Φ36@20（主筋、构造）	2Φ36@20（主筋） 2Φ32@20（构造）	3Φ36@20（主筋） 3Φ32@20（构造）
	出口	3Φ36@20（主筋、构造）	3Φ36@20（主筋） 2Φ32@20（构造） Φ36@20（构造）	3Φ36@20（主筋） 3Φ32@20（构造）
出口闸墩	闸墩	3Φ36@20（顺河向） 3Φ32@20（构造、水平箍筋）	3Φ36@20（下游侧主筋） 3Φ32@20（下游侧构造） 2Φ32@20（左右侧）	3Φ36@20（下游侧主筋） 3Φ32@20（下游侧构造） 2Φ32@20（左右侧）
	牛腿	3Φ36@20（主筋） 3Φ32@20（构造）	3Φ36@20（主筋） 2Φ32@20（构造） Φ36@20（构造）	3Φ36@20（主筋） 3Φ32@20（构造）
支铰大梁		3Φ36@20（主筋） 3Φ28@20（构造）	3Φ36@20（主筋） 3Φ28@20（构造）	3Φ36@20（主筋） 3Φ28@20（构造）

4 结 语

子模型精细模拟了拱坝体型、坝身孔口和进出口闸墩、闸墩环形主锚索、次锚索等结构特征的基础上，重点研究了孔口、闸墩的应力状态，进而开展了配筋分析。基于上述成果，可得以下结论：

（1）大岗山拱坝整体模型和子模型有限元变形规律基本一致，坝身开孔对其附近的影响范围有限，对 1 倍洞径范围的影响较大，2 倍至 3 倍洞径范围有轻微影响，3 倍洞径以外几乎无影响。本文采用子模型法模拟大岗山拱坝深孔进行有限元配筋的方法是合理的。

（2）介绍了利用子模型技术精细化模拟大岗山拱坝深孔及其细部结构，并将子模型三维有限元计算成果运用于配筋计算，通过和其他在建工程配筋横向对比，表明采用文中方法计算配筋是合理。

（3）本文介绍的配筋计算方法还可以做更加深入的研究，使其在复杂受力的大体积混凝土结构设计方面有更加广泛的用途。

参考文献

[1] 康亚明，杨明成. 基于子模型的孔边应力集中的有限元分析[J]. 湖南工程学院学报，15（4），2005.

[2] DL/T 5057—2009 水工混凝土结构设计规范.

[3] 李瓒，陈兴华，等. 混凝土拱坝设计[M]. 北京：中国电力出版社，2000.

[4] 王勖成，邵敏. 有限元法基本原理和数值方法[M]. 北京：清华大学出版社，1998.

大岗山拱坝坝肩抗滑稳定分析

黎满林

（中国水电顾问集团成都勘测设计研究院，四川　成都　610072）

【摘　要】本文根据大岗山坝址区断层、岩脉、裂隙等结构面的分布状态，采用刚体极限平衡法，计算分析了大岗山拱坝坝肩静力抗滑稳定，并对坝肩抗滑稳定进行了分析评价。

【关键词】大岗山拱坝；抗滑稳定；安全系数；刚体极限平衡

1　引　言

大岗山水电站位于大渡河中游上段，水库正常蓄水位 1 130.00 m，死水位 1 120.00 m，正常蓄水位以下库容约 7.42 亿立方米，调节库容 1.17 亿立方米，总装机容量 2 600 MW。

坝址区河谷呈"V"形峡谷，两岸山体雄厚，谷坡陡峻，基岩裸露。坝址区基岩以澄江期灰白色、微红色中粒黑云二长花岗岩为主；辉绿岩脉穿插发育于花岗岩中。大岗山拱坝最大坝高 210 m，其坝肩抗滑稳定是拱坝设计中重要问题之一。

2　影响坝肩稳定的地质条件

根据对左右岸不利结构面的分析确定，对左岸坝肩稳定有影响的主要结构面有：β_{21}、β_{28}、β_{41}、和 f_{34}、f_{61}、f_{34}、f_{99}、f_{100}，对右岸坝肩稳定有影响的主要结构面有：β_{4}、β_{43}、β_{62}、β_{68}、β_{69}、β_{82}、β_{85}、β_{114} 和 f_{65}、f_{77}、f_{83}、f_{90}。左右岸坝肩主要结构面参数见表1。

另外，坝区发育有 6 组节理裂隙：① 近 SN/E∠60°～80°；② N10°～30°W/SW∠50°～80°；③ N15°～30°E/NW∠50°～70°；④ 近 EW/N（或 S）∠60°～65°，主要在上坝址左岸；⑤N10°～30°E/SE∠35°～50°；⑥缓倾角裂隙，上下游、左右岸产状变化较大，左岸主要为 N60°～90°W/SW∠5°～18°、近 SN/E∠17°～26°，右岸主要为 N0°～40°E/SE∠6°～25°、N45°～76°W/SW∠2°～5°。缓倾裂隙 6 左右岸按高程详细产状见表2、表3，中等倾角裂隙 5 主要发育于右岸，其详细产状见表4。

表 1　左坝肩及抗力体范围内缓倾角裂隙汇总表

高　程/m	位　置	优势产状	线连通率
1 050～1 135	β_{21} 以里	N25°E/SE∠17°	0.59
	β_{21} 以外	SN/W∠15°	0.68
980～1 050	β_{41} 以里	EW/N∠13°	0.68
	β_{41} 以外	N45°W/SW∠20°	0.81
925～980	—	N62°W/SW∠6°～20°	0.57

表 2　左右岸坝肩主要结构面参数

岸别	结构面	产状	线连通率	剪摩		纯摩
				f'	c'/MPa	f
左岸	β_{21}	N10°～35°E/NW∠65°～75°	1	0.50	0.08	0.42
	β_{28}	N10°～20°E/NW∠60°～80°	1	0.40	0.03	0.33
	f_{54}	N20°E/NW（SE）∠8°～11°	1	0.50	0.10	0.40
右岸	β_4	N25°W/SW∠65°～72°	1	0.35	0.05	0.30
	f_{65}	N9°～20°W/NE∠40°～43°	1	0.50	0.10	0.40

表 3　右坝肩及抗力体范围内缓倾角裂隙汇总表

高程/m	位置	优势产状	线连通率	总体产状	
1 050～1 135	—	N20°E/SE∠17°	0.32	—	
980～1 050	—	N5°W/NE∠22°	0.56	—	
925～980	XI线～Ⅱ线β_{43}以里	N20°E/SE∠10°	0.31	SN/E∠21°	N5°E/SE∠20°
	XI线～Ⅱ线β_{43}以外	不发育	—		
	Ⅱ线～Ⅲ线	N9°W/NE∠19°	0.48		
	Ⅲ线下游	N13°E/SE∠23°	0.48		

表 4　右坝肩及抗力体范围内中等倾角裂隙汇总表

高程/m	位置	优势产状	线连通率	总体产状	
1 050～1 135		N20°E/SE∠45°	0.3	—	
980～1 050		N5°W/NE∠42°	0.8	—	
925～980	XI线～Ⅱ线	SN/E∠43°	0.43	N6°E/SE∠40°	N10°E/SE∠41°
	Ⅱ线～Ⅲ线	N18°E/SE∠40°	0.51		
	Ⅲ线下游	N1°W/NE∠38°	0.47		

3　拱坝结构设计

为了增加左右岸坝肩抗滑稳定性，在结构设计中，应加强对坝肩岩脉、断层的处理，同时，采用防渗、排水等措施。

3.1　岩脉、断层的处理

建基面上的岩脉、断层，对规模较大的Ⅳ、Ⅴ类，采用挖除置换，对规模较小的Ⅲ₂类，采用刻槽封闭处理。

建基面以里深部分布的辉绿岩脉和断层，对于Ⅳ、Ⅴ类，且对拱坝影响较大的，在拱坝受力影响范围以内部分采用混凝土网格置换，网格之间进行固结灌浆处理。主要处理对象为左岸岩脉β_{21}，右岸岩脉β_{43}和岩脉β_8。

对于Ⅲ$_2$类和部分Ⅳ类辉绿岩脉和断层，在拱坝受力影响范围以内采用加密固结灌浆处理。灌浆范围为平切面上距离拱端 50 m 区域内分布的岩脉，加密灌浆上下游延伸长度分别为 0.5～1.0 倍坝宽和 1.0 倍坝宽。

3.2 防渗、排水措施

为了减少坝基渗漏和绕坝渗流，减少渗流对坝基及两岸边坡稳定产生的不利影响，根据水文地质、工程地质条件、建筑物规模等进行防渗排水设计。

防渗排水系统设计采取"以排为主，防排并举"的原则。防渗帷幕控制标准为 Lu<1，帷幕实施通过左右岸 940～1 135 m 高程间的五层灌浆平洞完成。排水分为大坝基础排水和抗力体排水。大坝基础排水紧邻防渗帷幕布置，通过左右岸 935～1 081 m 高程间的四层排水平洞完成；抗力体范围内左、右岸在 980～1 110 m 高程间各设置 3 排横河向、2 排顺河向排水平洞，在洞内钻设排水孔，并与水垫塘、二道坝的防渗排水、一起形成封闭的防渗体系。

4 计算荷载及组合

稳定分析考虑的荷载主要有：滑块自重、滑面上的扬压力及拱坝推力。

坝体的荷载组合：

基本组合Ⅰ：上游正常蓄水位＋相应下游水位＋泥沙压力＋自重＋温降

坝肩岩体抗滑稳定荷载组合：

基本荷载组合Ⅰ：拱坝基本组合Ⅰ的拱端推力＋滑块自重＋渗透压力（正常蓄水位）

5 控制标准及渗压假定

拱坝坝肩稳定分析以三维刚体极限平衡法为主，采用纯摩公式和剪摩公式计算抗滑稳定安全系数，根据《混凝土拱坝设计规范》（DL/T 5346—2006）中规定，用刚体极限平衡法分析拱座稳定时，应满足承载能力极限状态设计表达式：

$$\gamma_0 \psi \sum T \leqslant \frac{1}{\gamma_{d1}}\left(\frac{\sum f_1 N}{\gamma_{m1f}} + \frac{\sum C_1 A}{\gamma_{m1c}}\right) \tag{1}$$

$$\gamma_0 \psi \sum T \leqslant \frac{1}{\gamma_{d2}}\frac{\sum f_2 N}{\gamma_{m2f}} \tag{2}$$

式中 γ_0——结构重要性系数，本工程取为 1.10；

      ψ——设计状况系数，本工程取为 1.00；

      T——沿滑动方向的滑动力（$\times 10^3$ kN）；

f_2——抗剪断摩擦系数；

N——垂直于滑动方向的法向力（$\times 10^3$ kN）；

C_1——抗剪断凝聚力（MPa）；

A——滑裂面的面积（m²）；

f_2——抗剪摩擦系数；

γ_{d1}，γ_{d2}——分别为两种计算情况的结构系数，取值见表5；

γ_{m1f}，γ_{m1c}，γ_{m2f}——分别为两种表达式的材料性能分项系数，取值见表5。

表 5 抗滑稳定分项系数

式（1）	γ_{m1f}	2.4
	γ_{m1c}	3.0
	γ_{d1}	1.2
式（2）	γ_{m2f}	1.2
	γ_{d2}	1.1

注：有关地震组合情况下的各分项系数应按 DL 5073 规定执行

为了便于直观判断坝肩抗滑稳定性，同时用原安全系数标准进行控制，抗滑稳定安全系数控制标准见表6。

表 6 坝肩抗滑稳定安全系数控制标准

项 目	剪摩分析	纯摩分析
基本组合	3.5	1.3
基本组合＋地震	1.2	

在计算中应考虑渗径长度的影响拟定渗压分布。滑动块体拉裂面上游作用取全水头，下游出露点取零（当出露点高于下游尾水位时），在上、下游之间的渗压假定为线性变化。

根据《水工建筑物荷载设计规范》，计算中考虑 2 种渗压工况：帷幕及排水部分失效时，扬压力折减系数 $\alpha_1 = 0.6$，$\alpha_2 = 0.3$；帷幕及排水正常工作时，扬压力折减系数 $\alpha_1 = 0.4$，$\alpha_2 = 0.2$。

6 坝肩抗滑稳定计算分析

6.1 控制块体主要参数

通过对地质资料的综合分析和块体的组合计算，得出某左右岸坝肩稳定控制块体组合及产状见表7，控制块体的块体图见图1～图7。控制块体组合各结构面力学参见表8。表中岩脉参数是考虑到岩脉在整个滑面贯通，在计算过程中采用岩脉本身参数；裂隙参数是根据连通率，并参照地质勘探平洞揭示断层的范围，按照与花岗岩参数进行面积加权得到的参数；裂隙参数是根据裂隙连通率，按照与花岗岩参数进行面积加权得到的参数。

表 7 控制块体组合及产状

岸别	块体编号	侧滑面		底滑面		下游陡面	
		结构面	计算采用产状	结构面	计算采用产状	结构面	计算采用产状
左岸	L1	β_{21}	N35°E/NW∠75°	f_{54}	N20°E/NW∠11°	裂隙④	N80°W/NE∠70°
	L2	β_{28}	N20°E/NW∠70°	f_{54}	N20°E/NW∠11°	裂隙④	N80°W/NE∠70°
	L3	裂隙③	N27.5°E/NW∠70°	裂隙⑥高	SN /W∠15°	裂隙④	N80°W/NE∠70°
	L4	裂隙④	N80°W/SW∠70°	f_{54}	N20°E/NW∠11°		
右岸	R1	β_4	N24°W/SW∠68°	裂隙⑥低	N5°E/SE∠20°		
	R2	f_{65}	N9°W/NE∠42°	裂隙⑥低	N5°E/SE∠20°		
	R3	裂隙⑤	N20°E/SE∠45°	裂隙⑥低	N5°E/SE∠20°		

注：表中的"高"表示该裂隙位置高程范围为 1 050～1 135 m，"高"表示该裂隙位置高程范围为 925～980 m。

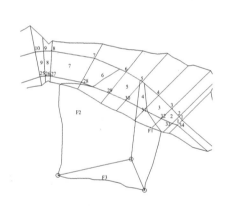

图 1 L1 块体图

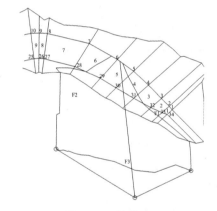

图 2 L2 块体图

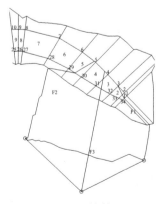

图 3 L3 块体图

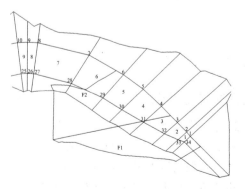

图 4 L4 块体图

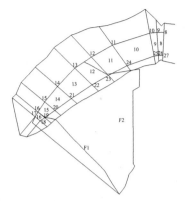

图 5 R1 块体图

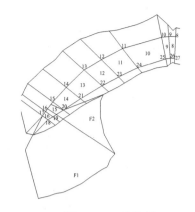

图 6 R2 块体图

表 8 控制块体各结构面力学参数表

岸别	块体编号	侧滑面			底滑面			下游陡面		
		剪摩		纯摩	剪摩		纯摩	剪摩		纯摩
		f'	c'/MPa	f	f'	c'/MPa	f	f'	c'/MPa	f
左岸	L1	0.500	0.080	0.420	0.775	0.752	0.568	0.814	0.837	0.587
	L2	0.400	0.030	0.330	0.844	0.905	0.610	0.751	0.756	0.556
	L3	1.098	1.387	0.753	0.695	0.568	0.524	0.490	0.312	0.393
	L4	0.946	1.114	0.675	0.792	0.786	0.577			
右岸	R1	0.350	0.050	0.300	1.012	1.187	0.714			
	R2	0.673	0.523	0.479	0.976	1.045	0.675			
	R3	0.815	0.764	0.585	0.975	1.100	0.690			

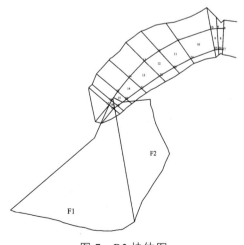

图 7 R3 块体图

6.2 坝肩稳定分析成果

根据刚体极限平衡法计算出来的控制块体稳定安全系数成果见表 9（为了便于直观判断坝肩抗滑稳定性，采用安全系数标准进行控制）。

表 9　控制块体稳定安全系数成果表

岸　别	块体编号	纯　摩		剪　摩	
		帷幕排水部分失效	帷幕排水正常	帷幕排水部分失效	帷幕排水正常
左　岸	L1	2.50	2.72	5.36	5.76
	L2	2.62	2.84	5.71	6.13
	L3	2.22	2.27	4.17	4.24
	L4	2.09	2.18	5.45	5.58
右　岸	R1	1.80	1.87	5.46	5.57
	R2	1.94	2.02	3.43	3.54
	R3	1.92	2.02	3.73	3.89

抗滑稳定计算成果表明：

（1）无论是帷幕、排水正常工作工况，还是帷幕、排水部分失效工况，左岸各控制块体稳定安全系数，纯摩均大于 1.3，剪摩均大于 3.5，满足控制标准；

（2）无论是帷幕、排水正常工作工况，还是帷幕、排水部分失效工况，右岸各控制块体纯摩安全系数均大于 1.3，满足控制标准；右岸除块体 R2 在帷幕排水部分失效的情况下剪摩安全系数为 3.43，略小于 3.5 以外，其他滑块在不同工况下剪摩安全系数均大于 3.5，满足控制标准。因此，在边坡治理时，需对右岸 f_{65} 断层需施加大吨位锚索，并应做好防渗、排水措施，以提高右岸坝肩的抗滑稳定性。

7　结　语

通过大岗山拱坝坝肩抗滑稳定计算成果分析，初步得出以下结论：

（1）除右岸块体 R2 在帷幕排水部分失效情况下剪摩安全系数为 3.43，略小于 3.5 的控制标准外，其余左右岸控制块体在各种工况下的抗滑稳定安全系数均满足控制标准。

（2）总体说来，左岸控制块体的抗滑稳定安全系数高于右岸控制块体的抗滑稳定安全系。

（3）对于安全系数较低的块体，建议加强锚固处理，并对该块体周围的边坡应加强支护处理；同时，应加强防渗排水措施，以保证坝肩的抗滑稳定。

大岗山拱坝整体稳定数值分析研究

黎满林　宋玲丽　刘　翔

（中国电建集团成都勘测设计研究院有限公司，四川　成都　610072）

【摘　要】拱坝的整体稳定分析是一个涉及材料非均匀性、多裂隙介质、不可逆内部损伤演化的三维非线性问题，是工程设计与施工中的关键技术难题。大岗山水电站坝址区的地形地质条件复杂、地震烈度高，整体稳定性控制难度大。本文基于大岗山拱坝的地质条件及基础加固处理措施，采用三维非线性有限元法对正常工况下的坝体位移与应力进行了计算分析，并采用超载法研究了大坝的整体结构稳定性，同时与国内其他高拱坝工程做了对比分析，结果表明，大岗山拱坝的整体稳定性较高，设计措施是可行的。

【关键词】稳定分析；大岗山拱坝；三维非线性有限元；超载分析

1　引　言

拱坝的整体稳定性分析，是一个涉及材料非均匀性、多裂隙介质、不可逆内部损伤演化的三维非线性问题。我国已建和在建的高拱坝大部分都位于西南地区，该地区地形、地质条件复杂，河谷陡峻，岩脉、断层发育，地应力及地应力梯度较高。该地区的高拱坝往往采取大量的坝基加固处理措施，以提高高拱坝的整体稳定性。在复杂条件下，如何评价拱坝的整体稳定性是工程界和学术界面临的一个重要问题，非线性有限元数值[1-2]计算是研究这一类问题的最常用方法。

大岗山水电站位于四川省大渡河石棉县境内，电站正常蓄水位 1 130.00 m，总库容 7.42亿立方米，电站装机容量 2 600 MW，混凝土双曲拱坝最大坝高 210 m。

坝址区河谷呈 "V" 形峡谷，两岸山体雄厚，谷坡陡峻，基岩裸露，自然坡度一般为40°~65°。坝区基岩以澄江期灰白色、微红色黑云二长花岗岩（γ24-1）花岗岩类为主，中粒结构。

坝址区地质条件复杂，左岸地质缺陷主要有辉绿岩脉β_{21}、β_{28}、β_{41} 和断层 f_{145}、f_{54}、f_{99}，右岸地质缺陷主要有辉绿岩脉β_4、β_{62}、β_{68}、β_{43}、β_8、β_{40} 和断层 f_{231} 等，河床部位主要有辉绿岩脉β_{88} 以及贯穿左右岸的辉绿岩脉β_{73}、β_{142} 等；同时，左右岸裂隙较为发育，尤其缓倾角裂隙⑥更为突出，这些地质缺陷对拱坝的稳定有一定的影响。

大岗山拱坝基础主要采用了 β_{43}、β_{21}、β_8 深部置换网格、右岸 1 090.00~1 135.00 m 高程垫座、河床及左右岸置换块体、左右岸抗力体锚索、固结灌浆等加固措施，以增加坝体及基础的稳定性。

本文根据大岗山拱坝地质条件、基础处理措施，采用三维非线性有限元，采用超载法，对大岗山拱坝整体稳定进行计算分析，并通过与国内拱坝对比分析，综合评价大岗山拱坝的整体安全度。

2 计算原理

采用理想弹塑性模型，屈服条件采用 D-P 准则[3-4]

$$f = \alpha I_1 + \sqrt{J_2} - k \leqslant 0$$

其中

$$I_1 = \sigma_1 + \sigma_2 + \sigma_3, \quad J_2 = \frac{1}{6}[(\sigma_1 - \sigma_2)^2 + (\sigma_2 - \sigma_3)^2 + (\sigma_3 - \sigma_1)^2]$$

σ_1、σ_2、σ_3 为主应力。α 和 k 通过拟合莫尔-库仑准则而得。在平面上，若 D-P 准则为库仑六边形的外接圆，则

$$\alpha_1 = \frac{2\sin\varphi}{\sqrt{3}(3 - \sin\varphi)}, \quad k_1 = \frac{6c\cos\varphi}{\sqrt{3}(3 - \sin\varphi)}$$

式中：φ 和 c 为材料的摩擦角和凝聚力。

若 D-P 准则为库仑六边形的内接圆，则

$$\alpha_2 = \frac{2\sin\varphi}{\sqrt{3}(3 + \sin\varphi)}, \quad k_2 = \frac{6c\cos\varphi}{\sqrt{3}(3 + \sin\varphi)}$$

本计算实际采用

$$\alpha = \frac{1}{2}(\alpha_1 + \alpha_2), \quad k = \frac{1}{2}(k_1 + k_2)$$

混凝土和岩体为低抗拉材料，故有抗拉条件：

$$\sigma_1 \leqslant \sigma_t, \quad \sigma_2 \leqslant \sigma_t, \quad \sigma_3 \leqslant \sigma_t$$

式中：σ_t 为材料单轴抗拉强度，如图 1 所示。

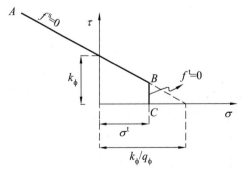

图 1　D-P 屈服准则中抗拉截距条件

3 计算网格

计算模型模拟了大岗山拱坝坝址区各类岩体，左右岸各主要断层、岩脉，深部置换网格、右岸垫座、左右岸置换块及河床置换块等加固处理措施。

计算模型模拟范围为坝基以下深度方向、坝肩两岸横河向及坝轴线上游顺河向均延伸至少 1.5 倍坝高，下游顺河向延伸 2.0 倍坝高，坝顶以上模拟到 1 195.00 m 高程。总的模拟范围为 1 000 m × 735 m × 610 m。网格采用八节点六面体和六节点五面体单元共计 137 931 个，节点共计 149 216 个。有限元计算模型网格如图 2 所示，模拟的主要结构面与坝体的位置关系示意图如图 3 所示。

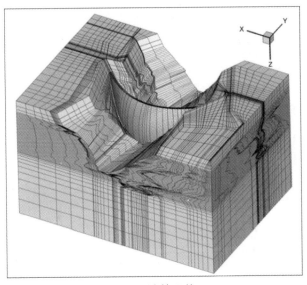

图 2　计算网格

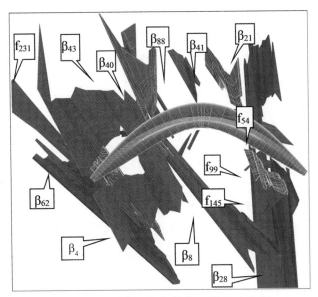

图 3　主要结构面与坝体位置关系示意图

4 计算成果及分析

4.1 位移分析

正常工况下的顺河向位移：大坝最大拱冠位移为 91.3 mm，位于 1 135.00 m 高程；左拱端最大位移是 20.4 mm，位于 1 000.00 m 高程；右拱端最大位移是 20.2 mm，位于 960.00 m 高程。

正常工况下的横河向位移：拱冠梁最大横河向位移为 − 0.5 mm，在 1 085.00 m 高程，最大横河向位移指向右岸。左拱端最大位移是 6.2 mm，位于 1 065.00 m 高程；右拱端最大位移是 − 5.5 mm，位于 1 030.00 ~ 1 040.00 m 高程。

4.2 应力分析

正常工况下上游坝面主拉应力等值线图见图 4，下游坝面主压应力等值线图见图 5，坝体特征应力值见表 1。

表 1　大岗山拱坝坝体的特征应力值　　　　　　　　单位：MPa

位　置	拉应力		压应力	
	数值	部　位	数值	部　位
上游坝面	2.37	1 010 m 高程左拱端	− 5.8	965 m 高程左拱端
下游坝面	0.20	930 m 高程拱冠部位	− 12.35	950 m 高程左拱端

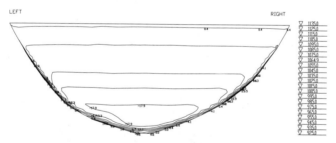

图 4　上游坝面最大主拉应力等值线图（0.1 MPa）

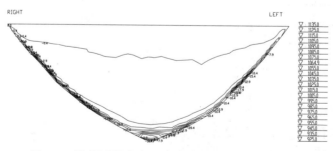

图 5　下游坝面最大主压应力等值线图（0.1 MPa）

正常工况下的计算结果表明：① 大岗山拱坝上下游坝面大部分处于受压状态，符合高拱坝一般规律；② 上游坝面最大拉应力约为 2.37 MPa，发生在 1 010.00 m 高程左拱端，下游坝面最大压应力约为 − 12.35 MPa，位于 950.00 m 高程左拱端。

4.3 不平衡力分析

变形加固理论[5-7]体系中，通过不平衡力确定结构破坏程度和破坏范围，因此不平衡力较大的地方就是容易出现开裂的地方。

1）坝踵不平衡力分析

大岗山拱坝在 3.5 倍水载时的坝踵和坝址不平衡力分布见图 6，国内主要高拱坝坝踵不平衡力对比见表 2。

图 6　坝基不平衡力分布图

表 2　国内各高拱坝工程坝踵不平衡力对比　　　　　　　　　　　单位：t

加载倍数	正常工况	1.5 倍水载	2.0 倍水载	2.5 倍水载
杨房沟	444	6 557	12 002	17 495
白鹤滩	0	16 957	30 467	45 332
大岗山	0.3	22 191.33	65 373.18	111 227.7
马　吉	4 107	32 302	146 397	285 443
锦　屏	1	6 238	20 534	37 368
小　湾	1	29 835	163 490	369 463
溪洛渡	0	9 995	31 776	67 063
二　滩	0	303	5 039	18 772
松塔（下坝址）	0	252	7 040	43 300
松塔（上坝址）	0	6 031	37 562	77 494

由计算结果可以看出：① 大岗山拱坝超载至 3.5 倍水载时，不平衡力主要集中在河床坝踵两侧，河床坝址处没有不平衡力。② 与其他工程对比，1.5 倍水载时，大岗山拱坝的坝踵不平衡力（2.2 万吨），低于马吉、小湾拱坝，而高于其他拱坝。

2）结构面不平衡力分析

主要结构面在超载下的不平衡力见表 3。

由计算结果可以看出：3.5 倍水载时，不平衡力较大的断层为右岸的 f_{231}（约 2.8 万吨）、左岸的 β_{41}（约 1.9 万吨）和 β_{28}（约 1 万吨）以及河床部位的 β_{73}（约 1.5 万吨）；其中，断层 f_{231} 的不平衡力主要集中在 970.00 ~ 1 000.00 m 高程的拱坝建基面及偏下游处；岩脉 β_{41} 的不平衡力主要集中在 990.00 ~ 1 135.00 m 高程的下游段；岩脉 β_{28} 的不平衡力主要集中在 1 000.00 ~ 1 090.00 m 高程靠近拱坝侧；岩脉 β_{73} 的不平衡力主要集中在 900.00 ~ 930.00 m 高程左右两侧部分。

表 3　主要结构面超载下的不平衡力   单位：t

结构面	正常工况	1.5 倍水载	2.5 倍水载	3.5 倍水载
β_{142}	0	102.59	2 809.72	6 493.28
β_{73}	0	890.26	8 458.72	15 045.05
β_{21}	72.65	72.25	381.52	936.38
β_{28}	563.07	2 038.14	4 555.99	10 341.43
β_{41}	2 072.02	5 891.43	12 569.25	19 169.27
f_{145}	5.07	34.7	140.77	329.34
β_{8}	0	0.16	1.22	13.38
β_{88}	0	0.06	0.62	1.8
f_{231}	0	65.39	5 336.58	28 308.11

4.4　整体稳定性分析

1）塑性余能范数分析

最小塑性余能是结构自我调整能力不足的测度，也是结构整体破坏程度的测度，而一个结构的荷载状态 K（正常水载倍数）对应一个最小塑性余能 ΔE_{min}，因此可采用 K-ΔE_{min} 曲线来评价拱坝的整体稳定性。图 7 为大岗山拱坝坝体塑性余能范数随超载倍数的关系图。

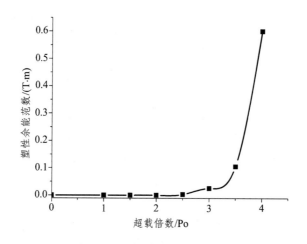

图 7　大岗山拱坝坝体余能范数

从图中可以看出，在 2.5 倍水载时，曲线开始上翘，说明塑性极限为 2.5 倍水载。

国内主要高拱坝坝体和基础塑性余能范数变化曲线分别见图 8、图 9。其中工况 1 至工况 9 分别表示坝体自重、坝体自重＋水载、正常工况、1.5 倍、2.0 倍、2.5 倍、3.0 倍、3.5 倍和 4.0 倍水载。

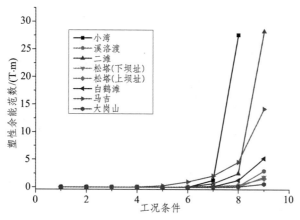

图 8　国内高拱坝坝体塑性余能曲线图

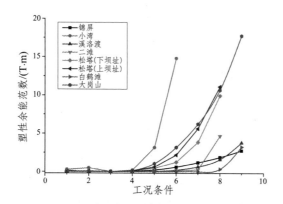

图 9　国内高拱坝坝基塑性余能曲线图

由图中可以看出：① 相对于其他工程，大岗山拱坝坝体的余能范数最小，说明大岗山拱坝坝体具有较高的整体稳定性；② 大岗山拱坝坝基余能范数相对较高，说明大岗山拱坝整体稳定性起控制作用的部位在坝基。

2）塑性屈服区分析

大岗山拱坝 3.5 倍水载下建基面屈服区、拱冠梁屈服区分别见图 10、图 11，国内主要高拱坝不同超载工况下屈服区体积见表 4。

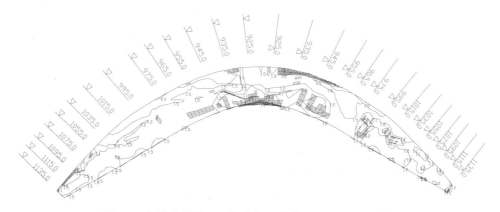

图 10　大岗山拱坝 3.5 倍水载下建基面屈服区（坝体）

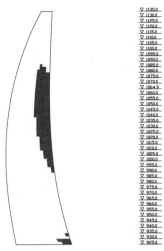

图 11　大岗山拱坝 3.5 倍水载下拱冠梁屈服区

表 4　国内各高拱坝屈服区体积　　　　　　　　单位：m³

工　况	正常工况	1.5 倍水载	2.5 倍水载	3.5 倍水载
杨房沟	1 861	21 736	101 882	236 501（28.26%）
白鹤滩	21 669	463 547	1 820 183	5 092 903（65.40%）
大岗山	20 424.19	147 532.2	436 970.8	1 348 123（45.11%）
马　吉	580 389	1 063 276	3 264 622	7 346 763（106%）
锦　屏	247 999	669 765	1 375 681	2 690 881（58%）
小　湾	959 051	1 710 270	7 355 608	16 299 990（214%）
溪洛渡	4 445	192 199	984 825	2 666 112（49.2%）
二　滩	137	49 989	1 385 950	3 814 713（99.75%）
松塔（下坝址）	391 600	754 916	2 823 198	6 488 471（57%）
松塔（上坝址）	52 952	661 229	1 815 926	3 752 780（50%）

由计算结果可知：① 正常工况下，坝体及建基面都没有出现屈服区；② 3.5 倍水载下，建基面及拱冠梁屈服区没有形成贯通；③ 3.5 倍水载时，大岗山拱坝和地基的屈服区体积占坝体体积的 45.11%，仅高于杨房沟拱坝，而低于其他高拱坝，说明大岗山拱坝的超载能力较强。

5　结　语

本文根据大岗山拱坝地质条件及加固处理措施，采用三维非线性有限元对坝体位移、应力、超载能力等进行计算分析，并通过与国内其他高拱坝进行相比，得出以下结论：

（1）正常工况下，大岗山拱坝坝体的应力、位移相对较小。

（2）在 3.5 倍水载下，大岗山拱坝不平衡力主要集中在河床坝踵两侧，河床坝趾处没有不平衡力。相对于其他工程，大岗山拱坝的坝踵不平衡力低于马吉、小湾拱坝，而高于其他拱坝。

（3）相对于国内其他高拱坝，大岗山拱坝坝体的余能范数最小，说明大岗山拱坝坝体具有较高的整体稳定性。

（4）正常工况下，大岗山拱坝坝体、建基面都没有出现屈服区；3.5 倍水载下，大岗山拱坝建基面及拱冠梁屈服区没有形成贯通，说明大岗山拱坝超载能力较强。

总体说来，大岗山拱坝整体稳定性较高。

参考文献

[1] 杨强，吴浩，周维垣. 大坝有限元分析应力取值的研究[J]. 工程力学，2006，23（1）：69-72.

[2] 周维垣. 高等岩石力学[M]. 北京：水利电力出版社，1989.

[3] 王勖成，邵敏. 有限元法基本原理和数值方法[M]. 北京：清华大学出版社，1998.

[4] 邵国建，卓家寿，章青. 岩体稳定性分析与评判准则研究[J]. 岩石力学与工程学报，2003，22（5）：691-696.

[5] 杨强，薛利军，王仁坤，等. 岩体变形加固理论及非平衡态弹塑性力学[J]. 岩石力学与工程学报，2005，24（20）：3704-3712.

[6] 杨强，周维垣，陈新. 岩土工程加固分析中的最小余能原理和上限定理. 21 世纪的岩土力学与岩土工程. 冯夏庭，黄理兴. 158-166.

[7] 杨强，陈新，周维垣. 岩土工程加固分析的弹塑性力学基础[J]. 岩土力学，26，553-557.

大岗山拱坝横缝开度仿真分析

黎满林

（中国水电顾问集团成都勘测设计研究院，四川　成都　610072）

【摘　要】本文根据大岗山拱坝实际浇筑过程，采用三维有厚度薄层单元模拟坝体的横缝，利用三维非线性有限元计算大岗山横缝开度。仿真中考虑了坝体材料的热力学性能、浇筑过程、环境温度变化、封拱和蓄水过程。仿真结果对大岗山拱坝的接缝灌浆有参考价值。

【关键词】大岗山拱坝；横缝开度；接缝灌浆；薄层单元

1　引　言

大岗山水电站位于大渡河中游上段，雅安市石棉县挖角乡境内。最大坝高 210 m，坝底高程 925 m，坝顶高程 1 135 m。坝顶弧长 622.42 m，设 28 条横缝，横缝基本间距约 22 m。坝体自底向上分为 18 个灌区，925～943 m 高程灌区高度为 9 m，共 2 个灌区，943～1 135 m 高程灌区高度为 12 m，共 16 个灌区。根据大坝混凝土浇筑进度的初步安排，在第七年 6 月坝体浇筑全部完成，8 月接缝灌浆至死水位以上 1 123 m 高程，9 月封拱灌浆全部完成。

坝址多年平均气温 16.2 ℃，最高月平均气温 23.6 ℃（7 月），最低月平均气温 7.2 ℃（1 月），坝址多年平均水温 12.9 ℃。封拱灌浆温度为：1 087～1 135 m 高程为 15.0 ℃，1 027～1 087 m 深孔部位为 12.0 ℃，925～1 087 m 深孔以外部位为 13.0 ℃。

坝体混凝土分 3 个区，A 区 $C_{180}36$，B 区 $C_{180}30$，C 区 $C_{180}25$。

本文通过对大岗山拱坝横缝开度的仿真计算，分析横缝开度是否满足拱坝接缝灌浆要求，从而对大岗山拱坝的温度控制措施进行合理地评价。

2　基本资料

2.1　水文气象资料

大岗山坝区气象资料来自石棉水文站。主要气象要素见表 1。

表 1　石棉气象站历年气象特征值统计表

项　目	1月	2月	3月	4月	5月	6月	7月	8月	9月	10月	11月	12月	全年
气温/°C	8	9.7	14.3	18.4	21.3	22.4	24.5	24.3	20.8	17.4	13.1	9.1	16.9
降水/mm	1.3	5.2	14.0	49.5	85.9	123.8	186.5	182.3	102.9	36.5	12.2	1.2	801.3
地面温度/°C	9.9	11.9	17	20.8	24.2	25.3	27.4	27.4	22.3	19.2	15.2	10.4	19.2
水温/°C	6.7	8.3	11.2	14.3	15.7	16.5	17.4	17.6	15.8	13.6	10.4	7.4	12.9
湿度/%	58	56	56	62	68	76	79	78	81	77	71	64	69
蒸发/mm	100.7	120.0	188.5	192.4	197.2	150.2	165.0	162.2	95.6	94.1	86.3	85.0	1 637.5
风速/（m/s）	2.7	3.3	3.5	3.1	2.5	1.9	2.0	1.9	1.6	1.6	1.8	2.2	2.3
风　向	NE,C	NE	NE	NE	NE,C	NE,C	N,C	N,C	NC	NE,C	NNE,C	NE,C	NE,C
备　注	统计年份1961年—1990年												

2.2　混凝土设计参数

根据混凝土试验成果，大坝混凝土主要性能试验参数见表2。

表 2　大坝混凝土主要性能试验参数

强度等级	绝热温升/°C	导温系数/（m²/h）	导热系数/[kJ/(m·h·°C)]	比热/[kJ/(kg·°C)]	线膨胀系数/($\times 10^{-6}$/°C)	弹性模量/GPa	抗压强度/MPa	劈拉强度/MPa	极限拉伸/($\times 10^{-4}$)
$C_{180}25$	23.8	0.003 5	8.90	1.06	8.51	32.7	50.0	3.40	1.32
$C_{180}30$	24.1	0.003 5	8.78	1.05	8.59	33.5	52.0	3.60	1.38
$C_{180}36$	24.5	0.003 4	8.55	1.03	8.67	34.6	55.0	3.80	1.42

3　温度控制标准及温控措施

3.1　温度控制标准

根据规范要求及相关工程经验，确定大坝混凝土的抗裂安全系数为 1.8，基础容许温差为 16 °C，容许内外温差为 16 °C，上下层容许温差为 16 °C。

最高温度控制：基础约束区 1 090 m 高程以上为 28 °C，1 090 m 高程以下为 27 °C；自由区为 4 月—10 月 32 °C，11 月—3 月为 30 °C。

3.2　温度控制措施

浇筑温度：基础约束区为 12 °C，自由区 14 °C；浇筑层厚度：基础约束区为 1.5 m，自由区 3.0 m；水管间排距：基础约束区为 1.0 m × 1.5 m（水平×垂直），自由区 1.5 m × 1.5 m（水平×垂直）；混凝土层间歇期：最小层间歇期为 5 d，最大层间歇不超过 28 d。

混凝土应采用一期冷却、中期冷却、二期冷却。一期冷却的时间为 21 d 左右，最终温度为 20 ~ 22 °C；中期冷却可采用连续冷却或间断冷却，最终温度为 18 ~ 20 °C；二期冷却开始时的混凝土龄期一般不小于 90 d，冷却速率不大于 0.5 °C/ d。

4 横缝开度计算

4.1 仿真计算原理

坝体位移由两部分组成，一是弹性变形产生的，二是刚体位移产生的。对于大岗山拱坝，由于混凝土浇筑、封拱灌浆和蓄水是一个持续时间较长的动态过程。水库蓄水后地基变形使坝体产生较大的刚体位移，封拱后下部已封拱的坝体产生的弹性变形对上部尚未封拱的独立的坝段也产生较大的刚体位移，所以拱坝横缝开度变化过程十分复杂，不但与大坝体形、材料、荷载有关，还与封拱和蓄水过程有关。因此影响横缝开度的因素较复杂，有温度变化、湿度变化、混凝土自生体积变形、外荷载、徐变和相邻坝块约束及基础约束等，其中温度历史是影响横缝开度的主要因素。为了预测施工过程中横缝的开度，必须严格模拟横缝的实际分布，按照施工过程和蓄水过程施加温度、自重和水压力等外荷载，研究横缝开度的变化规律。

考虑到大岗山拱坝的实际浇筑过程，在坝体有限元网格划分时采用三维有厚度薄层单元来模拟坝体的横缝，它可以较好地反映横缝附近的应力和接触条件，从而有利于用有限单元法进行仿真分析。

实际工程中横缝的厚度约为 0.20 ~ 0.50 cm，计算中横缝薄层单元厚度太薄容易引起方程组的病态[1]，根据以往经验，本文薄层单元的厚度取为 20 cm，横缝的等效弹模取混凝土块体弹模的 0.8 倍。

4.2 计算模型

采用三维有限元计算，整个大坝单元总数为 76 956，其中坝体单元数为 61 652；节点总数为 90 637，其中坝体节点数为 73 456，坝体有限元模型见图 1。

图 1 坝体有限元模型

4.3 边界条件

计算仿真模拟的主要因素有：气温变化、水库蓄水过程、库水温度、地基初温、混凝土材料特性、混凝土的浇筑温度、浇筑时间及一期、中期、二期水管冷却，以及施工和运行过程中的各种荷载及温控措施。

5 计算成果及分析

图 2 ~ 图 4 分别给出了上游坝面、坝中间剖面以及下游坝面的横缝最大开度，图 5 ~ 图 10 给出了 14#横缝（拱冠梁部位）从浇筑开始至二期通水冷却结束时部分灌区的开度历时曲线。表 3 给出了 14#横缝最大开度。

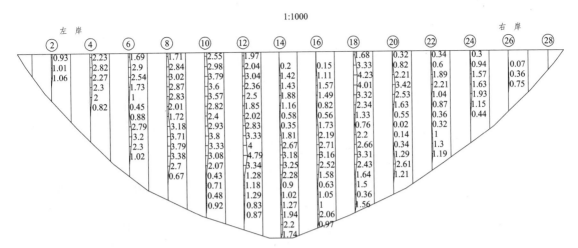

图 2　上游坝面横缝最大开度（单位：mm）

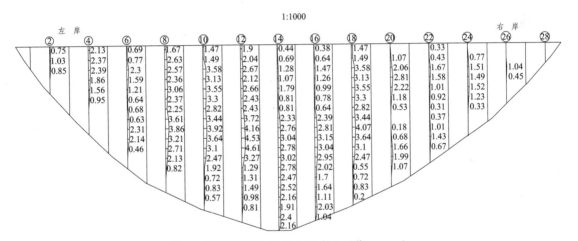

图 3　下游坝面横缝最大开度（单位：mm）

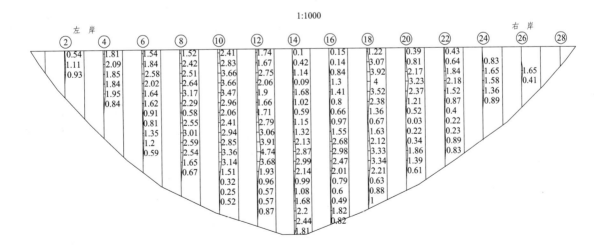

图 4　坝中间剖面横缝最大开度（单位：mm）

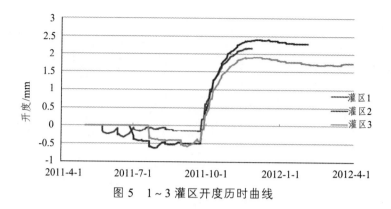

图 5　1～3 灌区开度历时曲线

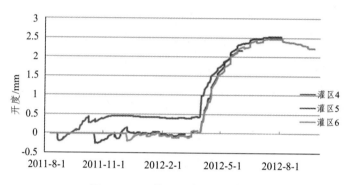

图 6　4～6 灌区开度历时曲线

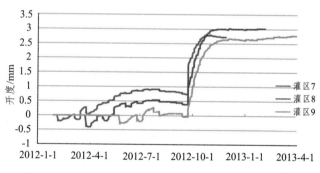

图 7　7～9 灌区开度历时曲线

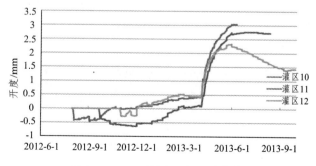

图 8　10～12 灌区开度历时曲线

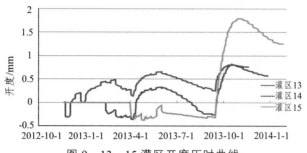

图9　13～15灌区开度历时曲线

图10　16～18灌区开度历时曲线

表3　14#横缝各灌区最大开度

灌区号	灌区高程/m	封拱时间	二期冷却前后温度/℃		横缝最大开度/mm		
			冷却前	冷却后	上游面	坝中心	下游面
1	934	2011-11-22	23.36	14.29	1.74	2.16	1.81
2	943	2012-01-27	24.22	13.98	2.2	2.4	2.44
3	952	2012-03-26	23.35	13.22	1.94	1.91	2.2
4	964	2012-05-29	22.11	13.30	1.27	2.16	1.68
5	976	2012-07-28	20.95	13.56	1.09	2.52	1.08
6	988	2012-09-19	21.49	13.47	0.9	2.47	0.99
7	1 000	2012-11-21	22.05	13.14	2.28	2.78	2.14
8	1 012	2013-01-27	22.78	13.23	3.25	3.02	2.99
9	1 024	2013-03-29	22.21	13.51	3.18	2.78	2.87
10	1 036	2013-06-04	21.28	13.00	2.67	3.04	2.13
11	1 048	2013-08-05	20.15	13.12	1.81	2.76	1.32
12	1 057	2013-09-26	19.45	13.26	0.35	2.33	1.15
13	1 066	2013-11-12	20.12	13.08	0.58	0.81	0.59
14	1 075	2013-12-22	21.55	13.31	1.16	0.81	1.02
15	1 087	2014-01-23	22.8	13.54	1.88	1.79	1.68
16	1 099	2014-02-24	22.32	14.48	1.43	1.07	0.09
17	1 111	2014-03-31	21.3	14.77	1.42	1.28	1.14
18	1 123	2014-05-13	20.64	15.44	0.2	0.69	0.42

由计算结果可以看出：

（1）浇筑开始时缝宽初始值为零。混凝土在刚刚开始浇筑的时候，由于坝体混凝土不断升温，混凝土呈现膨胀的趋势，拱轴线方向的膨胀效应使得各坝段间在横缝位置产生预压应力，计算结果表现为接触单元有相互嵌入的趋势（即开度值在 0 附近波动，为负值时表明已经闭合），这时缝面是闭合的。

（2）横缝开度在二期通水时有一个明显的上升过程，此时是由于在二期通水时温度迅速下降，混凝土表现为收缩的趋势，横缝则呈现张开的趋势。随着冷却水管及表面散热的降温作用，坝体混凝土从最高温度逐渐下降，这一过程中，可将温降值对横缝缝宽的影响分为两个部分，第一部分温降值用于抵消早期升温及蓄水过程中在横缝位置产生的预压应力，第二部分温降值用于预压应力被完全抵消后，使横缝逐渐张开，在二期冷却结束时坝体温度接近最低值，横缝开度达到最大值。

（3）同一横缝不同高程的各个灌区的开度变化规律表现为大致相同。

（4）相比较而言，横缝开度在 1~4、7~10 以及 14~17 灌区的开度要稍大，这是由于这些灌区高程的混凝土基本在夏季浇筑，温度值较其他部位略高，二期通水降温幅度要较其他灌区大，开度也较大；相反，11~13 灌区由于二期通水降温幅度较小，因而开度相比而言也略小，极少部分区域最大开度小于 0.5 mm，如 12 灌区上游面开度达到 0.35 mm，不满足接缝灌浆要求。而大部分区域横缝开度值都为 0.5~3.0 mm，满足接缝灌浆要求。

（5）二期通水冷却结束时，除部分灌区的横缝开度小于 0.5 mm，不满足接缝灌浆要求外，大部分区域横缝开度值为 0.5~3.0 mm，满足接缝灌浆要求；对于不能满足接缝灌浆的灌区，可以采取超冷等措施来增加横缝的张开度。

6 结 语

混凝土拱坝横缝开度计算是一个非线性接触问题，本文根据大岗山拱坝实际浇筑过程，结合大岗山温度场的边界条件，采用三维有厚度薄层单元模拟坝体的横缝，较好地反映了横缝附近的应力和接触条件。仿真计算成果表明，大岗山拱坝横缝开度基本满足接缝灌浆要求，其成果为大岗山拱坝接缝灌浆提供了有价值的数据和实施方案。

参考文献

[1] 朱伯芳，高季章，陈祖煜，等. 拱坝设计与研究[M]. 北京：中国水利水电出版社，2002.

基于地质力学模型试验的大岗山拱坝
整体稳定分析研究

张　泷[1]　刘耀儒[1]　杨　强[1]　黄彦昆[2]　邵敬东[2]　黎满林[2]

（1. 清华大学水沙科学与水利水电工程国家重点实验室，北京　100084；
2. 中国水电顾问集团，成都勘测设计研究院，四川　成都　610072）

【摘　要】拱坝整体稳定性是拱坝设计和建设过程中所面临的重要问题，是一个涉及非均匀性、多裂隙介质、不可逆内部损伤演化的三维非线性问题。地质力学模型试验是研究拱坝整体稳定性的有效方法。采用小块体砌筑技术的拱坝-地基模型不仅能模拟裂隙岩体的变形和强度，而且能模拟坝基不连续结构面、坝体构造以及基础处理措施。油压千斤顶加载系统能准确控制施加在坝面上的水荷载的大小和方向。数据采集系统能及时高效地测量应变、坝体及坝基岩体位移并自动存储数据。基于上述技术，采用 250∶1 的模型比例尺对有基础处理的大岗山拱坝-地基系统进行了三维地质力学模型试验，结合加载和测量监测系统，得到拱坝坝体位移和应力的分布规律，并对坝体和坝基岩体的开裂破坏过程进行了分析，指出了拱坝-坝基整体稳定的控制部位和应该注意的工程薄弱环节。采用 3 个特征超载安全系数 K_1、K_2 和 K_3 对大岗山拱坝整体稳定性进行评价。通过模型试验结果和基于变形加固理论的三维数值模拟结果的对比分析，表明超载过程中无滑坡产生，大岗山拱坝整体稳定性较高。

【关键词】拱坝；地质力学模型试验；小块体砌筑技术；数值模拟；整体稳定

1　引　言

　　拱坝的整体稳定性问题，是一个涉及非均匀性、多裂隙介质、不可逆内部损伤演化的三维非线性问题[1]。我国在建和已运行的高拱坝大部分都位于西南地区，该地区地形、地质条件复杂，河谷陡峻，断层发育，地应力及地应力梯度较高。该地区的高拱坝往往采取大量的坝基加固处理。在复杂条件下如何评价拱坝的整体稳定性是工程和学术界面临的重要问题，地质力学模型试验[2-5]和非线性有限元数值计算[6-8]是研究这一类问题的最主要方法。

　　20 世纪 60 年代，意大利贝加莫结构模型试验所（ISMES）提出地质力学模型试验技术并应用于研究拱坝稳定性和破坏分析[9]。葡萄牙国家土木工程实验室（LNEC）也开展了大量拱坝物理模型试验，研究拱坝整体稳定[10, 11]。之后模型试验技术不断发展，地质力学模型试验已经成为研究坝体及坝肩变形与破坏机制，分析基础处理的加固效果，评价拱坝-坝基结构整体稳定性和安全性的有效方法[12-14]。在数值分析领域，杨强等提出基于塑性余能的结构稳定性理论[8]，邵国建应用干扰能量法评价拱坝坝肩稳定[15]，也有学者通过数值分析建立结构稳定性评价方法[16, 17]。

大岗山水电站位于大渡河中游的石棉县境内。水电站正常蓄水位为 1 130 m，电站总装机 2 600 MW。混凝土双曲拱坝最大坝高 210 m。坝址河谷呈"V"形，两岸山体雄厚，基岩裸露。坝址区地质条件复杂，主要以沿岩脉发育的断层、挤压破碎带和节理裂隙为特征，左右岸均有对坝肩稳定不利的结构面。工程采取大量的基础加固措施，包括混凝土块体置换、平洞置换、大坝贴角和预应力锚索。

本文基于小块体砌筑技术，采用 250：1 的模型比例尺对有基础处理的大岗山拱坝进行三维地质力学模型试验。采用小块体砌筑技术对裂隙岩体的变形和强度、坝基不连续结构面、坝体构造以及加固措施进行模拟。结合油压千斤顶加载系统准确地模拟坝面水荷载。数据采集系统自动，高效地测量坝面应变以及坝面和坝基岩体变形。通过超水容重法进行破坏试验，得到超载过程中坝体和坝基变形规律，进而分析坝体和坝基岩体的开裂破坏过程。通过 3 个特征超载安全系数 K_1、K_2 和 K_3 对大岗山拱坝整体稳定性进行评价。模型试验和基于变形加固理论的三维数值模拟对比分析结果表明拱坝整体稳定性较高，对拱坝整体稳定的控制部位位于坝基，如右岸▽990 m 高程的 f231、左岸▽1 050 m 高程 β21、β28、β41 密集区和 f54。这些部位也是该工程的薄弱部位，可考虑进一步处理且加强观测。

2 大岗山拱坝模型试验设计

2.1 模型试验设计

地质力学模型试验属于非线性破坏试验，原型与模型之间的几何尺寸、力学参数、荷载强度、应力应变关系等均要满足相似要求[18]。根据坝体高度，模拟范围以及实验场地综合考虑，模型试验几何比尺 C_L 选为 250。为保证模型与原型有相同自重场，容重比尺取为 1.0，其他各相似系数可以根据相似理论得出[19]，如表 1 所示，其中，C_E、C_γ、C_L、C_μ、C_ε、C_f、C_σ、C_τ、C_C 和 C_δ 分别是弹性模量、容重、几何长度、泊松比、应变、摩擦系数、应力、抗剪强度、凝聚力和位移比尺。此外，模型中的裂隙连通率与原型相同。

表 1　模型试验相似参数

相似比	值	相似比	值
C_γ	1.0	C_E	250
C_L	250	C_μ	1.0
C_ε	1.0	C_f	1.0
C_σ	250	C_u	250
C_C	250	C_τ	250

由相似理论可知，容重比尺 C_γ 为 1.0，而几何比尺较大，这就要求模型材料具有高密度，低强度和低变模的特性[20]。为提高材料容重，有学者用氧化物（PbO 或 Pb_3O_4）和石膏的混合物为主料的相似材料，也有采用环氧树脂、重晶石粉和甘油为主要成分的相似材料，但这

两种相似材料对人体有害。国内学者发明了力学指标可以大范围调整的 NIOS 模型材料，该材料对环境和人体无害，但是干燥缓慢[21]。MIB 材料具有高容重、易干燥和可切割的特点，但对人体有害[22]。变温相似材料能模拟岩体降强，试验过程中需要加热该材料，高温会对坝体及坝肩变形和数据测量产生影响[14]。

模型试验采用的相似材料是重晶石、胶水和膨润土拌合而成的混合料。重晶石粉能有效增加材料容重，膨润土能有效地降低材料的弹模，性能稳定。按特定比例配置的低强度胶水是主要的粘结剂，胶水强度受温度影响小。该相似材料价格便宜，性能良好，对环境和人体均无损害。

模型试验在清华大学水利水电工程系的结构模型试验槽中进行。试验槽具足够的空间和刚度，能保证试验过程中，模型的边界条件不会发生改变。本次模型实验模拟范围为：上游模拟 0.7 倍坝高（150 m）；下游模拟 3.5 倍坝高（700 m）；左右岸山体各模拟 2.5 倍坝高（500 m）；河床以下模拟约 1.0 倍坝高（200 m），坝顶（▽1 135 m）高程以上山体模拟至▽1 195 m 高程。拱坝模型如图 1 所示。

图 1　大岗山拱坝地质力学模型

2.2　裂隙及断层模拟

地质力学模型试验的模型制作主要分为浇注法、填夯法和小块体砌筑法。采用浇注法砌筑模型，模型不用粘结，成型容易，但干燥较慢[23]。采用填夯法砌筑模型可以极大地缩短模型砌置时间，比较适合地下洞室类的试验模型的制作[24]。与浇注法和填夯法相比，小块体砌筑技术不仅能模拟裂隙岩体的变形和强度，而且能模拟坝基不连续结构面、坝体构造以及基础处理措施，但也费时费力。

将模型相似材料充分拌和至最有含水率状态,并压制成不同大小和形状的模型试验块体。采用小块体砌筑法模拟裂隙岩体，岩体的变形特征由砌块块体本身模拟，根据裂隙面连通率，在砌块体表面部分粘接特制的低强度粘结剂，用于模拟裂隙岩体强度，这使得模型的受力变形特性接近实际岩体。

大岗山坝址区坝基岩体岩性单一，以花岗岩为主。各级岩体的物理力学性质如表 1 所示。坝基岩体中存有不同方向的节理、裂隙。模型试验主要模拟其中的三组优势裂隙，即③组、⑤组、⑥组裂隙，其力学特性如表 2 所示。裂隙岩体模拟如图 2 所示。

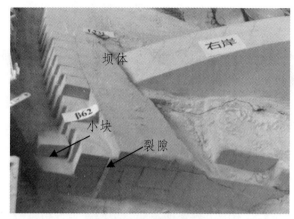

图 2　裂隙岩体模拟

表 2　各级岩体力学性质表

岩体	变形模量/（kg/cm²）				湿压强/（kg/cm²）		f	c	
	E 水平		E 垂直		原型	模型	原型	原型	模型
	原型 ×10⁴	模型	原型 ×10⁴	模型					
坝体	24		24						
II	18～25	1000	15～22	880	750	3	1.3	20	0.08
III₁	9～11	440	6～8	320	500	2	1.2	15	0.06
III₂	6～9	360	4～6	240	500	2	1.0	10	0.04
IV	2.5～3.5	140	1.0～1.5	60	300	1.2	0.8	7	0.028
V1	0.25～0.5	20	0.2～0.3	12	<150	0.6	0.5	2	0.008
V2	0.2		0.2	12	<100		0.4	1.75	

表 3　裂隙力学特性

左　岸					右　岸				
名称	产状	f	c'/（kg/cm²）		名称	产状	f	c'/（kg/cm²）	
			原型	模型				原型	模型
第③组	N5°E/W∠75°	0.60	1.0	0.004	第⑤组	SN/E∠50°	0.65	1.5	0.006
第⑥组	N70°W/SW∠20°	0.65	1.5	0.006	第⑥组	N76°W/SW∠2°	0.65	1.5	0.006

　　坝址区主要断层分布如图 3 所示。试验采用脱水石膏和牛皮纸（或电光纸）为断层模型材料，脱水石膏模拟断层变形性能，牛皮纸用以模拟断层的摩擦系数，忽略断层黏聚力而将其作为安全储备。断层模型材料的组合方式由实际断层的厚度以及力学性质决定。图 4 为断层 $f231$ 和 $\beta4$ 的砌筑图。

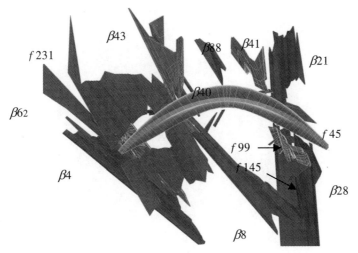

图 3　断层分布图

图 4　f 231 和 β4 断层砌筑图

2.3　加固措施模拟

试验模拟多种基础加固措施，包括左岸 β21，右岸 β8、β43 混凝土置换网格，右岸 ▽1 135 m ~ ▽1 090 m、右岸 ▽945 m ~ ▽980 m、左岸 ▽1 015 m ~ ▽1 037 m 高程、左岸 ▽970 m 高程附近混凝土置换和河床混凝土置换块，以及左右岸抗力体锚索以及下游贴角。混凝土置换的模型材料与坝体材料相同，β43 混凝土置换网格模拟如图 5 所示。采用整体雕刻和粘接的方法模拟贴角与坝体整体浇筑和分开浇筑的施工过程。采用概化法（根据预应力和长度等效原则，用一根模型锚索模拟多根实际工程锚索）模拟▽970 m 高程以上的锚索加固措施（图 6）。

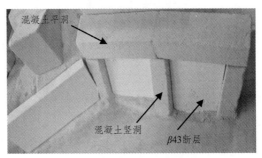

图 5　β43 置换网格模拟

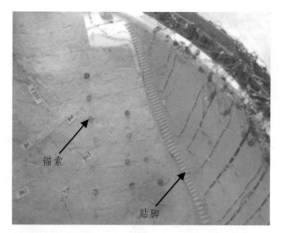

图 6 大坝贴角和抗力体锚索模型

2.4 模型试验系统

2.4.1 加载系统

与液压加载和气压加载相比，油压加载性能稳定，且能准确控制施加在坝面上的水荷载的大小和方向。试验采用油压千斤顶加载以模拟水荷载。千斤顶只能施加集中荷载，而拱坝上游坝面水压力为面力，为了更好地模拟坝面水压力，在千斤顶和坝面之间放入高强度石膏块，石膏块的尾部与固定有钢板垫块的木板粘接，另一面加工成与坝面相吻合的形状。这样千斤顶施加在钢板垫块上的集中荷载通过石膏块转化为了施加在坝面上的面力荷载，如图 7 所示。

图 7 千斤顶加载

根据坝面实际的水荷载计算出需要模拟的水压力，根据千斤顶的型号和水压力的大小选择合适的布置方式。本次试验模拟的水荷载共分 5 层，共计 31 个千斤顶，千斤顶布置成近三角形。千斤顶与分油器相连，采用 7 个精密压力表控制各层油压（如图 8 所示）。加载时从底层开始加载，再依次往高层加载；卸载时先卸载上层荷载，再依次卸下层荷载；即加、卸载过程与水库蓄水和泄水过程相一致。本文采用超载水容重法（水位不变，容重增加）进行超载破坏试验以确定拱坝的超载安全度。在弹性状态下，采用多次多级加卸载循环，到一定倍数后采用逐级增量加载直至拱坝破坏失稳。

图 8　油压加载系统

2.4.2　测量与监控系统

试验主要的测量内容包括上下游坝面应变，下游坝面和坝肩岩体表面绝对位移，层内层间错动带内部相对位移。应变通过应变片测量，表面绝对位移采用外部位移计测量，内部相对位移通过内部相对位移计测量。试验共用 320 片电阻片和 49 个外部位移计（图 9），以测量坝面应变和绝对位移，得到坝面应力分布，跟踪坝体在加载过程中的破坏机制。在坝肩岩体表面控制部位布置 82 个外部位移计以获得地基变形特征和破坏机制。在坝肩岩体内部的层间错动带控制部位埋设 15 个内部位移计，以监测层间相互错动滑移情况。

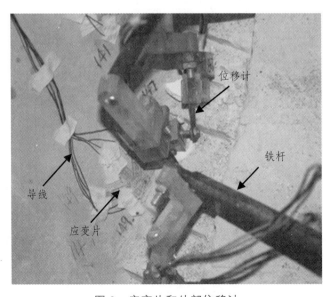

图 9　应变片和外部位移计

应变片和位移计均与数据采集系统相连。数据采集系统由 UCAM-70A 控制，该系统能采集数据，反馈信息。同时，试验采用由计算机自动控制的全过程视频监控系统，采用高分辨率摄像头在上游坝踵布置 4 个监控区域，在下游坝趾布置 3 个监控区域，以监测坝趾和坝踵开裂破坏的全过程。

加载系统，测量系统和监控系统构成了大岗山地质力学模型试验系统。

3 试验结果分析

3.1 坝体应力分析

正常水载下，上、下游坝面的主应力分布如图 10 所示。由图可见，坝面应力较小，基本对称，符合拱坝一般应力分布规律。上游坝面最大拉应力为 1.74 MPa，位于河床坝踵右侧；拱向最大压应力在▽1050 m 高程偏右，为 1.65 MPa。下游坝面最大压应力在▽940 m 高程拱冠两侧坝趾处，为 2.54 MPa。下游坝面▽1050 m 高程以上两拱端出现主拉应力，最大主拉应力在▽1 090 m 高程右拱端，为 0.44 MPa。应力对荷载水平和边界条件较为敏感，下游坝面出现主拉应力，说明该高程坝肩岩体的地质条件对坝体应力不利。下游坝面的主应力特征值在最后破坏试验中也有所体现。

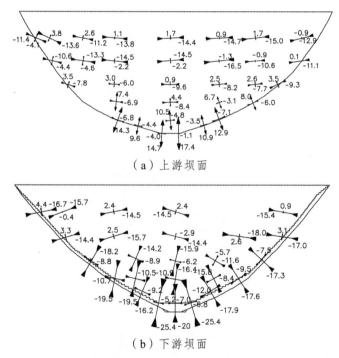

（a）上游坝面

（b）下游坝面

图 10　正常水载下坝面主应力分布图（0.1 MPa）

3.2 坝体位移分析

正常水荷载作用下，模型试验所得的坝体下游面顺河向位移如图 11 所示。可见坝体变形正常，右拱顺河向变形大于左拱。

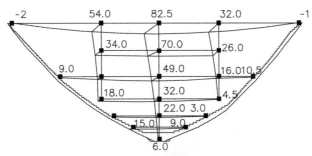

图 11 下游坝面顺河向位移（单位：mm）

拱冠梁顺河向位移与超载倍数（当前水荷载与正常水载的比值）的关系如图 12 所示。左、右拱端的顺河向位移与超载倍数的关系如图 13 所示，其中位移向下游为正。由图 12 可知，超载过程中，▽1 040 m 高程以上拱冠梁顺河向位移明显大于▽1 040 m 高程以下位移。由拱冠梁顺河向位移推测，正常水载下，坝体变形较小，2.0~3.0 倍水载开始，变形增速加大，5.0~6.0 倍水载开始，坝体进入非线性变形。

由图 13 可知，在超载过程中，右拱端各高层的顺河向位移均大于左拱端，说明右岸整体的地质条件较左岸不利。值得注意的是，加载过程中，左、右拱端在坝顶▽1 135 m 高程的位移为负，即向上游变形，这可能与坝体体型和坝顶高程的地质条件有关系。

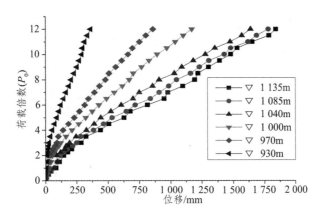

图 12　拱冠梁顺河向位移与超载系数关系图

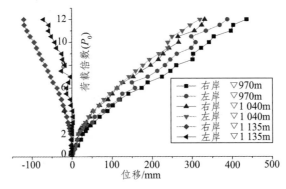

图 13　坝拱端顺河向位移与超载系数关系图

3.3 开裂破坏过程分析

正常荷载下，坝体及坝肩变位正常，处于线弹性阶段，没有出现开裂。坝踵拐弯片在 2.5 倍水载时出现剧烈振荡后失效，说明坝踵区出现局部开裂。3.0 ~ 4.0 倍水荷载时，大坝变形增速加大，裂缝沿地基裂隙向两侧延伸。视频监测系统在大坝河床坝踵左侧岩体捕捉到有表面裂缝产生，如图 14 所示。

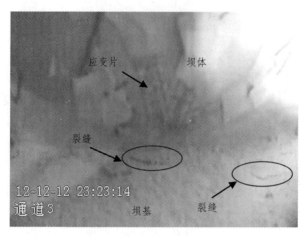

图 14　右岸坝基岩体裂缝

5.0 ~ 6.0 倍水载，大坝开始进入非线性，裂缝沿着岩体裂隙迅速向上部延伸。7.0 ~ 9.0 倍水载，下游坝面开始出现垂直裂纹。10.0 ~ 11.0 倍水载，岩体裂缝迅速扩展，上、下游坝面出现多条垂直裂纹，尤其是下游坝面在▽1 050 m 高程出现水平裂缝，但未贯穿整个坝体。荷载加载至 11.0 倍水载时，坝体失去承载能力。地基和坝体的最终破坏如图 15 所示，图中数字表示该处裂缝起裂的荷载倍数。

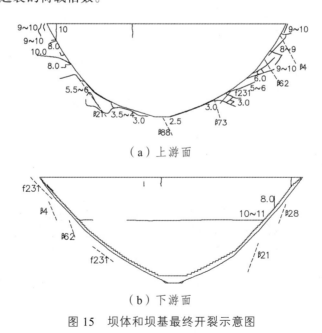

（a）上游面

（b）下游面

图 15　坝体和坝基最终开裂示意图

由图可见，从加载到最终破坏，只有上游岩体沿着裂隙开裂，左、右岸岩体的破坏程度相近。下游岩体未有裂缝。左岸坝体破坏明显，下游坝面在▽1050 m 高程处有一条明显的水平控制裂缝，该裂缝是使得大坝失去承载能力的主要原因。下游坝面破坏如图 16 所示。

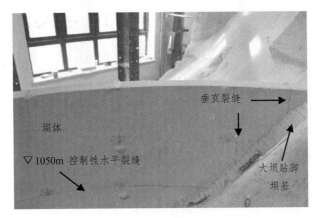

图 16　下游坝面开裂图

3.4　整体稳定分析

拱坝从加载到破坏的全过程可以用三个整体特征超载安全度来描述，并将其作为拱坝稳定性的评价指标[13]。K_1 表示起裂安全系数，即裂纹起裂（通常发生在坝踵区）时的荷载为 K_1P_0。K_2 表示大坝非线性变形起始安全度，对应的荷载为 K_2P_0。当荷载为 K_3P_0，坝体出现较大开裂，丧失承载能力，K_3 为最终破坏安全度。可见，$K_1<K_2<K_3$，且特征超载安全度越大，表示拱坝整体稳定性和安全性越高。

超载过程中，在正常水载 P_0 下，坝体及两岸坝肩岩体位移、应力均正常，无开裂、无屈服区。2.5 倍水载时，上游坝踵出现开裂，裂缝沿着坝踵岩体裂隙发展，坝踵起裂荷载为 $2.5P_0$，即 $K_1=2.5$。加载至 5.0～6.0 倍水载时，内部位移计显示河床垫座与上游地基拉开，垫座顶部与上游基岩间出现大变形，整个坝体及近坝区岩体开始处于非线性状态，$K_2=5.5$。10.0～11.0 倍水载时，两坝肩岩体出现大变形，上下游坝面出现多条垂直裂缝和一条未贯通坝体的水平裂缝。荷载加至 11.0 倍水载时，由于坝体裂缝扩展，地基变形过大，千斤顶荷载难以稳定加压，坝体失去承载能力，所以破坏荷载为 $11.0P_0$，即 $K_3=11.0$。

近 20 年来，清华大学将地质力学模型试验用于包括锦屏（305 m）、小湾（292 m）、二滩（240 m）、溪洛渡（285.5 m）、白鹤滩（289 m）和拉西瓦（250 m）在内的中国高拱坝结构整体破坏和坝肩稳定分析研究，积累了大量的研究成果。图 17 为本文模型试验得到的大岗山拱坝整体超载安全度与其他大型拱坝工程的地质力学模型试验超载安全度柱状比较图，可见基础处理的大岗山拱坝超载安全度较其他工程大，说明大岗山拱坝整体稳定性较高。

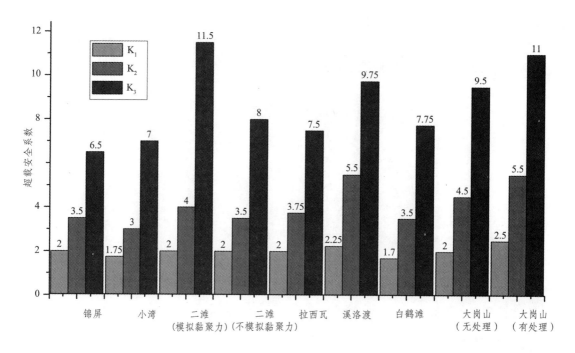

图 17　高拱坝超载安全度柱状图

4　与数值计算结果对比分析

拱坝作为高次超静定结构，其整体稳定性是变形稳定问题，反映的是一个从弹性状态到极限承载状态的破坏过程，而基于最小塑性余能的变形加固理论主要研究荷载超出结构极限承载力后的结构失稳行为[25]。杨强等证明了，对于理想弹塑性模型，按照增量型正交流动法则和一致性条件进行的应力调整过程就是使得塑性余能范数取极小值的过程，即最小塑性余能原理。它要求结构总是趋于加固力最小化、自承力最大化的状态[26]。

数值模拟使用的三维非线性有限元软件 TFINE，采用 D-P 准则，能计算出各个工况下的不平衡力和塑性余能范数[27]。将数值计算和模型试验结果在应力、位移、破坏模式及整体稳定方面进行对比分析，用于评价大岗山拱坝整体稳定，确定工程稳定的控制部位和值得注意的薄弱区域。

4.1　计算网格

数值模拟范围为：上游 1.5 倍坝高（315 m），下游 2 倍坝高（420 m），左右两岸各 500 m；坝顶（1 135 m 高程）以上 60 m，坝底以下 340 m。模型模拟大岗山拱坝坝址区各类岩体，左右岸各主要断层和拱坝坝基各主要加固处理。模型网格共计 149 216 个节点，八节点六面体和六节点五面体单元共计 137 931 个，模型网格如图 18 所示。

计算时先构造自重应力场，然后考虑拱坝浇筑后的位移应力场，即施加坝体自重荷载；再施加水压力，再将水压力依次增加到 1.5、2.0、2.5、3.0、3.5、4.0 倍正常水荷载进行超载计算。

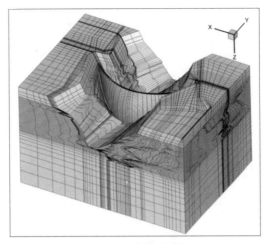

图 18   计算网格

4.2   应力对比

正常工况下，大岗山拱坝上游坝面最大拉应力约 1.34 MPa，位于▽925 m 高程右坝踵部位，最大压应力位于▽965 m 高程拱冠梁，为 5.18 MPa。下游坝面最大压应力约 10.08 MPa，位于▽940 m 高程坝体与河床贴脚接触部分；最大拉应力为 0.08 MPa，位于▽1090 m 高程拱冠部位。可见模型试验的特征压应力比数值计算得到的值偏小，拉应力特征值偏大，但两者得到的坝体应力分布规律和特征应力值的位置基本相同。

4.3   位移对比

模型试验和数值计算得到的拱梁顺河向位移比较如图 19 所示。由图可知，数值计算得到的拱冠梁和左、右拱梁顺河向位移大于模型试验位移。模型试验显示右拱梁顺河向位移大于左拱梁。数值计算的拱坝左、右拱梁顺河向位移基本相同。图 20 为数值计算和模型试验得到的拱端横河向位移比较图。可见，数值计算和模型试验均表明大坝左拱端横河向变形大于右拱端。

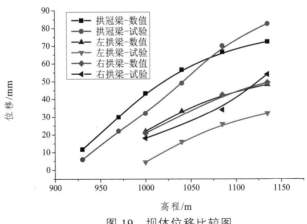

图 19   坝体位移比较图

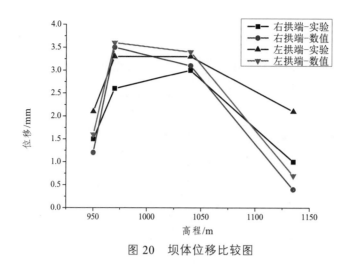

图 20　坝体位移比较图

4.4　破坏模式对比

变形加固理论体系中，通过不平衡力确定结构破坏程度和破坏范围，因此不平衡力较大的地方就是容易出现开裂的地方。图 21 为拱坝在 3.5 倍水载时的坝踵和坝趾不平衡力分布图。从图中可知，超载至 3.5 倍水载时，不平衡力主要集中在河床坝踵两侧，河床坝踵处没有不平衡力。坝趾相对坝踵不平衡力小很多。从模型试验最终的破坏图（如图 15 所示）也可以看出，河床坝踵处并没有拉裂，而两侧拉裂破坏严重，下游坝趾区无任何明显的裂缝和破坏。

图 21　坝基不平衡力分布图

4.5　整体稳定性对比

最小塑性余能是结构自我调整能力不足的测度，也是结构整体破坏程度的测度，而一个结构的荷载状态 K（正常水载倍数）对应一个最小塑性余能 ΔE_{min}，因此可采用 $K \sim \Delta E_{min}$ 曲线来评价拱坝的整体稳定性。图 22 为大岗山拱坝坝体塑性余能范数随超载倍数的关系图。从图中可以看出，在 2.5 倍水载的时，曲线开始上翘，说明塑性极限为 2.5 倍水载。模型试验得出坝踵开裂荷载也为 2.5 倍水载。两者吻合较好。

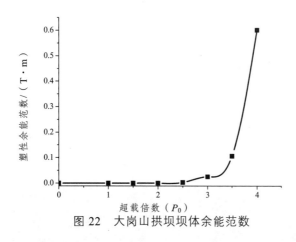

图 22　大岗山拱坝坝体余能范数

　　将国内主要高拱坝的 $K \sim \Delta E_{min}$ 曲线绘制在一起，便能判断拱坝整体稳定性的相对高低，最小塑性余能越小表明拱坝整体稳定性越高。图 23 和图 24 为中国主要高拱坝坝体和基础余能范数变化曲线。工况 1 至工况 9 分别表示坝体自重、坝体自重 + 水载、正常工况、1.5 倍、2.0 倍、2.5 倍、3.0 倍、3.5 倍和 4.0 倍水载。由图 23 可见，大岗山拱坝坝体的余能范数最小，说明大岗山拱坝坝体具有较高的整体稳定性。同时从图 24 可知，大岗山拱坝坝基余能范数的相对较高，说明对大岗山拱坝整体稳定性起控制作用的部位在坝基。

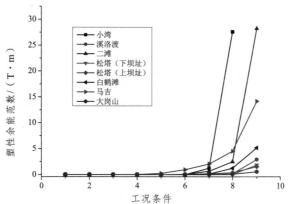

图 23　主要高拱坝坝体塑性余能曲线图

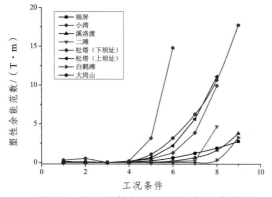

图 24　主要高拱坝坝基塑性余能曲线图

4.6 对比分析结论

采用模型试验和数值计算综合分析的方法，确定对拱坝整体稳定起控制作用的部位，也是拱坝设计、施工应该注意的工程薄弱环节。

模型试验中，因左岸$\beta21$、$\beta28$和$\beta41$在▽1 030 m ~ ▽1 050 m高程密集，下游坝面左岸坝址▽1 050 m高程附近集中出现垂直裂缝和一条控制性水平裂缝（图16所示）。图25为左岸▽1 030 m和▽1 050 m高程坝基最终开裂图。内部位移计也显示左岸$f54$在超载$4P_0$时相对变形出现转折。可见，因为断层密集，该处坝基是容易出现破损的区域。

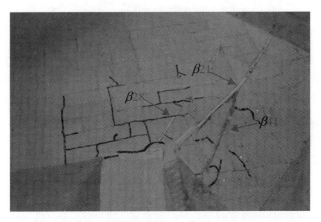

（a）▽1 030 m高程

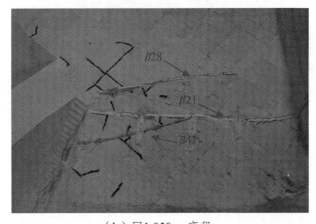

（b）▽1 050 m高程

图25　坝肩岩体最终开裂破坏图（左岸）

数值分析得出右岸$f231$断层，左岸$\beta41$以及$\beta28$断层在不同高程有较大的不平衡力，是容易出现破坏的地方。图26为$f231$断层的不平衡力分布图，可见，▽970 m ~ ▽990 m高程之间的不平衡力集中分布。而模型试验也显示右岸▽970 m和▽990 m高程$f231$断层附近坝肩岩体破损程度较其他高程严重，如图27所示。

可见，右岸▽970 m ~ ▽990 m高程$f231$、左岸▽1 030 m ~ ▽1 050 m高程$\beta21$、$\beta28$、$\beta41$密集区和$f54$是工程的薄弱部位，可考虑进行进一步处理且加强观测。

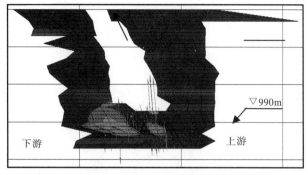

图 26 $f231$ 不平衡力分布图

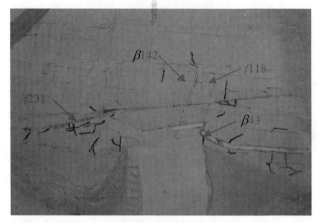

（a）▽970 m 高程

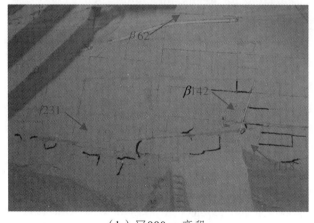

（b）▽990 m 高程

图 27   坝肩岩体最终开裂破坏图（右岸）

5   结   论

地质力学模型试验因能真实地模拟复杂地质条件，反映模型从加载到破坏的全过程，并最终直观地显示坝体及坝肩岩体的破坏形态，是研究坝体及坝肩变形与破坏机制，评价拱坝-坝基结构整体稳定性和安全性的有效方法。基于小块体砌筑技术，并集合油压加载系统、量测系统以及监控系统进行 250：1 比尺的基础处理大岗山拱坝三维地质力学模型试验，试验结果表明大坝右岸坝踵最先开裂，超载至高倍水载时，大坝下游面产生垂直裂缝和水平裂缝。最终岩体破坏集中在左、右岸坝踵岩体，下游岩体没有裂缝产生，也没有监测到滑坡体产生，拱坝整体稳定性较高。模型试验结果与数值计算中根据不平衡力确定的开裂部位的结果相符合。模型试验和数值计算对比分析表明，与其他主要大型拱坝工程相比，大岗山拱坝的整体稳定性较高。

参考文献

[1] 周维垣，杨若琼，刘耀儒，等. 高拱坝整理稳定地质力学模型试验研究[J]. 水力发电学报，2005，24（1）：53-64.

[2] ZHOU J, LIN G, ZHU T, et al. Experimental investigations into seismic failure of high arch dam[J]. Journal of Structural Engineering, 2000, 126：926-935.

[3] FISHMAN Y A. Features of shear failure of brittle materials and concrete structures on rock foundation[J]. International Journal of Rock Mechcanics and Minning Science, 2008, 45（6）：976 - 992.

[4] ZHU W S, LI Y, LI S C, et al. Quasi-three-dimensional physical model tests on a cavern complex under high in-situ stresses[J]. International Journal of Rock Mechcanics and Minning Science, 2011, 48（2）：199-209.

[5] ZHU W S, ZHANG Q B, ZHU H H, et al. Large-scale geomechanical model testing of an underground cavern group in a ture three-dimensional（3-D）stress state[J]. Canadian Geotechnical Journal, 2010, 47（9）：935-946.

[6] YU X, ZHOU Y F, PENG S Z. Stability analysis of dam abutments by 3D elasto-plastic finite-element method：a case study of Houhe gravity-arch dam in China[J]. International Journal of Rock Mechcanics and Minning Science, 2005, 42（3）：415-430.

[7] ZHOU W Y, YANG R Q. Determination of stability of arch dam abutment using finite method and geomechanical model[C]. In：Proceedings 4th Australia-New Zealand conference on geomechanics, Perth, Western Australia：1984.

[8] 杨强，刘耀儒，陈英儒，等. 变形加固理论及高拱坝整体稳定与加固分析[J]. 岩石力学与工程学报, 2008, 27（6）：1121-1136.

[9] FUMAGALLI E. Statical and geomechanical model[M]. New York：Springer-Verlag/Wien, 1973.

[10] LEMOS J V, PINA C A B, COSTA C P, et al. Experimental study of an arch dam on a jointed foundation[C]. In：Proceedings 8th ISRM Congress, Tokyo, Japan, 1995. 1263-1266.

[11] LEMOS J V. Modelling of arch dams on jointed rock foundations. In：Proceedings of ISRM International Symposium - EUROCK 96, Turin, Italy, 1996. 519-526.

[12] OLIVERIA.S, FARIA R. Numerical simulation of collapse scenarios in reduced scale tests of arch dams[J]. Engineering Structures, 2006, 28（10）：1430-1439.

[13] 周维垣, 杨若琼, 剡公瑞. 高拱坝稳定性评价的方法和准则[J]. 水电站设计, 1997, 13（2）: 1-7.

[14] FEI WP, ZHANG L, ZHANG R. Experimental study on a geo-mechanical model of a high arch dam. International Journal of Rock Mechcanics and Minning Science, 2010, 47（2）: 299-306.

[15] 邵国建, 卓家寿, 章青. 岩体稳定性分析与评判准则研究[J]. 岩石力学与工程学报, 2003, 22（5）: 691-696.

[16] ZHANG G X, LIU Y, ZHOU Q J. Study on real working performance and overload safety factor of high arch dam. Science in China（Series E）, 2008, 51: 48-59.

[17] JIN F, HU W, PAN J W, et al. Comparative study procedure for the safety evaluation of high arch dams. Computers and Geotechnics, 2011, 38: 306 - 317.

[18] LIU Y R, GUAN F H, YANG Q, et al. Geomechanical model test for stability analysis of high arch dam based on small blocks masonry technique[J]. International journal of rock mechanics and mining science, 2013, 61: 231-243.

[19] LIU J, FENG X T, DING X L, et al. Stability assessment of the Three -Gorges Dam foundation, China, using physical and numerical modeling – Part Ⅰ: physical model tests. International Journal of Rock Mechcanics and Minning Science, 2003, 40（5）: 609-631.

[20] DA SILVEIRA A F, AZEVEDO M C, ESTEVES FERREIRA M J, et al. High density and low strength material for geomechanical models. In: Preoceeding of the International colloquium on Geomechanical model. Bergamo, Italy: ISRM, 1979. 115-131.

[21] 马芳平, 李仲奎, 罗光福. NIOS 相似材料及其在地质力学相似模型试验中的应用[J]. 水力发电学报, 2004, 23（1）: 48-51.

[22] 韩伯鲤, 陈霞龄, 宋一乐, 等. 岩体相似材料的研究[J]. 武汉水利电力大学学报, 1997, 30（2）: 6-9.

[23] FUMAGALLI E. Stability of arch dam rock abutments. In: Proceedings of 1st ISRM Congress, Lisbo, Portugal, 1966: 503-508.

[24] 李仲奎, 徐千军, 罗光福, 等. 大型地下水电站厂房洞群三维地质力学模型试验[J]. 水利学报, 2002, 5: 31-36.

[25] 杨强, 薛利军, 王仁坤, 等. 岩体变形加固理论及非平衡态弹塑性力学[J]. 岩石力学与工程学报, 2005, 24（20）: 3704-3712.

[26] 杨强, 刘耀儒, 陈英儒, 等. 变形加固理论及高拱坝整体稳定与加固分析[J]. 岩石力学与工程学报, 2008, 27（6）: 1121-1136.

[27] YANG Q, LIU Y R, CHEN Y R, et al. Deformation reinforcement theory and its application to high arch dams[J]. Science in China（Series E）, 2008, 51（Supp.2）: 32-47.

基于 ANSYS 的大岗山混凝土拱坝施工期温度仿真分析

代 萍[1] 徐 成[2]

（1. 四川电力职业技术学院，四川 成都 610072；
2. 国电大渡河猴子岩水电建设有限公司，四川 康定 626005）

【摘 要】本文针对大岗山混凝土高拱坝施工特点和工序安排，通过对 ANSYS 软件的二次开发，采用瞬态有限元法进行了该拱坝三维温度仿真分析，揭示了其施工期温度的分布规律，与监测数据基本相符，证明温控措施是合适的。

【关键词】大岗山；ANSYS；温度；仿真

1 工程简述

大岗山水电站位于雅安市石棉县挖角乡境内，距下游石棉县城约 40 km，距上游泸定县城约 72 km。水库正常蓄水位 1 130.00 m，死水位 1 120.00 m，正常蓄水位以下库容约 7.42 亿立方米，调节库容 1.17 亿立方米，具有周调节能力。大岗山水电站主要枢纽建筑物包括混凝土双曲拱坝、左岸引水发电建筑物，右岸开敞式泄洪洞。混凝土双曲拱坝坝顶高程 1 135.00 m，最大坝高 210 m，坝顶中心线弧长 622.42 m，拱冠顶厚 10.00 m，拱冠底厚 52.00 m，厚高比 0.248，弧高比 2.964。

2 基于 ANSYS 的拱坝温度模拟技术

2.1 施工过程的模拟

混凝土拱坝的浇筑是一个动态的过程，是分层浇筑，在 ANSYS 中进行模拟时可采用 ANSYS 软件的一个高级技术——单元生死功能来实现层层浇筑。在计算时，将坝体单元按照从坝基到坝顶的浇筑顺序，分成若干荷载步，依次激活，依此类推，直至到坝体的最顶层浇筑层浇筑完毕。在计算过程中，随着坝体单元的逐渐激活，相应的自重荷载、由温度场计算得到的相邻时间步的温度荷载同时施加，这样就可以仿真计算大坝施工期的温度场。

2.2 混凝土绝热温升模拟

在施工过程中，混凝土绝热温升及外界气温变化是随时间变化的参数，为更好地模拟这种变化，应用 ANSYS 软件中 APDL 语言来实现。水泥的水化热是影响混凝土温度场的一个重要因素，实际上温度场计算中用的是混凝土的绝热温升。ANSYS 中没有直接定义混凝土的绝热温升参数，可以通过生热率来实现。

2.3 冷却水管模拟

采用朱伯芳院士提出的等效热传导方程来考虑水管冷却的影响，将水管冷却的降温作用视为混凝土的吸热，按负水化热处理，在平均意义上考虑水管的冷却效果。在冷却水管的计算中，分别考虑一期冷却和二期冷却，一期冷却主要是考虑有热源的水管冷却的情况，二期冷却是考虑无热源的水管冷却的情况。

3 大岗山混凝土拱坝施工期温度仿真计算

3.1 有限元模型

计算中选取一定范围内的坝肩、坝基与坝体作为有限元计算模型，其中坝肩向左右岸山体延伸各 300 m，上下游方向共 300 m，铅直方向 500 m。坝体和岩石采用六面体八节点等参单元，综合考虑坝体材料分区及分层施工的实际情况，在划分有限元网格时，沿坝体高度方向每 1.5 m 划分一层单元，由于地基其形状不规则，在坝肩有较多岩脉，本文主要是做坝体温度仿真，故建立模型的时候简化了地基模型，让 ANSYS 将其自动划分为六面体单元。整个计算域共离散为 76 599 个节点和 82 614 个单元，其中坝体 58 072 个节点和 48 714 个单元。有限元模型如图 1 和图 2 所示。

各坝段施工进度模拟，采用 ANSYS 单元生死高级功能来模拟拱坝跳仓浇筑过程，首先在开工前，把所有坝体单元全部杀死，然后根据各坝段不同高程的浇筑时间，依次将单元激活，仿真模拟坝体施工浇筑、气温水温变化及封拱灌浆全过程，计算时间从大坝开浇至大坝灌浆完毕结束。对于某个混凝土浇筑层来说，为了提高计算精度，在施工期内计算步长取 0.5 d。

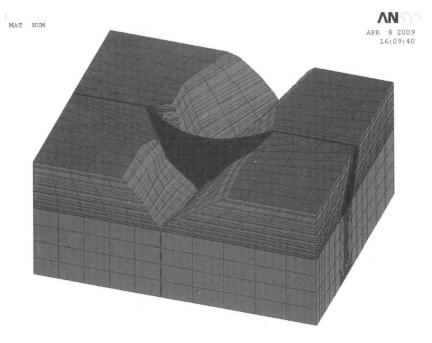

图 1　坝体坝基整体有限元网格

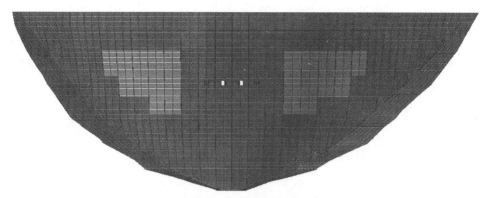

图 2　坝体有限元网格

3.2　温控措施

根据类似工程经验，如果不采用有效的温控措施，则达不到拱坝温控标准和设计要求，大岗山混凝土拱坝采用了两种措施进行温控。

1）冷却水管

水管间距采用垂直间距和水平间距 1.5 m×1.5 m，单根水管长度为 300 m，采用金属水管。一期通水在混凝土浇筑 12 h 就立即进行，主要是为了削减最高温度峰值。通水时间为 15 d，11 月至 3 月一期通天然河水，其他月份通 10 ℃ 冷水，二期通水直接通 10 ℃ 冷水，通水时间，按照一期冷却后一个半月开始通水冷却。通过程序的自动判断，坝体准确地冷却至接缝灌浆温度，且降温速度应该满足规范要求，不大于 1 ℃/ d。

2）降低入仓温度

根据设计院提供参考意见和本文查阅一些文献资料，初步拟定大岗山混凝土入仓温度控制为 11～12 ℃。

3.3　计算成果分析

由于大岗山坝段较多，本文只取河床坝段 14#，岸坡 6#、22#坝段来分析。图 3～图 5 是 14#、6#、22#坝段竣工温度等值线图。

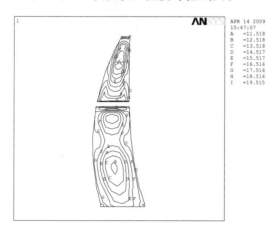

图 3　14#坝段竣工温度等值线图

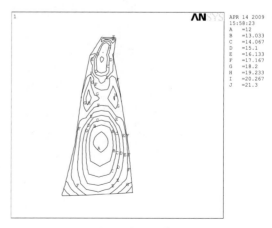

图 4　6#坝段竣工温度等值线图

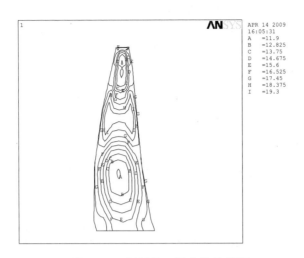

图 5　22#坝段竣工温度等值线图

表 1 ~ 表 3 是 6#坝段、14#坝段、22#坝段三个典型坝段的特征点温度表，表 4 为基础约束区温差仿真表。

表 1　6#坝段特征点温度表

特征点号	特征点高程	浇筑月份	入仓温度/ ℃	历时最高温度/ ℃	温度变化/ ℃
36290	1 033.8	2	12	25.8	13.5
30673	1 057.5	6	12	28.4	16.4
23784	1 071.9	8	12	28.9	16.9
17877	1 095.8	12	12	26.1	13.1
17927	1 110.4	2	12	26.4	14.4
8028	1 127.5	4	12	27.1	15.1

表 2　14#坝段特征点温度表

特征点号	特征点高程	浇筑月份	入仓温度/ ℃	历时最高温度/ ℃	温度变化/ ℃
5667	1 124.5	6	12	28.6	16.6
14539	1 104.6	4	12	27.8	15.8
75094	1 086.9	2	12	26.9	14.9
75211	1 069	12	12	24	12
75299	1 041	9	12	28.7	16.7
34607	1 026.5	2	12	21.6	9.6
39449	1 008.5	11	12	27.1	15.1
44371	981.63	6	12	28.7	16.7
49333	947.17	2	12	19.7	7.7
50198	929.12	10	12	25	13

表 3　22#坝段特征点温度表

特征点号	特征点高程	浇筑月份	入仓温度/ ℃	历时最高温度/ ℃	温度变化/ ℃
2509	1 121.5	4	12	27.1	15.1
11289	1 101.7	11	12	25.9	13.9
70554	1 074.9	10	12	27.0	15.4
75934	1 057.5	7	12	28.9	16.9
36493	1 014.6	12	12	19.7	6.7

表 4　6#坝段基础温差仿真成果　　　　　　　　　　单位：℃

坝段	部位	浇筑月	浇筑温度	封拱温度	计算最高温度	计算温差	允许温差
6#	0 ~ 0.2L	8—10 月	12	13	28	15	14
	0.2 ~ 0.4L	1—3 月	12	13	26	13	14
14#	0 ~ 0.2L	9—12 月	12	13	26	13	14
	0.2 ~ 0.4L	12—3 月	12	13	24	11	14
22#	0 ~ 0.2L	6—9 月	12	13	27.1	14.1	14
	0.2 ~ 0.4L	10—12 月	12	13	25.9	12.9	14

1）早期最高温度变化

由计算可知，施工期每个新浇筑混凝土层，由于水化热作用，混凝土的初始温度仍然有大幅提高，也经历了一个较大幅度的初期温升过程，但是由于控制了入仓温度同时初期冷却在混凝土浇筑后 12 h 就立即进行，混凝土最高温度峰值较低，在夏季，最高温度不超过 30 ℃。从计算可知，在水化热和一期水管冷却、表面与外界温度的联合作用下，混凝土达到早期最高温度也是在混凝土浇筑后的 3 ~ 5 d，随着初期水管冷却吸收的热量大于水泥水化热产生的热量和外界环境温度的影响，温度开始逐渐降低。

2）冷却措施效果分析

一期水管冷却和控制入仓温度明显地控制了混凝土最高温度峰值，从温度过程线可知，在前期一期冷却水管和控制入仓温度控制下，峰值不高，但是随着水管冷却的结束，其温度减小速率缓慢，如果不采取进一步的措施，将不能在施工期规定时间达到稳定温度，所以需要采取进一步冷却措施，进行二期冷却。在开始二期水管通水，混凝土的温度会慢慢降低，其降温速度为 0.5 ~ 0.8 ℃/d，满足规范要求，直至降低至封拱灌浆温度。从计算可知，在有冷却措施条件下，最高温度一般都控制在 30 ℃ 以内。

3）温控标准分析

从基础温差仿真成果表可以明显看出来，14#坝段整个基础约束区的温度控制满足拱坝设计规范要求，但是岸坡坝段由于基础浇筑有部分时间是在夏季 7、8 月份施工，因外界气温的影响有部分基础约束区的单元略超标，但是只是很少一部分，在施工时通过增加仓面洒水等措施减小外界温度，基础约束区的温度控制就可以满足规范要求。

4 大岗山混凝土拱坝施工期温度监测

大岗山混凝土拱坝主体（不包括垫座、置换块等）共浇筑混凝土 1 547 仓，大坝浇筑过程中共有 116 仓最高温度超标，超温比例为 7.12%，各仓平均超温幅度为 1.01 ℃。仓内平均超温幅度小于 1 ℃ 的有 65 个仓，占超温仓数的 56.03%，占总仓数的 4.20%；仓内平均超温幅度在 1~2 ℃ 的有 41 仓，占超温仓数的 33.6%，占总仓数的 2.65%；而仓内平均超温幅度大于 2 ℃ 的有 10 仓，占超温仓数的 8.2%，占总仓数的 0.65%。

对于超温仓所处的位置分析可知，由于大坝约束区混凝土最高温度控制标准为 27 ℃，低于大坝自由区混凝土温度控制标准 3 ℃，因此混凝土最高温度超标主要发生在约束区部位；而分析其最高温度超标时间可知，混凝土最高温度超标主要发生在 6 至 9 月，在该时间段气温偏高，混凝土浇筑后散热困难最终导致最高温度超标。

5 小 结

作者通过 ANSYS 软件二次开发，编制了模拟混凝土坝浇筑过程施工仿真子程序，实现了一期、二期水管冷却的简化处理，以及自动设置一期冷却时间和通过温度判断自动识别二期水管通水冷却的时间等功能。根据大岗山拱坝混凝土浇筑进度安排，进行了其施工期温度场三维有限元仿真模拟，揭示了在降低混凝土入仓温度、采用水管冷却的措施下坝体温度的变化规律及效果，与实际监测数据基本相符。

参考文献

[1] 朱伯芳. 大体积混凝土温度应力与温度控制[M]. 北京：中国电力出版社，1999.
[2] 朱伯芳. 混凝土绝热温升的新计算模型与反分析[J]. 水力发电，2003.
[3] 朱伯芳. 考虑水管冷却效果的混凝土等效热传导方程[J]. 水利学报，1991（3）：13-19.
[4] 王难烂，张光颖，顾伯达. 混凝土拱坝浇筑温度场的有限元仿真分析[J]. 武汉理工大学学报，2001（11）：60-62.
[5] 黎满林，常晓林，周伟，等. 大岗山拱坝温度场及温度应力全过程仿真研究[J]. 水电站设计，2008（2）：20-24.

大岗山右岸边坡卸荷裂隙密集带
加固及稳定性评价研究

黎满林　卫　蔚　张荣贵

（中国电建成都勘测设计研究院有限公司，国家能源水电工程技术研发中心
高混凝土坝分中心，四川　成都　610072）

【摘　要】大岗山水电站坝址区山体雄厚、岸坡陡峻，地形地质条件复杂。右岸工程边坡规模巨大，地质构造发育，卸荷风化强烈，地震烈度高，坡体结构复杂，边坡稳定性问题极为突出。以工程地质条件为基础，深入研究边坡的潜在滑移模式，并结合现场施工条件，提出右岸边坡卸荷裂隙密集带综合加固处理方案。采用多种方法对边坡稳定性进行了计算分析，计算结果表明，加固处理后的右岸边坡满足稳定性控制标准；同时，现场监测资料也表明，目前边坡稳定性状态良好，边坡加固处理方案合理、有效。

【关键词】水利工程；大岗山水电站；高边坡；卸荷裂隙；加固处理；稳定分析

1　引　言

大岗山水电站位于四川省大渡河石棉县境内，是大渡河干流近期开发的大型水电工程之一，电站正常蓄水位 1 130.00 m，总库容 7.42×10^8 m^3，电站装机容量 2 600 MW。

坝址区两岸山体雄厚，谷坡陡峻，基岩裸露，地应力较高，岩体卸荷及风化强烈，自然坡度一般为 $40° \sim 65°$，相对高差一般在 600 m 以上。右岸边坡基岩岩性为灰白色、微红色中粒黑云二长花岗岩（γ24-1），局部出露辉绿岩脉（β）、花岗细晶岩脉（γL）等。据勘探揭示：右岸发育 78 条辉绿岩脉，8 条花岗细晶岩脉；主要发育有 $β_4$，$β_{97}$（f_{93}），$β_{146}$，$β_{168}$（f_{154}），$β_{202}$（f_{191}），$β_{203}$（f_{194}）等岩脉破碎带，岩脉破碎带呈块裂～碎裂结构。边坡区断层带多沿辉绿岩脉发育，以陡倾角、倾向坡里的为主，属岩块岩屑型、岩屑夹泥型或泥夹岩屑型。根据勘探、开挖揭示：右岸边坡发育断层 84 条，以 F_1，f_{191}，f_{174}，f_{231}，f_{208} 规模相对较大。节理裂隙主要发育有 6 组。右岸边坡典型剖面地质图见图 1。

右岸边坡规模巨大，地质构造发育，卸荷风化强烈，地震烈度高（边坡设防水平加速度为 336.4 cm/s^2），坡体结构复杂，影响边坡稳定的结构面横跨建基面，位置极为不利，边坡稳定性问题极为突出。边坡从坡面到坡里卸荷深度大，且在高高程坡体以里 90～110 m 处发育有两条深部卸荷裂隙密集带 XL$_{316-1}$，XL$_{09-15}$，中低高程发育两条中倾坡外的断层 f_{231}，f_{208}，构成控制边坡稳定的底滑面；同时坡体里发育有一系列反倾岩脉，加之中倾角裂隙发育，与底滑面共同构成边坡潜在不稳定块体。

在右岸坝肩边坡开挖过程中，表层阻滑岩体被挖除，形成了上、下游 200 m 范围内，高度约 300 m，方量从几万立方米到最大约 500×10^4 m^3 的整体可能失稳块体；受开挖卸荷、应力条件等因素影响，部分块体在开挖过程中，在底部剪出口附近出现了沿边界结构面的多次变形与错动，并出现了 9 条裂缝。此时，坝顶以上边坡开挖已经完成，坝顶以下已开挖完成约 1/3 坝高，现场施工条件复杂，干扰因素众多，如不采取有效的加固措施，很可能产生规模巨大的滑坡和山体变形，严重危及施工期人员、设备安全，并对工程运行期安全造成重大威胁。

本文基于大岗山水电站右岸边坡工程复杂地质条件，对边坡潜在失稳块体破坏模式、加固处理措施以及稳定性评价体系等方面开展了深入研究。并结合现场监测资料，对加固处理措施进行动态调整。目前，大岗山右岸边坡卸荷裂隙密集带研究已经完成，并在现场得以成功实施，其研究成果对我国西南地区复杂地质条件下高边坡[1-3]治理具有重要借鉴意义。

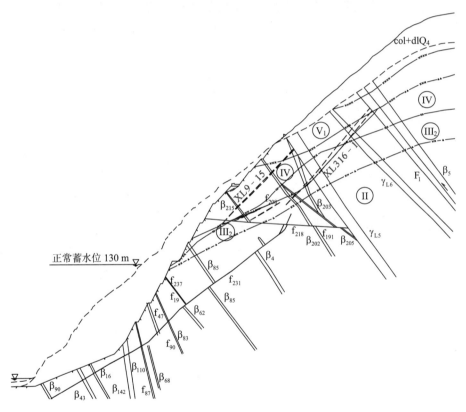

图 1　边坡典型剖面地质图

2　右岸工程边坡稳定分析

2.1　右岸边坡稳定评价标准

大岗山右岸边坡地质条件复杂，工程难度巨大，破坏模式多样，影响边坡稳定性的因素[4]众多。本文主要从边坡重要性、阶段性因素、整体和局部的因素、规模和潜在失稳体积、变形模式与破坏机制、不同分析方法的影响、岩土力学参数的影响、坡面形态、对边坡边界条件的认识程度、地下水条件等因素，参照现行边坡规范[5]，研究右岸边坡稳定控制标准。根据对右岸边坡影响因素分析得出：（1）在边坡稳定控制标准影响因素中，绝大部分建议取规范的中值或低值；（2）大岗山右岸边坡裂隙密集带及断层、岩脉共同构成的边坡整体稳定性问题突出，如要求治理措施实施后能够达到正常工况 1.30 的安全系数，则治理工程量巨大，实施难度大和可行性较差；（3）如果按照中值控制（持久状况：1.27，短暂状况：1.17，偶然状况：1.07），对工程措施影响不大，但仍需巨大的治理工程量；（4）如果按照低值控制（持久状况：1.25，短暂状况：1.15，偶然状况：1.05），可适当减少工程措施，最大限度地节约工程量以及工期；（5）短暂工况控制标准对施工期的进度、工期有较大影响，取值过高，将制约工程开挖的进度，从而影响整个工程建设。

根据上述分析，在采取监测控制、动态跟踪、优化调整的信息化工程治理理念下，并在确保工程的安全性、经济性基础上，提出了右岸边坡稳定安全控制标准为偶然状况下稳定安全系数不低于 1.05，施工期间稳定安全系数不低 1.15，完建及运行期正常工况下稳定安全系数不低于 1.25 的评价标准，即边坡稳定安全控制标准不低于规范[5]规定的下限值，见表 1。同时，结合现场施工、监测情况，采用边评价、边施工的动态评价体系。

表 1 边坡稳定安全控制标准

边坡类别	边坡级别	安 全 系 数			
		持久状况（正常）	施工期	短暂状况（考虑暴雨）	偶然状况（考虑地震）
拱肩槽边坡	I	1.25	1.15	1.15	1.05
缆机平台边坡	I	1.25	1.15	1.15	1.05

2.2 工程边坡稳定分析及成果评价

由于极限平衡法在分析边坡稳定性时认为滑体已达到极限平衡状态，计算坡体的稳定安全系数，而在实际的岩石边坡开挖过程中坡体虽然出现滑移变形，但通常滑面没有贯通；同时，极限平衡法重视某一给定失稳模式下边坡的安全系数，而大岗山右岸边坡破坏模式复杂，不属于单一的破坏模式，极限平衡法不能准确地反映右岸边坡的破坏模式。因此，根据大岗山右岸边坡特点，在稳定分析时，除采用规范规定极限平衡法外，还采用了非线性有限单元法、多重网格法及变形加固理论[6-8]等多种计算方法，通过多方法、多手段，综合评价右岸边坡稳定性[9]。本文仅列举了几种方法的计算成果。

右岸边坡稳定的块体众多，本文限于篇幅，仅列举了以下 3 个整体稳定控制块体（见表 2）。各稳定块体组成示意图见图 2，各种计算方法稳定分析计算成果见表 3。

表 2 边坡整体稳定块体组成

块体编号	块体滑面组成			块体方量 / ($\times 10^4$ m³)
	后缘拉裂面	上游侧裂面	底滑面	
块体 1	F_1	f_{202}	XL_{316-1}，f_{208}，f_{231}	503.0
块体 2	F_1	β_{209}	XL_{316-1}，f_{208}，f_{231}	341.0
块体 3	F_1	β_{219}	XL_{316-1}，f_{208}，f_{231}	275.4

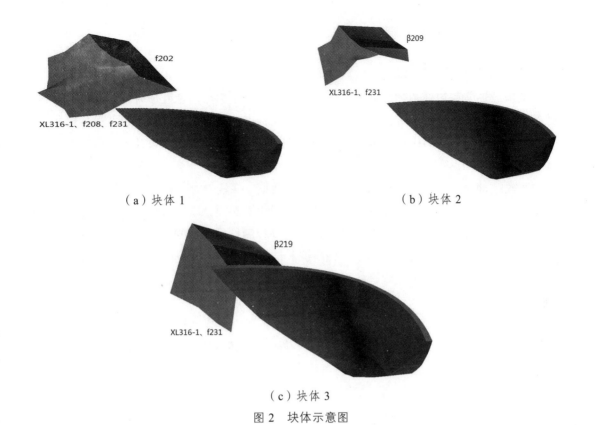

（a）块体 1   （b）块体 2

（c）块体 3

图 2　块体示意图

表 3　加固前整体稳定控制块体计算成果表

块体编号	计算方法	安 全 系 数			
		持久状况	短暂状况（暴雨）	偶然状况（地震）	
				设计地震	校核地震
块体 1	Spencer	1.11	1.06	1.02	0.99
	多重网格	1.00	0.91	0.93	0.90
	不平衡推力	1.12	1.10	0.90	0.86
块体 2	Spencer	1.09	1.04	1.01	0.98
	多重网格	0.95	0.86	0.87	0.78
块体 3	Spencer	1.06	1.01	0.94	0.91
	多重网格	0.99	0.89	0.96	0.93
	不平衡推力	1.09	1.05	0.91	0.85

计算结果表明：对于以 XL_{316-1}，f_{208}，f_{231} 为底滑面块体 1～3，各种计算方法、各种工况下稳定安全系数均不满足控制标准，需采取必要的加固措施，以提高边坡的稳定性，确保工程施工期及运行期的安全。

3 右岸边坡加固处理措施

3.1 右岸边坡加固处理思路

削坡减载通常是边坡治理的有效方式,而大岗山右岸边坡出现变形时,1 070 m 高程以上开挖已经完成,不具备削坡减载施工条件,因此,根据现场地质条件、边坡滑移模式,并结合现场施工条件,对右岸边坡采取了"综合治理、实时监测、动态设计"的研究思路。具体加固处理思路如下:

（1）浅表加固与深部处理相结合,形成由表及里,深浅结合的联合整体加固方案。考虑到右岸边坡从坡面到坡里卸荷深度大,浅表层采用喷锚支护,以提高浅表层岩体的整体性;深层采用锚索、抗剪洞[10]（锚固洞）联合,以提高控制性结构面强度,解决深层变形问题。

（2）抗剪洞、锚固洞联合作用,以提高抗剪结构的整体性,更好地发挥抗剪效果。

（3）采用深浅结合、表里联合的立体综合排水,降低扬压力。坡面除布置浅层系统排水孔以外,还针对坡面渗水及钻孔出水严重部位,设置 35～80 m 的深层排水孔;同时,联合排水洞、施工支洞内的排水孔,从而最大限度降低扬压力,提高边坡安全度。

（4）常规监测与微震监测结合,动态评价。根据开挖揭示地质条件,结合现场监测成果,动态调整加固方案。

3.2 右岸边坡加固处理方案

通过对不同加固方案的安全度、施工条件及工程量投资的综合比较,右岸边坡推荐采用了"6 层抗剪洞（锚固洞）+ 斜井 + 边坡锚索支护 + 排水"的加固处理方案。具体方案如下:

（1）锚索:根据边坡开挖揭示的实际地质条件,结合卸荷裂隙带 XL_{316-1},XL_{9-15} 及断层 f_{231},f_{208} 的产状,分别在 1 010～1 225 m 高程布置预应力锚索,锚索间排距约 5 m×5 m。

（2）抗剪洞、锚固洞:在 0 + 043.00～0 + 224.50 范围,1 240 m 高程设置一层抗剪洞和锚固洞,锚固洞间距 32 m;在 0 + 071.00～0 + 224.50 范围,1 210 m 高程设置一层抗剪洞和锚固洞,锚固洞间距约 32 m;在 0 + 071.00～0 + 224.50 范围,1 180 m 高程设置一层抗剪洞,在抗剪洞两侧设置键槽,结合施工支洞布置;在 0 + 071.00～0 + 172.70 范围,1 150 m 高程设置一层抗剪洞,在抗剪洞两侧设置键槽,结合施工支洞布置;在 0 + 056.50～0 + 146.50 范围,1 120 m 高程设置一层抗剪洞,在抗剪洞两侧设置键槽,结合施工支洞布置;在 1 060 m 高程布置一层 80 m 长的抗剪洞;此外,在 1 210～1 180,1 180～1 150 和 1 150～1 120 m 高程布置 6 条斜井。

（3）防、排水措施:利用深层纵、横向排水洞、坡面排水浅孔、深孔、截排水系统及坡面的喷混凝土防渗等措施形成系统的综合排水系统,最大限度地降低地下水及地表渗水对边坡稳定的影响。

右岸边坡治理实施过程中,根据现场开挖揭示的地质条件,通过监测及动态稳定分析,对边坡治理方案进行了优化。由于 1 240 m 高程靠近坝头区未出现明显的张开卸荷裂隙,因此优化取消该部位抗剪洞;由于 1 210 m 高程抗剪洞水平面投影与下部的 1 180 m 高程抗剪洞近似重合，不具备开挖斜井条件，因此取消了该高程之间的 V1，V2 斜井；由于 1 180 m 高程抗剪洞 0 + 055.00 ~ 0 + 094.60 范围揭露的 f_{231} 断层倾角变缓，主要在上半洞出露，因此优化取消了该部位下半段洞。实施方案右岸边坡加固处理立视图见图 3。

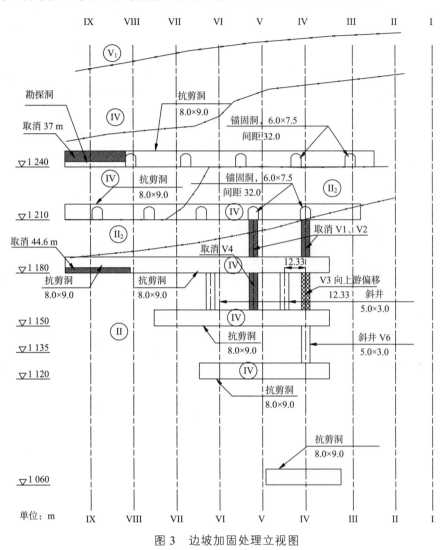

图 3　边坡加固处理立视图

4　边坡加固处理后安全评价

4.1　极限平衡法计算成果

右岸边坡加固处理后各种计算方法稳定分析计算成果见表 4。

计算结果表明：相对于加固前计算成果，在采取加固措施以后，右岸边坡各稳定控制块体，在各种计算方法、各种工况下，稳定安全系数均得到提高，并满足控制标准。其中加固后边坡正常工况下的稳定性安全系数为 1.290 ~ 1.470，降雨工况下块体稳定安全系数为 1.235 ~ 1.384，地震工况下块体稳定安全系数为 1.118 ~ 1.284，边坡满足长期稳定性要求。

表 4　加固处理后控制块体计算成果表

块体编号	计算方法	安全系数			
		正常工况	降雨工况	偶然工况	
				设计地震	校核地震
块体 1	不平衡推力法	1.292	1.267	1.159	1.118
	Spencer 法	1.290	1.235	1.184	1.152
	多重网格法	1.360	1.250	1.360	1.260
块体 2	不平衡推力法	1.313	1.290	1.180	1.138
	Spencer 法	1.307	1.250	1.194	1.180
	多重网格法	1.470	1.360	1.310	1.200
块体 3	不平衡推力法	1.307	1.284	1.181	1.142
	Spencer 法	1.439	1.384	1.284	1.201
	多重网格法	1.410	1.300	1.250	1.200

4.2　有限元法计算成果

采用变形加固理论，利用 TFINE 程序对右岸边坡进行有限元计算分析，岩体材料采用 Drucker-Prager 屈服准则。变形加固理论是根据计算得到不平衡力，施加一个额外的力（它和不平衡力大小相等、方向相反）才能维持平衡，这就是加固力。

计算模型整个模拟范围为 1 000 m × 800 m × 800 m。计算网格采用八节点六面体和六节点五面体单元，其中节点总数 65 585，单元总数为 63 997。整体模型计算网格见图 4。模拟的断层、岩脉等示意图见图 5。

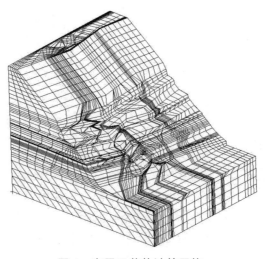

图 4　有限元整体计算网格

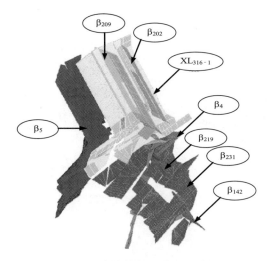

图 5 边坡结构面位置示意图

根据对右岸边坡整体稳定分析得知，不平衡力主要集中在底滑面 f_{231} 和 XL_{316-1}，故以二者构成的深层滑块滑动的可能性较大，滑面的不平衡力及各抗剪洞所能提供的加固力见表 5。计算时，抗剪洞的加固力由 $fN + cA$ 计算得到（扣除原来岩体所能提供的加固力），其中 f 和 c 分别为混凝土的摩擦系数和黏聚力，N 为抗剪洞部分的法向压力，A 为抗剪洞部分的截面积。

表 5 滑面不平衡力及抗剪洞加固力

高　　程/m	底滑面不平衡力/（$\times 10^8$ N）	加固力/（$\times 10^8$ N）
1 060		14.22
1 120		13.15
1 150	3.794 3	18.02
1 180		25.43
1 210		27.26
1 240		28.23

计算结果表明：各抗剪洞可提供的加固力远远大于底滑面上的不平衡力，故加固方案具有较好的有效性和针对性，且加固以后的边坡整体是稳定的。

4.3 安全监测数据分析

根据右岸边坡的失稳和变形模式，考虑卸荷密集带的变形特征和对边坡稳定的影响，结合水电工程岩石高边坡的监测布置原则、监测项目和监测仪器选型的要求，建立包括传统监测和微震监测相结合、浅表部监测与卸荷密集带监测相呼应的边坡动态监测体系，动态评价右岸边坡的稳定性。1 136.00 m 高程多点位移计过程线见图 6，探洞 PD09 石墨杆收敛计变形监测过程线见图 7。

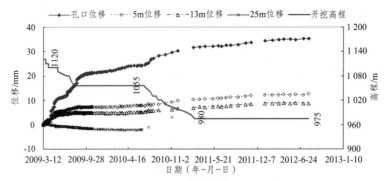

图 6　1 136 m 高程多点位移计过程线

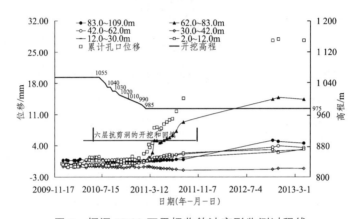

图 7　探洞 PD09 石墨杆收敛计变形监测过程线

右岸边坡现场监测资料表明：（1）右岸坝肩边坡多数测点位移方向指向临空面。顶部开口线以外多数测点小于 15 mm，最大值 13.6 mm，且水平合位移方向离散性较大；1 255.00 m 高程以上边坡测点平均水平位移 14.8 mm，最大值 26.3 mm，垂直平均位移 7.75 mm；1 255.00 m 高程以下边坡测点平均水平位移 29.7 mm，最大值 81.0 mm，垂直平均位移 12.4 mm。（2）边坡外部变形测点位移与施工开挖响应关系明显，在开挖第一阶段，测点位移增长较快，大概完成整个测点位移的 60%；在接下来的开挖间歇期和开挖第二阶段，测点位移逐步减缓，目前测点已收敛。（3）XL$_{316-1}$（f$_{231}$）地质结构面受边坡卸荷开挖影响明显，在边坡开挖期间，结构面"张开变形"为 14.4 mm，随着施工开挖高程的逐步下卧，变形逐步趋于收敛，结构面的自身特性也影响"张开变形"的大小和收敛时间，在边坡开挖结束后，大概需要 2~4 个月的时间，变形收敛，目前变形已全部收敛。

总体说来，在采取加固措施后，右岸边坡变形已收敛，边坡目前处于稳定。

5　结　论

大岗山水电站右岸边坡地质条件非常复杂、破坏模式复杂、潜在不稳定块体数量多、范围广、方量大、抗震要求高、施工干扰因素多，其边坡不仅加固处理规模巨大，其工程治理难度在国内类似工程中也前所未有。

本文根据大岗山水电站右岸边坡工程地质条件，结合现场施工情况，提出了"6 层抗剪洞（锚固洞）＋斜井＋边坡锚索支护＋排水"的综合治理措施。该措施采用由表及里、深浅结合的整体加固方案，既提高浅表层岩体的整体性，又提高控制性结构面强度，以解决深层变形问题；同时，采用表里联合的立体综合排水，最大限度地降低扬压力，提高边坡稳定安全性。并在实施过程中，根据开挖揭示地质条件以及监测资料，动态调整处理方案，以确保工程安全性、经济性。

考虑到右岸边坡的复杂性，本文采用多种计算方法，综合评价右岸边坡的稳定性。其中变形加固理论可根据计算得到不平衡力，确定需要的加固位置及加固力，从而使加固措施具有较好地有效性和针对性。计算结果表明：（1）在采取加固措施以后，右岸边坡各稳定控制块体，在各种计算方法、各种工况下，稳定安全系数均得到提高，并满足控制标准；（2）各抗剪洞可提供的加固力远远大于底滑面上的不平衡力，加固后的边坡满足稳定性要求。

采用传统监测和微震监测相结合、浅表部监测与卸荷密集带监测相呼应的边坡动态监测体系，现场监测资料表明，在采取加固措施后，右岸边坡变形已收敛，边坡是稳定的。

本文提出的"综合治理、实时监测、动态设计"的研究思路，以及"抗剪洞（锚固洞）＋斜井＋边坡锚索支护＋排水"的综合加固治理措施在大岗山水电站右岸边坡成功实施，对西南地区复杂地质下高边坡治理具有很好的借鉴意义。

参考文献

[1] 宋胜武，向柏宇，杨静熙，等. 锦屏一级水电站复杂地质条件下坝肩高陡边坡稳定性分析及其加固设计[J]. 岩石力学与工程学报，2010，29（3）：442-438.

[2] 黄润秋. 岩石高边坡发育的动力过程及其稳定性控制[J]. 岩石力学与工程学报，2008，27（8）：1525-1544.

[3] 宋胜武，巩满福，雷承弟. 峡谷地区水电工程高边坡的稳定性研究[J]. 岩石力学与工程学报，2006，25（2）：226-234.

[4] 陈祖煜，汪小刚，杨健，等. 岩质边坡稳定分析[M]. 北京：中国水利水电出版社，2005：143-151.

[5] 中华人民共和国行业标准编写组. DL/T5353—2006 水利水电工程边坡设计规范[S]. 北京：中国电力出版社，2007.

[6] 杨强，刘耀儒，陈英儒，等. 变形加固理论及高拱坝整体稳定与加固分析[J]. 岩石力学与工程学报，2008，27（6）：1121-1136.

[7] 杨强，薛利军，王仁坤，等. 岩体变形加固理论及非平衡态弹塑性力学[J]. 岩石力学与工程学报，2005，24（20）：3704-3712.

[8] 刘耀儒，王传奇，杨强. 基于变形加固理论的结构稳定和加固分析[J]. 岩石力学与工程学报，2008，27（增2）：1121-1136.

[9] 周维垣，杨若琼，刘公瑞. 高拱坝稳定性评价的方法和准则[J]. 水电站设计，1997，13（2）：1-7.

[10] 周述椿，王常让，朱文杰. 拉西瓦水电站拱坝左坝肩抗剪洞布置探讨[J]. 水力发电，2007，33（11）：43-44.

大岗山拱坝整体稳定地质力学
模型试验研究

刘子安　陈　媛*　张　林　张芮瑜　杨宝全　董建华　陈建叶

（四川大学水力学与山区河流开发保护国家重点实验室水利水电学院，四川　成都　610065）

【摘　要】大岗山拱坝坝址区地质构造复杂，断层、岩脉发育，严重影响坝肩与坝基的整体稳定性。针对其工程地质问题，采用三维地质力学模型综合法试验进行稳定安全研究。通过试验获得坝体、坝肩及内部的岩脉与断层的变位分布特征，探讨坝肩与坝基的破坏失稳形态，评价坝肩综合稳定安全系数及工程的整体稳定性，并针对坝肩、坝基处的薄弱部位提出加固处理建议。

【关键词】大岗山拱坝；地质力学模型试验；综合法；稳定安全性评价；加固处理建议

1　引　言

进入 21 世纪，我国从经济社会发展、能源的可持续供应、环境保护以及西部大开发等战略目标综合考虑，制定了水能资源开发的方针，水电建设也随之蓬勃发展起来。我国西部地区已建成或正在建设一批世界级高坝，拱坝由于其自身经济性和安全性的优势，已被广泛采用[1-2]。而拱坝主要依靠两岸坝肩山体维持稳定，对地形、地质条件的要求较高，因此，对于复杂地质构造条件下的高拱坝，开展其坝肩坝基稳定问题的研究十分必要。

高拱坝整体稳定安全问题的研究方法主要有地质力学模型试验法[3-6]、刚体极限平衡法[7]和有限元单法[8-9]。地质力学模型试验是一种根据相似原理将原型进行缩尺后展开研究的试验方法，通过建立模型能较精确的模拟岩体中各种不利地质构造，综合分析试验结果，已广泛应用于水电建设工程中。其试验方法主要有三种：超载法、强度储备法和综合法[10-11]。其中超载法假定材料的力学参数不变，逐渐增加超载倍数，直到模型破坏失稳，由此得到超载安全系数；强度储备法，即降强法，基于坝基（坝肩）岩体本身具有一定的强度储备能力，通过逐步降低岩体及软弱结构面的力学参数直到模型破坏失稳，由此得到强度储备系数；综合法是超载法和强度储备法的结合，即在一个模型上进行超载法和降强法试验，所以既考虑到了突发洪水来临等对坝基（坝肩）稳定安全度的影响，又考虑到了工程长期运行中岩体及软弱结构面力学参数逐步降低的情况，能反映多种因素对工程稳定安全性的影响。

本文根据大岗山拱坝坝肩（坝基）复杂的地质构造以及存在的多种软弱结构面，采用综合法进行地质力学模型试验。通过综合分析坝体、坝肩坝基岩体的变位分布特征，探讨坝肩、坝基的破坏失稳形态，评价坝肩综合稳定安全系数及工程的整体稳定性，提出对工程加固处理的建议。

2 工程概况

大岗山水电站位于大渡河干流上的四川省石棉县境内，主要由混凝土双曲拱坝、泄洪消能建筑物和地下引水发电系统组成。大坝坝顶高程 1 135 m，最大坝高 210 m，正常蓄水位 1 130 m，总库容 $7.42 \times 10^9 \text{ m}^3$，电站总装机容量 2 400 MW，多年平均发电量 107.2 亿千瓦时。大岗山枢纽的主要任务是发电，同时兼具拦沙、防洪、蓄能作用，无灌溉、供水及航运等要求。

坝址区两岸山体雄厚，谷坡陡峻，基岩裸露，坝区下游左岸海流沟、右岸通草沟为较大的支沟，海流沟沟口以上大渡河河谷呈"V"形峡谷，下游河谷相对宽缓。坝址区基岩以澄江期花岗岩类为主，辉绿岩脉（β）、玢岩脉（μ）、花岗细晶岩脉（γ_1）、闪长岩脉（δ）等各类岩脉穿插发育于花岗岩中。构造以小断层（Ⅳ级结构面）和岩脉破碎带为主，60°～80°的陡倾角裂隙和10°～25°的缓倾角裂隙较为发育，裂面平直粗糙，新鲜无充填。坝区无区域断裂切割，地质构造较为简单，构造型式以小断层、沿岩脉发育的挤压破碎带和节理裂隙为特征，坝址区发育有五组节理裂隙。影响右坝肩稳定的主要地质构造包括：岩脉β_4（f_5）、β_8（f_7）、β_{43}（f_6）和断层f_{65}、f_{85}；影响左坝肩稳定的主要地质构造包括：岩脉β_{21}、β_4（f_5）、β_8（f_7）和断层f_{54}、f_{99}、f_{100}。坝址区 1 050 m 典型高程平切图如图1所示。

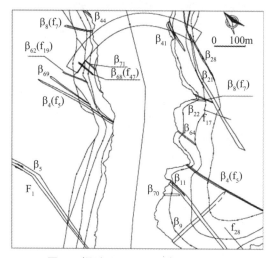

图 1 坝址区 1 050 m 高程平切图

3 模型试验设计

3.1 模型相似原理

地质力学模型试验属于一种非线性破坏试验，它必须满足破坏试验的相似要求。由相似原理可知，主要相似关系有：$C_E = C_\gamma \times C_L$，$C_\mu = 1$，$C_\varepsilon = 1$，$C_f = 1$，$C_\sigma = C_E = C_\tau = C_C = \cdots$，$C_F = C_\gamma \times C_L^3 = C_E \times C_L^2$。当 $C_\gamma = 1$ 时，则有 $C_E = C_L$，$C_F = C_L^3$。其中，C_E、C_γ、C_L、C_σ 及 C_F 分别为变模比、容重比、几何比、应力比及集中力比；C_μ、C_ε 及 C_f 分别为泊松比、应变比及摩擦系数比。

根据大岗山坝址区地质特点，并结合试验要求与条件，确定模型几何比 $C_L = 300$。由上述相似关系，可得其他相似比尺，如表1所示。

表1 大岗山双曲拱坝模型的相似比尺

物理量名称	相似比尺	数 值
变形模量	C_E	300
容 重	C_γ	1
应 力	C_σ	300
应 变	C_ε	1
位 移	C_δ	300
摩擦因数	C_f	300
泊松比	C_μ	1
黏聚力	C_C	300
集中力	C_F	300

3.2 模拟范围

根据坝址区河谷的地形特点、主要地质构造特性、枢纽布置特点以及试验设计任务与要求等因素综合分析，并结合相似关系，最后确定模型模拟尺寸为 4 m×4 m×2.18 m（纵向×横向×高度），相当于原型工程 1 200 m×1 200 m×655 m 范围。针对大岗山拱坝坝址区复杂的地质构造特点，模型试验进行了适当的概化，重点模拟了五类岩体、岩脉β4（f5）、β43（f6）、β8（f7）、β21、断层 f65、f85、f54、f99 以及①、④、⑤组节理裂隙等主要控制坝肩稳定的因素。其相应的各类模型材料主要力学参数，如表2所示。

表2 大岗山拱坝坝址区岩体和结构面主要力学参数

岩体与软弱结构面	容重 $\gamma / (\text{g/cm}^3)$	弹性模量 E/GPa		泊松比 μ	凝聚力 c/MPa	摩擦系数 f
		垂直⊥	水平∥			
Ⅱ 类岩体	2 650	14	24.5	0.25	2.0	1.3
Ⅲ₁ 类岩体	2 620	7	10	0.27	1.5	1.2
Ⅲ₂ 类岩体	2 620	6	8	0.30	1.0	1.0
Ⅳ 类岩体	2 580	2	2.5	0.35	0.7	0.8
Ⅴ 类岩体	2 450	<1	<1	>0.35	0.1	0.4
β21	2 580	2	2.5	0.35	0.08	0.5
β43（f6）	2 580	2	2.5	0.35	0.1	0.35
β4（f5）	2 580	2	2.5	0.35	0.05	0.35
β8（f7）	2 580	2	2.5	0.35	0.05	0.35
f_{54}、f_{65}	2 580	2	2.5	0.35	0.1	0.50
f_{85}、f_{99}	2 580	2	2.5	0.35	0.05	0.35

3.3 模型变温相似材料

对于影响大岗山拱坝两岸坝肩稳定的主要岩脉、断层，考虑到其受库水浸泡后材料参数会相应降低，需要对其抗剪强度进行适当降低，因此采用变温相似材料以模拟这一特性。试验采用以重晶石粉、机油及可熔性高分子材料按相似比指标配制，然后在选定材料的基础上再做变温材料试验，得出不同温度条件下的抗剪断强度曲线，即变温相似曲线。对主要岩脉与断层采用变温相似材料进行模拟，如β4（f5）、β8（f7）、β43（f6）、f99、f85等1#断层与岩脉，β21、f54、f65等2#断层与岩脉。典型变温相似材料τ_m-T关系曲线见图2。

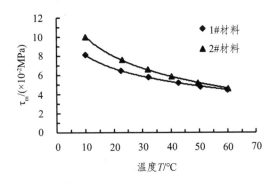

图 2 典型变温相似材料的τ_m-T关系曲线

3.4 模型加载、量测与温控系统布置

1）加载系统

模型试验考虑的荷载组合为：水压力＋淤沙压力＋自重＋温升。自重通过模型坝体材料与原型材料容重相等来实现，因模型试验难以准确模拟温度场，故按温度当量荷载近似模拟。根据坝体荷载分布形态、荷载大小及坝高等因素综合考虑进行坝体荷载分层分块，采用油压千斤顶加载。

2）量测系统

试验主要有三大量测系统，坝体、坝肩及抗力体表面位移δ_m量测、断层及岩脉内部相对位移$\Delta\delta_m$量测、坝体应变量测系统。

表面位移δ_m采用 SP-10A 型数字显示仪带电感式位移计量测。两坝肩及抗力体部共设表面位移测点 74 个，安装表面位移计 112 支。坝体下游面外测位移共布置 15 个测点，使用位移计 25 支，主要监测拱坝的径向位移及切向位移，另外在坝顶 1 135 m 高程拱冠及两拱端处分别布置了 3 支竖向位移计，以监测坝顶竖向变位情况。

各岩脉、断层等软弱带内部相对位移$\Delta\delta_m$量测采用 UCAM-70A 型万能数字测试装置带电阻应变式相对位移计量测。相对位移测点共布置 50 个，安装相对位移计共 50 支。根据坝址区断层及岩脉的特点，每个测点按单向即沿断层、岩脉等构造带的走向布置相对位移计。

坝体应变量测采用 UCAM-8BL 型万能数字测试装置进行应变量测，主要是在拱坝下游950 m、1 010 m、1 050 m、1 090 m 及 1 130 m 五个高程的拱冠及拱端布置 15 个应变测点，每个测点在水平向、竖向及45°方向贴上 3 张电阻应变片。

3）变温监控系统

为监测降强试验阶段温度升高变化情况，模型中布置了变温监控系统，包括电升温调控及温度数值监测两部分。前者采用多台调压器调节电压高低以控制升温快慢及高低。各变温部位温度升高值监测，采用 XJ-100 型巡回检测仪带 14 支热电偶分别监控各断层、岩脉等部位的升温值及其变化状态。

3.5 试验步骤

模型破坏试验步骤：首先对模型进行预压，然后加载至一倍正常荷载，在此基础上进行强降试验，即升温降低坝肩坝基岩体内的岩脉和断层 f99、f54、f65、f85、β4（f5）、β8（f7）、β43（f6）、β8（f7）的抗剪断强度。主要断层与岩脉抗剪断强度降低约 25%，在保持强降后强度参数不变的条件下，再进行超载阶段试验，以 $0.5P_0$（P_0 为正常工况下的基本荷载）为荷载步连续加载，直至坝肩坝基破坏失稳为止，观测各级荷载下，岩体的变形破坏现象。模型砌筑完成全貌如图 3 所示。

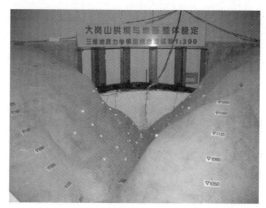

图 3　地质力学模型全貌图

4　试验成果分析

通过试验获得了坝体下游面测点变位、应变分布特征、两岸坝肩及抗力体顺河向测点变位分布特征、断层与岩脉内部测点相对变位分布特征、坝肩及抗力体的破坏过程和破坏形态等成果。

4.1 坝体变位分布特征

由设在坝体下游面 5 个典型高程的位移测点，分别量测坝体的径向、切向和竖向位移，并获得各测点的位移 δ_P 与超载系数 K_P 关系曲线。▽1 050 m 高程典型测点径向位移与超载系数曲线如图 4 所示，结果分析如下：

（1）正常工况下，坝体径向变位基本对称，且向下游变位，最大径向变位出现在 1 130 m 高程拱冠处，其值为 85 mm。在强降阶段，坝体径向变位变幅小；在超载阶段，当 $K_P>4.0$ 以后，右拱端变位明显增大，最终坝体径向变位呈现出不对称现象。这主要是受两岸地质条件不对称及坝肩岩脉和断层的影响。

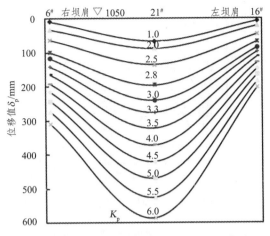

图 4　坝体下游面典型测点 δ_P-K_P 关系曲线

（2）坝体上部位移大于下部位移，拱冠位移大于拱端位移，拱冠上部位移大于下部位移，径向位移大于切向位移，符合常规。但右拱端位移最终大于左拱端位移，说明坝体在向下游变位的同时，在水平面内出现逆时针向的转动变位。

4.2　坝体应变分布特征

通过实验获得坝体各高程下游面典型测点应变与超载系数关系曲线，▽1 050 m 高程各应变测点的 μ_ε-K_P 关系曲线如图 5 所示。

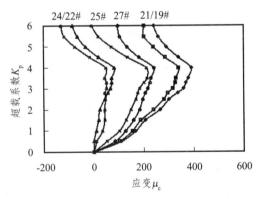

图 5　坝体▽1 050 m 高程下游面典型测点 μ_ε-K_P 关系曲线

由图可知，坝体下游面拉压应变规律符合常规，主要受压，个别测点受拉。在 1 050 m 高程以下，由于受坝肩地质条件的影响，尤其是断层 f54、f99、f65 和岩脉β4（f5）、β8（f7）、β21、β43（f6），拱端各测点压应变值较大。当超载系数较大时，各测点应变曲线出现明显转折或反向，形成拐点。

4.3　坝肩及抗力体表面变位分布特征

通过试验获得各高程测点位移与超载系数关系曲线，▽1 050 m 高程典型测点顺河向位移 δ_P 与超载系数 K_P 关系曲线如图 6、图 7 所示。

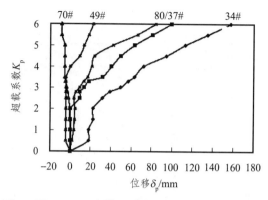

图 6　▽1 050 m 右岸顺河向典型测点 δ_P-K_P 关系曲线

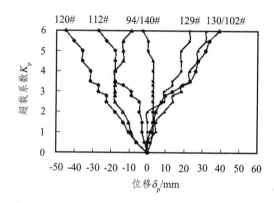

图 7　▽1 050 m 左岸顺河向典型测点 δ_P-K_P 关系曲线

由图可知，右坝肩顺河向变位总体呈现向下游，少部分测点出现向上游变位情况，而左坝肩顺河向向上游变位较多。右岸顺河向位移总体上大于左岸顺河向位移，主要受拱端附近岩脉β4（f5）、断层 f65 和 f85 的影响以及右半拱弧长较长所致。从超载过程来看，当超载系数较小时，两岸坝肩位移均较小；随着超载系数增加，变位逐渐增大，当 K_P>6.0 时，两岸坝肩岩体变形严重，大部分测点位移计读数波动很大，表明两坝肩已经出现破坏失稳情况。

4.4　断层与岩脉相对变位分布特征

右坝肩断层 f65 相对位移最大，沿断层走向向河谷变位；其次是β4（f5），位移方向为顺岩脉走向向河谷变位；f85 变位也较大，变位方向沿层面向下游；而β43（f6）在坝基下部相对变位较大。

左坝肩断层 f54 相对位移最大，该断层处岩体为 III 和 IV 类岩体，变形模量较低，同时靠近河谷和拱肩槽，因而变位大；其次是β21 相对变位较大，位移方向顺岩脉走向向下游变位；断层 f99 相对变位也较大，变位方向为顺断层向下游；β8（f7）在坝基下部变位较大，而在坝肩出露部位相对变位较小；β4（f5）远离坝肩，相对位移较小。

坝基 900 m 高程处岩脉（断层）的相对变位较大，变位方向总体上顺岩脉（断层）向下游，其中以β8（f7）最大，其次是β4（f5）较大，上游的β43（f6）也较大，其值仅次于前两者。

4.5 模型破坏形态

地质力学模型的最终破坏形态全貌如图8所示，破坏形态及特征表述如下：

（1）右坝肩破坏形态及特征：右坝肩主要破坏区域为β4（f5）切割的上游侧至拱肩槽岩体，尤其是f65与f85切割形成的近拱端楔形体破坏严重。由于受右坝肩断层f65、f85，岩脉β4（f5）与陡倾及缓倾裂隙的影响，拱肩槽上部开裂破坏也较严重。

（2）左坝肩破坏形态及特征：左坝肩及抗力体破坏范围及破坏程度不及右坝肩严重，主要破坏区域为β8（f7）切割的上游侧至拱肩槽岩体，尤其是f54，f99及β8（f7）切割而形成的近拱端楔形体破坏严重，同时拱肩槽上部开裂破坏也较严重。

（3）拱坝及建基面破坏形态及特征：拱坝建基面950 m高程以下上游面开裂破坏严重，而由于β4（f5）、β43（f6）及β8（f7）穿过坝基，坝基约束作用减弱，加之拱坝梁向作用显著，坝踵拉应力较大，在上游面坝踵出现贯穿性裂缝，同时由于左、右岸抗力体不均匀大变形导致右半拱出现两条竖向裂缝。

图8 模型最终破坏全貌图

4.6 综合稳定安全度评价

根据试验获得的5个方面成果评定拱坝与坝基整体稳定综合安全系数 K_{SC}：（1）坝体典型高程及两坝肩各测点的表面位移 δ_P-K_P 关系曲线；（2）两坝肩及抗力体内断层、岩脉等各测点的相对位移 $\Delta\delta$-K_P 关系曲线；（3）坝体下游面典型高程应变测点的应变 μ_ε-K_P 关系曲线；（4）试验现场的观测记录；（5）模型材料试验过程中所得的各型变温相似材料的标定曲线。

由上述五个方面成果综合分析，得到模型出现整体失稳时的强度储备系数 $K_S = 1.25$，超载系数 $K_P = 4.0 \sim 4.5$。则拱坝与坝基整体稳定综合安全系数 $K_{SC} = K_S \times K_P = 1.25 \times (4.0 \sim 4.5) = 5.0 \sim 5.6$。对于模型试验所揭示的坝肩破坏较严重的部位需进行必要的处理。

试验结果表明，右坝肩岩脉β4（f5）与断层f65、f85，左坝肩断层f54、f99与岩脉β8（f7）及横跨坝基的β8（f7）、β4（f5）及β43（f6）对坝肩与坝基的变形稳定影响较大。右坝肩β4（f5）上游侧至拱肩槽岩体、左坝肩β8（f7）上游侧至拱肩槽岩体以及横跨坝基的β8（f7）、β4（f5）及β43（f6）附近区域的岩体变形较大、开裂破坏较严重。建议对这些岩脉（断层）采取必要的工程措施进行加固处理。

5 结 论

（1）在正常工况下，坝体向下游位移基本对称，变位正常；在强降阶段，坝体位移变化较小；随着超载倍数的增加，右拱端变位明显增大，并最终呈现出右拱端变位大于左拱端的不对称现象。

（2）在正常工况和强降阶段，两坝肩及抗力体变位均较小，随着超载倍数的增加，变位增长显著，变位总体呈现向下游变位，右坝肩变位大于左坝肩变位的规律。

（3）右坝肩破坏区域主要为β4（f5）、f65与f85切割的近拱端楔形体破坏严重；左坝肩破坏程度及范围不如右坝肩严重，破坏区域主要为β8（f7）、f99和f54切割的近拱端楔形体破坏严重；建基面以下β4（f5）、β43（f6）及β8（f7）对坝基变形的影响较大。

（4）综合分析试验成果，强度储备系数 $K_S = 1.25$，超载安全系数 $K_P = 4.0 \sim 4.5$，坝肩综合稳定安全系数 $K_{SC} = K_S \times K_P = 5.0 \sim 5.6$。

（5）根据模型破坏形态和破坏区域，建议对右坝肩β4（f5）上游侧至拱肩槽岩体、左坝肩β8（f7）上游侧至拱肩槽岩体及坝基岩脉（断层）β4（f5）、β43（f6）、β8（f7）采取相应工程措施进行加固处理。

参考文献

[1] 潘家铮，何璟. 中国大坝 50 年[M]. 北京：中国水利水电出版社，2000.

[2] 彭程，钱钢粮. 21 世纪中国水电发展前景展望[J]. 水力发电，2006，32（2）.

[3] 张林，陈媛. 水工大坝与地基模型试验及工程应用[M]. 北京：科学出版社，2015.

[4] 周维垣，陈兴华，杨若琼，等. 高拱坝整体稳定地质力学模型试验研究[J]. 水利规划与设计. 2003，（1）：15-20.

[5] 周维垣，林鹏，杨强，等. 锦屏高边坡稳定三维地质力学模型试验研究[J]. 岩石力学与工程学报，2008，27（5）：893-901.

[6] 杨宝全，张林，陈媛，等. 锦屏一级高拱坝整体稳定物理与数值模拟综合分析[J]. 水利学报，2017，48（2）：175-183.

[7] 袁闻，徐青，陈胜宏，等. 边坡稳定分析的三维极限平衡法及工程应用[J]. 长江科学院院报，2013，30（04）：56-61 + 84.

[8] 任青文. 非线性有限单元法[M]. 南京：河海大学，2003，10.

[9] 梁艺，舒仲英. 基于 ANSYS 有限元法的鲜店拱坝坝肩裂隙处理方案研究[J]. 水资源与水工程学报，2016，27（06）：141-145 + 152.

[10] 董建华，谢和平，张林，等. 大岗山双曲拱坝整体稳定三维地质力学模型试验研究[J]. 岩石力学与工程学报，2007（10）：2027-2033.

[11] 丁泽霖，张林，姚小林，等. 复杂地基上高拱坝坝肩稳定破坏试验研究[J]. 四川大学学报：工程科学版，2010，42（06）：25-30.

三、工程施工

大岗山水电站出线竖井穹顶开挖施工技术

雷 宏

（中国水利水电第七工程局有限公司，四川 成都 610081）

【摘 要】大岗山水电站出线竖井穹顶类比国内地下洞室穹顶，具有施工高度高、穹顶断面小、地质条件差且不具备使用大型设备施工条件等特点。通过优化施工程序、控制开挖施工方法及加强随机、超前支护方案，确保了穹顶开挖成型和施工安全。

【关键词】穹顶；程序；开挖方法；安全

1 概 述

1.1 工程概况

大渡河大岗山水电站位于四川省雅安市石棉县挖角乡境内大渡河中游干流上，电站总装机容量 260 万千瓦。引水发电建筑物由电站进水口、4 条压力管道、地下厂房、主变室、尾水调压室、尾水隧洞、尾闸室及尾水出口等组成。

两条出线竖井平行布置在主变室下游侧，开挖断面 φ9.7 m，竖井下部通过出线平洞 C 与主变室相连；上部通过出线平洞 A、B 与开关站连接，通过厂坝联系洞与 3#隧洞相通。出线竖井上部布置在出线平洞 A 段两端，出线竖井顶部结构形式为圆弧球型穹顶，穹顶顶部开挖高程为 EL1180.73 m，距离出线平洞顶拱 14.98 m。出线竖井 EL1154.11 以上立面布置图见图 1。

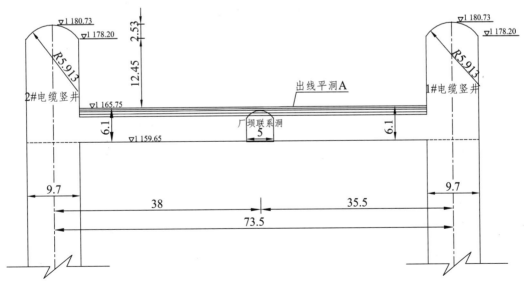

图 1 出线竖井 EL1154.11 以上立面布置示意图（单位：m）

1.2 地质条件

出线竖井上部围岩主要为灰白色、微红色中粒黑云二长花岗岩（γ24-1），局部穿插辉绿岩脉。全强风化花岗岩及断层破碎带为Ⅴ类岩体，围岩不稳定；弱风化上段花岗岩为Ⅳ类围岩体，围岩不稳定，弱风化下段花岗岩为Ⅲ类岩体，围岩局部稳定性差；微新花岗岩，呈次块状-镶嵌结构，以Ⅳ、Ⅴ类围岩为主，围岩稳定性差。

2　施工特点

根据国内其他水电站地下洞室穹顶开挖施工经验，一般穹顶断面较大采用增设一条施工支洞开挖至穹顶顶部，再采用大型设备从穹顶顶部往下分层开挖支护的施工方法。结合大岗山出线竖井穹顶设计和地质情况，主要有如下施工特点：

（1）施工高度高，根据相邻洞室的空间布置情况，难以增设一条施工支洞进入穹顶顶部，增加了穹顶的开挖难度。

（2）断面较小，由于穹顶为球体，断面越小下钻越困难并且控制钻孔深度难度大，开挖时容易造成较大超挖。

（3）地质条件较差，以Ⅳ、Ⅴ类围岩为主，开挖易造成塌方，安全隐患大。

3　施工方案

3.1　开挖施工程序

出线竖井穹顶总体施工程序为：①出线平洞 A 延长段开挖→②φ4.0 m 反导井开挖支护→③穹顶开挖支护→④穹顶以下井身扩挖支护。出线竖井 EL1154.11 以上开挖程序图见图 2、3。

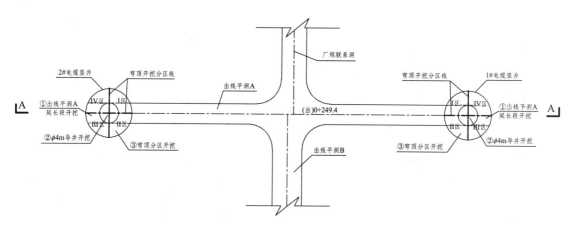

图 2　出线竖井 EL1154.11 以上开挖程序平面图

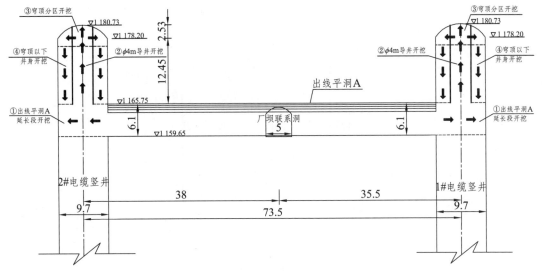

图3 出线竖井 EL1154.11 以上开挖程序立面图

（1）出线平洞 A 延长段开挖，将出线平洞 A 全断面延伸至竖井内，并直至竖井对边井壁，出线平洞 A 延长段开挖中心长度为 9.7 m。延长段开挖至对边井壁最后一茬炮时要根据测量现场放样，计算出每个孔的深度保证对边井壁的开挖质量。

（2）φ4.0 m 导井开挖采用自下而上反导井施工程序。导井布置在竖井中心部位，导井开挖分为 6 层，采用逐层开挖支护逐层搭设施工脚手架施工平台施工。

（3）穹顶开挖程序分为 4 个大区进行开挖，大区开挖按照顺时针方向（Ⅰ区→Ⅱ区→Ⅲ区→Ⅳ区）开挖，若现场围岩情况如岩石较破碎则调整为跳槽对称开挖，以确保穹顶的稳定。每个大区又细分为 3 个小区，小区开挖按照由里至外（Ⅰ1→Ⅰ2→Ⅰ3）的程序施工。出线竖井穹顶开挖分区图见图4、5。

（4）穹顶以下井身扩挖在穹顶开挖支护完成后，采用自上而下分层开挖，层高 3.0 m。井身扩挖为保证施工人员自上而下进入工作面的安全，将扩挖又分为上、下半幅开挖，按照先上半幅后下半幅。

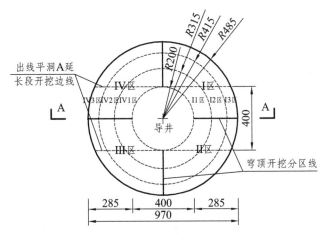

图4 出线竖井穹顶开挖分区平面示意图

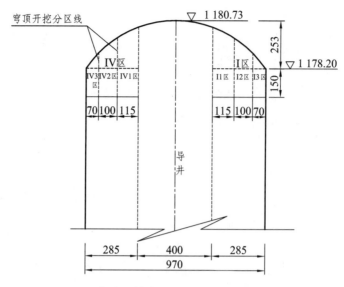

图 5　出线竖井穹顶开挖分区立面示意图

3.2　开挖施工方法

出线竖井穹顶开挖重点、难点是反导井和穹顶的开挖。开挖施工过程中遵循"新奥法"即"预支护、短进尺、弱爆破、及时支护、早封闭、勤量测"的原则进行施工。

（1）φ4.0 m 反导井开挖采用人工搭设脚手架顶部铺设马道板，形成简易施工平台，YT28 手风钻造孔，中空直眼菱形掏槽的爆破方法。导井开挖层高 2.5 m，进尺 2.4 m，分为 6 层；导井开挖最后一茬炮中部孔适当超深 30 cm，基本形成掌子面近似圆弧，剩余厚度保证在 50 cm 左右，利于导井上部穹顶开挖。导井开挖爆破后必须选择有经验的排险人员对导井内松动的岩石进行处理，处理完成后方能进行下个循环的施工，对导井内岩石较破碎的部位及时进行随机喷砼和随机锚杆施工，保证施工人员的安全。

（2）出线竖井上部穹顶开挖根据穹顶球形体同心圆同高程的原理，采用"球面控制网作图法"绘制开挖布孔图，分区、弱爆破及多循环施工控制球面的成型。穹顶开挖高度为 2.53 m，开挖半径为 5.913 m，开挖分为导井上部穹顶中部开挖和导井外侧穹顶开挖。

① 导井上部穹顶中部开挖，在导井开挖还剩余 50 cm 开始进行穹顶中部开挖，采用穹顶圆心中心向心布孔，共布置 5 排孔，一次性爆破成型，穹顶中部开挖完成后及时系统支护施工保证穹顶的稳定。

② 导井外侧穹顶开挖，开挖都为向心扇形方向布孔，尽可能按照球面切线方向布置炮孔，按照炮孔深度不大于 1.2 m，间距不大于 60 cm 的原则进行布孔。顶部光爆孔，为方便开钻考虑技术性超挖 20 cm，穹顶开挖为方便后续井身开挖下钻，开挖至起拱线下 1.5 m。穹顶扩挖都采用人工搭设脚手架上至工作面，排险及清渣人员都必须从未开挖侧上去且必须选择有经验的排险人员，保证施工的安全。出线竖井穹顶开挖布孔图见图 6、7。

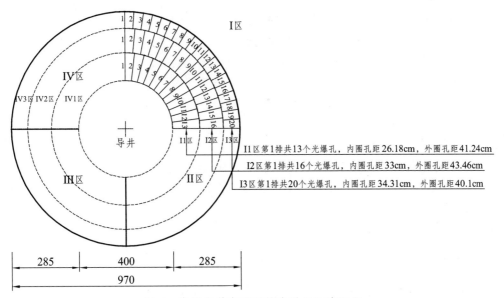

图 6　出线竖井穹顶开挖布孔平面布置图

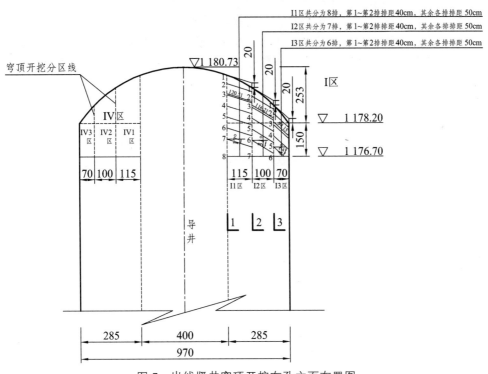

图 7　出线竖井穹顶开挖布孔立面布置图

3.3　特殊部位施工方法

出线竖井穹顶围岩以Ⅳ、Ⅴ类为主，围岩稳定性差，易发生掉块和塌方。除采用常规的施工方法外，还采取超前锚杆和超前小导管等超前支护措施。

1）超前锚杆

尤其是穹顶部位开挖遭遇断层及岩脉很容易造成塌方，施工人员又无法躲避，安全风险非常大。针对穹顶部位及断层优选用超前锚杆进行支护；中部穹顶开挖剩余 50 cm 厚度时预先对穹顶部位进行超前锚杆，保证穹顶顶部的稳定，此部位锚杆直接向心造孔。两侧穹顶超前锚杆沿开挖轮廓线，以 10°～15°外插角，向开挖面前方安装锚杆，形成对前方围岩的预锚固，在提前形成的围岩锚固圈的保护下进行开挖、出渣等作业。超前锚杆长度根据导井开挖尺寸选用 $\Phi 25$，$L = 4.5$ m（中部穹顶部位，锚杆造孔深度为 5.0 m）和 $\Phi 25$，$L = 3$ m（两侧穹顶部位，锚杆在穹顶开挖线以外提前施工）。

　　2）超前小导管

穹顶顶部开挖揭露岩石破碎，裂隙发育选用超前小导管预注浆施工。选用 $\phi 42$ 有缝钢管，管长 3.5 m。在管段中间部分（头部 0.2 m，尾部 1.5 m 范围除外），梅花形钻 $\phi 8$ 的出浆孔，孔距 0.2 m；用麦斯特锚杆注浆机压注水泥浆。

4 结 语

大岗山出线竖井穹顶施工关键在于反导井和穹顶的开挖。反导井开挖必须选择有经验的施工人员对井内危石及松动岩块进行处理，并及时进行随机支护施工，确保施工安全。穹顶开挖首先做好穹顶顶部的超前支护施工，在确保穹顶稳定的条件下再采用"球面控制网作图法"绘制布孔图，分区、弱爆破及多循环施工控制球面的成型。目前，出线竖井穹顶开挖支护严格遵循"新奥法"顺利施工完成，开挖过程中未出现塌方等安全事故，超挖均控制在规范范围内。

大岗山高拱坝混凝土施工温控措施研究

黄 浩

（中国葛洲坝集团股份有限公司，湖北 武汉 430033）

【摘 要】大岗山水电站坝区温差大，日照强，处于地震烈度较高的地区，拱坝高且混凝土方量大，达到 320 万立方米，控制水化热的散发和温度变化对混凝土结构整体性影响是施工中极其重要的一环。本文针对上述情况，介绍了大岗山水电站拱坝工程温度控制措施。

【关键词】混凝土；高拱坝；温控措施

1 工程概述

大岗山水电站位于大渡河中游上段的四川省雅安市石棉县挖角乡境内，为大渡河干流规划调整推荐 22 级方案的第 14 梯级电站。工程枢纽建筑物由混凝土双曲拱坝、水垫塘、二道坝、右岸泄洪洞、左岸引水发电建筑物等组成。最大坝高 210.00 m，电站装机容量 2 600 MW（4×650 MW）。

拦河大坝为混凝土双曲拱坝，坝高 210 m、大坝从左到右分成 29 个坝段，坝段宽度从 21～23 m 不等，大坝坝体温控混凝土总量约 320 万立方米，混凝土单仓最大面积约 1 600 m²（含贴脚），坝体混凝土采用不设纵缝的通仓薄层连续浇筑、短间歇、均匀上升的施工工艺。本工程混凝土浇筑规模大、强度高，且对质量、温控和外观有很高要求，大坝混凝土施工按全年温控考虑。

大渡河流域地形变化十分复杂，流域内气候差异很大。按气候区划，上游属川西高原气候区，中下游属四川盆地亚热带湿润气候区。同一气候区，气候垂直变化明显，有"一山四季"的特点。但流域气温和降水总的变化趋势是由北向东南增高和增加。据石棉县气象站 1961—1990 年资料统计，多年平均气温 16.9 ℃，极端最高气温 39.2 ℃，极端最低气温 –3.9 ℃，多年平均年蒸发量 1 637.5 mm（20 cm 蒸发皿），多年平均相对湿度 69%，多年平均风速 2.3 m/s，多年平均年降水量 801.3 mm，历年最大日降水量 108.6 mm，年平均降水日数 143 d。

2 相关技术参数

拱坝混凝土温度控制的目的是控制温差，防止温度裂缝，并按照施工进度要求在规定时间内将坝块混凝土温度降到接缝灌浆温度。大岗山拱坝混凝土温度控制相关技术要求如下。

1）容许温差见表1。

表1　混凝土容许基础温差

部　　位	容许基础温差/°C
陡坡坝段（1#、2#、28#、29#）	13
除陡坡坝段外（3#～27#）	14

2）容许最高温度（见表2）

表2　混凝土容许最高温度

部　　位	容许最高温度/°C
基础强约束区	27
基础弱约束区	27
自由区	30

3）容许上下层温差（≤16°C）

4）控制拌和楼出机口温度（见表3）

表3　大坝混凝土出机口温度　　　　　　　　　　　　单位：°C

部　　位	月份/月			
	1	2	3～11	12
基础强约束区	10	10	7	10
基础弱约束区	10	10	7	10

5）混凝土浇筑温度

混凝土浇筑温度≤12°C，应采取综合措施，确保混凝土最高温度满足设计要求；当浇筑仓内气温高于23°C时，应进行仓面喷雾，直至混凝土终凝，以降低仓面环境温度，要求雾滴直径达到40～80 μm。

6）内外温差

控制混凝土内外温差≤16°C；评价标准为：浇筑块在内部温度传感器测点测量的平均温度与外部温度传感器测点测量的平均温度之差；冬季长间隙的浇筑层面应采用必要的保温措施。

7）相邻块高差控制

拱坝混凝土浇筑要求坝体连续均匀上升。除监理人另有指示外，相邻浇筑块高差不大于12 m，整个拱坝上升最高和最低坝段高差控制在30 m以内；孔口坝段允许最大悬臂高度为45 m，非孔口坝段允许最大悬臂高度为60 m。

3　混凝土温度控制计算及分析

3.1　混凝土水化热公式选取

参考其他工程混凝土绝热温升试验，选取与大坝混凝土相同胶泥材料（主要是水泥）掺量的绝热温升公式，见表4。

表 4　选用公式的混凝土胶泥材料与设计配合比比较表

混凝土品种		$C_{180}36$		$C_{180}30$		$C_{180}25$	
		三	四	三	四	三	四
设计配合比	胶材用量/(kg/m³)	257.6	222.6	228.9	197.7	206	178
	水泥品种	42.5	42.5	42.5	42.5	42.5	42.5
	水泥用量/(kg/m³)	180.3	155.8	160.2	138.4	144.2	124.6
公式所参考配合比	胶材用量/(kg/m³)	221		208		196	
	水泥品种	中热 42.5		中热 42.5		中热 42.5	
	水泥用量/(kg/m³)	177		146.2		136	
公式		$\theta = \dfrac{30.15\tau}{3.90+\tau}$		$\theta = \dfrac{28.75\tau}{1.652+\tau}$		$\theta = \dfrac{26.81\tau}{0.586\,2+\tau}$	

3.2　混凝土出机口温度及浇筑温度计算

为使大坝混凝土的浇筑温度控制在规定范围内，从而控制混凝土的最高温升，混凝土出机口温度应保持低于浇筑温度。大岗山大坝混凝土拌和系统离左岸 1135 供料线平台较近，采用运输汽车转运混凝土，然后由容量为 9.6 m³ 的缆机吊罐吊运入仓，从出机口到达浇筑仓面约需要 30 min，混凝土温升一般在 0.6 ~ 5 ℃。设计要求规定，混凝土出机口温度 3—11 月份控制在 7 ℃，其余月份控制在 10 ℃。

按照上述温控措施条件下的浇筑温度，温控措施包括，仓面喷雾、出机口温度为 7 ℃ ~ 8 ℃，喷雾效果以降低平均温度 5 ℃ 计。

混凝土入仓温度和浇筑温度的计算，由于混凝土采用自卸汽车、缆机等常规的方式入仓，可以按下述公式计算：

$$T_{B,P} = T_0 + (T_a - T_0)(\theta_1 + \theta_2 + \cdots + \theta_n)$$

式中　$T_{B,P}$——混凝土入仓温度（℃）；

$\quad\quad T_0$——混凝土出机口温度（℃）；

$\quad\quad T_a$——混凝土运输过程的气温（℃）；

$\quad\quad \theta_i(i=1,2,3,\cdots)$——有关的系数，其数值为：混凝土装、卸和转运，每次 $\theta_1 = 0.032 \times n$，

$\quad\quad\quad\quad$ 从拌和楼下料到自卸车，从自卸车下料到缆机吊罐，共转运 2 次；

$\quad\quad\quad\quad \theta_1 = 0.064$。混凝土运输时，$\theta_2 = At = 0.002 \times 30$ min。

依照上述公式，在运输过程中，存在拌和楼转料和往吊罐转料，共转料两次，混凝土运输时间平均取 30 min，则上述公式可写成：

$$T_{B,P} = T_0 + 0.124(T_a - T_0)$$

根据不同部位，不同出机口温度要求，分月计算入仓温度。

混凝土的浇筑温度计算式为：

$$T_P = T_{B,P} + 0.003\,\tau\,(T_a - T_{B,P})$$

式中　T_P——混凝土浇筑温度（°C）。

τ——浇筑平仓振捣到上层覆盖前的全部时间，分别为 180 min、240 min。

根据上述公式，计算出分月混凝土浇筑温度如表 5。

表 5　混凝土入仓温度和浇筑温度　　　　　　　　　　　单位：°C

项　目	1	2	3	4	5	6	7	8	9	10	11	12
多年平均水温	6.9	8.6	11.7	14.5	15.7	16.2	16.7	17.8	16.2	13.8	10.5	7.6
多年平均气温	8	9.7	14.3	18.4	21.3	22.4	24.5	24.3	20.8	17.4	13.1	9.1
混凝土自然拌和温度	9.0	10.8	15.4	19.1	22.1	23.1	25.3	25.1	21.7	18.5	14.2	10.2
混凝土出机口控制温度	自然	自然	7	7	7	7	7	7	7	7	7	自然
出机口温度控制时浇筑温度（240 min）	8.3	10.0	10.9	11.7	14.2	15.0	16.6	16.5	13.8	11.5	11.6	9.4

注：考虑仓面喷雾，没有覆盖隔热被。

根据上述计算结果，除 12—翌年 2 月份自然拌和自然浇筑混凝土时，其浇筑温度满足基础强约束区的要求外，其他月份均不能满足要求。对于强约束区和弱约束区的混凝土，3—11 月份除满足出机口温度为 7 °C 外，仓面实施喷雾＋覆盖隔热被，才可以满足控制浇筑温度在 12 °C 以内。

3.3　混凝土内部最高温度计算

由于混凝土采用通仓浇筑，拱冠梁基础块连贴脚长度达到 65 m 长宽比约为 3，强约束区对混凝土约束作用较大，为防止因温差造成的约束应力过大，设计技术要求规定，在基础约束区的混凝土从最高温度降至灌浆温度的总温差不能超过 14 °C，即约束区最高温度为 27 °C；自由区最高温度为 30 °C。

混凝土浇筑块的最高温度与混凝土的热学性能、浇筑温度、浇筑块升程高度、冷却水管的布置间距、浇筑块表面散热及间隙时间、养护方式、气温以及制冷水温度和流量等都有很大的关系。由于浇筑块平面尺寸大大超过浇筑层厚度，计算混凝土早期最高温度忽略浇筑块侧面散热的影响。

混凝土内部最高温度计算取值：外界温度取月平均气温、养护水取月平均水温，冷却通水的水温取 12 °C，冷却水管长度为 300 m。

按《混凝土拱坝设计规范》中有关要求进行计算，其中自然散热时采用单向差分法计算，有初期通水冷却时，按《混凝土拱坝设计规范》附录 C 中方法，将单向差分法计算与规范附录 C 中 C.1.5 条中的一期通水冷却计算相结合进行。即采用差分法计算一期通水冷却及层面散热和水泥水化热共同作用下混凝土温度按以下公式计算，计算结果见表 2 和表 4。

$$T_{n,\tau+\Delta\tau} = T_{n,\tau} + \frac{a_c\Delta\tau}{\delta^2}(T_{n-1,\tau} + T_{n+1,\tau} - 2T_{n,t}) + \Delta\theta_\tau + \Delta T_i$$

$$\Delta T_i = (1-X)\left(\frac{T_{mi-1} + T'_{mi}}{2} - T_w\right)$$

式中 $X = e^{-a_i^2 b^2 a\Delta t/b^2}$，为塑料水管冷却系数；

ΔT_i ——为某一计算时段冷却水管通水降低的温差（℃）；

T_{mi} ——前一时段坝块实际平均温度（℃）；

T'_{mi} ——次一时段坝块因自然散热和水泥水化热影响形成的平均温度（℃）；

$\Delta\theta_t$ ——计算时段混凝土绝热温升增量（℃）；

a_c ——混凝土导温系数（取 0.003 471 m²/h）；

δ ——计算点间距，由 $\dfrac{2a_c\Delta\tau}{\delta^2} = \dfrac{1}{2}$ 来确定点间距；

$T_{n,\tau+\Delta\tau}$ ——计算点计算时段的温度（℃）；

$T_{n,\tau}$ ——计算点前一时段的温度（℃）；

$T_{n-1,\tau}$，$T_{n+1,\tau}$ ——与计算点相邻的上下两点在前一时段的温度（℃）。

表6　混凝土内部最高温度表　　　　　　　　　　单位：℃

层厚/m	混凝土	1	2	3	4	5	6	7	8	9	10	11	12
1.5	A	20.4	22.1	21.6	20.7	23.5	24.2	25.1	25.0	23.3	20.2	21.0	18.7
	B	18.9	20.5	20.4	20.0	22.4	23.3	24.5	24.3	22.1	21.7	19.8	17.8
	C	18.3	20.0	19.9	19.5	22.0	22.7	23.9	23.8	19.3	18.7	19.3	17.0
2.0	A	22.6	24.3	23.7	22.9	25.4	26.1	27.1	27.1	25.2	24.8	23.1	21.2
	B	21.7	23.4	22.8	22.2	24.7	25.5	26.9	26.8	24.4	24.0	22.3	19.6
	C	21.0	22.7	22.1	21.5	24.1	24.8	26.0	25.9	23.8	24.5	21.4	18.6
3.0	A	26.0	27.1	26.4	25.3	28.0	28.5	29.4	29.4	27.7	27.3	25.8	22.4
	B	25.3	27.0	26.2	25.1	27.6	28.3	29.2	29.1	27.3	27.0	25.5	20.7
	C	24.4	26.1	25.3	24.2	26.7	26.3	28.4	28.4	26.4	26.2	24.7	19.5

上述计算是在仓面没有考虑仓面覆盖情况下的计算结果

注：A、B、C表示混凝土分区。

计算时，考虑 A 区混凝土的冷却水管间距为 1.0 m×1.5 m，B、C 区冷却水管的布置间距为 1.5 m×1.5 m，低温季节 12 月—次年的 3 月通常温水，其他月份通制冷水，制冷水温为 12 ℃，仓面实施喷雾措施，降温幅度为 5 ℃，未考虑仓面覆盖隔热。

从表 6 中可以看出，当浇筑层厚为 1.5 m 时，对于 $C_{180}36$ 的混凝土，全年可以满足设计的最高温度要求，$C_{180}30$、$C_{180}25$（即 B、C 区）混凝土同样可以满足设计要求；当浇筑层厚为 2.0 m 时，$C_{180}36$ 的混凝土在 7、8 月份略超过设计的 27 ℃ 要求，$C_{180}30$、$C_{180}25$ 混凝土可以满足设计要求；当浇筑层厚 3.0 m 时，$C_{180}36$、$C_{180}30$ 的混凝土在 5—10 月份，内部最高温度超过设计值，$C_{180}25$ 混凝土在 7、8 月份超过设计值。

根据以上数据，大坝局部高应力区混凝土，尽可能避开 5—10 月份浇筑。上表计算值随浇筑时间越短而越小，因此，需要提高施工速度，缩短浇筑时间，配备足够的资源尽可能将混凝土的覆盖时间缩短。

4 混凝土温度控制措施

4.1 混凝土出机口温度控制措施

4.1.1 配合比的优化

优化混凝土的配合比，在满足设计要求各项指标的前提下，选用优质高效外加剂，减少胶凝材料的用量，从而降低胶凝材料的水化热温升，并且加强施工管理，提高施工工艺，改善混凝土性能，提高混凝土抗裂能力。

4.1.2 原材料温控

通过对原材料的温度控制来达到降低出机口温度的目的，原材料主要通过下述方法控制：水泥进罐前温度不得超过 65 ℃，拌和楼上水泥和粉煤灰进入拌和机前的温度不得超过 55 ℃，否则延长水泥和粉煤灰停罐时间，低线拌和系统骨料一次风冷的温度为 7 ℃，高线一次风冷骨料温度为 6 ℃，二次风冷的温度为 0~1 ℃，两拌和系统的片冰为 – 5 ℃，制冷水 4~6 ℃。

骨料的储量满足连续 3 d 以上的生产量，并且保证砂子脱水充分，含水率不超过 6%。粗骨料在骨料罐内堆高一般为 8~9 m，尽可能安排在夜间和低温时间送料和转料，粗骨料在筛分中冲洗干净，充分脱水，为加冰加冷水提供余地。

通过对原材料的温控控制，以及加冰和加制冷水来控制出机口温度，是出机口温度满足设计要求，出机口温度控制按照表 2-3 的标准执行。

4.2 混凝土运输及浇筑过程温控措施

为减少预冷混凝土温度回升，严格控制混凝土运输时间和仓面浇筑坯层覆盖前的暴露时间，混凝土运输机具设置保温设施，并减少转运次数，使高温季节预冷混凝土自出机口至仓面浇筑坯被覆盖前的温度满足浇筑温度要求。

降低混凝土浇筑温度主要从降低混凝土出机口温度和减少运输途中及仓面的温度回升两方面考虑，而混凝土在运输和浇筑中，其主要在浇筑仓面温度回升。混凝土通过汽车运输混凝土，根据拌和楼和缆机的生产能力，以及仓面浇筑的情况，合理安排汽车数量，避免在仓外阳光下待车；汽车运送混凝土多装快跑，运输车辆安装遮阳棚，运输途中拉上遮阳棚。拌和楼前安装喷雾装置，对回程空车喷雾降温。

4.2.1 混凝土运输过程温度控制

为降低混凝土在运输过程中的温度回升，加快混凝土的入仓速度，以减少运输过程中的温度回升，高温季节主要采取以下措施。

1）拌和楼前进行喷雾降温

在拌和楼前 10~25 m 长的道路两侧设喷雾装置，喷雾导管略高于车厢，以形成雾状环境，对回程车厢喷雾降温。喷雾管供水压力一般为 0.4~0.6 MPa，供风压力 0.6~0.8 MPa。

2）混凝土运输车运线的温度回升控制

加强管理，强化调度，合理安排运输车辆数量，尽量避免混凝土运输过程中等车卸料现象，缩短运输时间并减少混凝土倒运次数。

高温季节，混凝土运输车辆及吊罐采用隔热措施。运混凝土的车顶部搭设活动遮阳篷，车厢两侧设保温层，以减少混凝土温度回升。必要时，混凝土运输车辆用水冲洗降温，严禁使用后箱排尾气的汽车运送混凝土；吊罐设置保温隔热层，以防在运输过程中受日光辐射和温度倒灌，减少温度回升，降低混凝土运输过程中的温度回升率。

4.2.2 混凝土浇筑过程温度控制措施

降低混凝土浇筑温度主要从 3 个方面来控制：出机口温度、减少运输途中温度回升、减少仓面温度回升。为减少预冷混凝土的温度回升，高温季节浇筑混凝土时在仓面喷雾，以降低仓面环境气温；同时，在施工中加强管理，优选施工设备，尽可能采用机械化操作，严格控制混凝土运输时间和仓面浇筑坯覆盖前的暴露时间，加快混凝土入仓速度和覆盖速度，降低混凝土浇筑温度，从而降低坝体最高温度。具体措施如下：

（1）在高温季节混凝土入仓后及时平仓，及时振捣，缩短混凝土坯间暴露时间。

当高温季节或高温时段仓面面积较大时，可用 2～3 台缆机同浇一仓；尽量缩短混凝土坯间暴露时间，并辅以仓面隔热设施，即在下料的间歇期，用 2.0 cm 厚的聚乙烯卷材覆盖隔热，降低仓面内混凝土温度回升，控制浇筑温度。

（2）合理安排开仓时间，高温季节浇筑时，尽可能避开高温时段浇筑，将混凝土浇筑尽量安排在早晚和夜间施工。

（3）仓面喷雾降温。

高温季节浇筑混凝土时，外界气温较高，为防止混凝土初凝及热量倒灌，采用喷雾机喷雾降低仓面环境温度，喷雾时保证成雾状，避免形成水滴落在混凝土面上。喷雾机安放在周边模板或仓面固定支架上，架高 2～3 m 并结合风向，使喷雾方向与风向一致。同时根据仓面大小选择喷雾机数量，保证喷雾降温效果。喷雾机选择时，对其性能要求：雾滴直径达到 30～50 μm，射程 30 m 以上。

（4）混凝土面覆盖隔热被：高温季节浇筑混凝土过程中，加强表面保湿隔热措施。混凝土浇筑过程中，随浇随覆盖保温被，即振捣完成后及时覆盖隔热保温被。根据计算，2.0 cm 厚的聚乙烯卷材即可满足设计要求的覆盖后等效放热系数 $\beta \leqslant 10$ kJ/（m²·h·℃）。混凝土收仓后至流水养护前，亦覆盖 2.0 cm 厚聚乙烯卷材隔热，减少温度倒灌。通过上述措施可将浇筑温度控制在要求的范围内。

4.3 混凝土通水冷却措施

设计文件要求，对于大体积混凝土内有接缝灌浆、接触灌浆等部位均埋设冷却水管，大坝有混凝土盖重固结灌浆部位，冷却水管垂直拱坝径向方向布置，其水平间距为 1.5 m，垂直间距为 1.0 m，采用内径 28～32 mm 的钢管。

其他部位冷却水管管材采用内径 28～32 mm 的 HDPE 塑料水管，选用的冷却水管满足表 7 中的要求。

表 7　冷却 HDPE 塑料水管指标

项　目		单　位	指　标
导热系数		kJ/（m·h·℃）	≥6.0
拉伸屈服应力		MPa	≥20
纵向尺寸收缩率		%	<3
破坏内水静压力		MPa	≥2.0
液压试验	温度：20 ℃ 时间：100 h 水管水压力：3 MPa		不破裂 不渗漏

仓内冷却水管按照以下原则布置：

（1）坝内埋设的蛇形水管一般按 1.5 m（水管垂直间距）×1.0 m（水管水平间距）和 1.5 m（垂直间距）×1.5 m（水平间距）布置（基础混凝土第一层也埋设冷却水管），当浇筑层厚 3.0 m 时，陡坡坝段在 1.5 m 的中间铺设一层水管，埋设时水管距上游坝面 1.0 m、距下游坝面 1.0～1.5 m，水管距接缝面、坝内孔洞周边 0.8～1.0 m。通水单根水管长度不大于 300 m。坝内蛇形水管按接缝灌浆分区范围结合坝体通水计划就近引入下游坝面。水管做到排列有序，做好标记记录。并注意立管布置间距，确保立管布置不过于集中，以免混凝土局部超冷。按设计技术文件要求水管间距一般不小于 1 m。管口朝下弯，管口长度不小于 15 cm，并对管口妥善保护，防止堵塞。所有立管均引至下游坝面，且确保不过于集中，立管管间间距不小于 1.0 m。

（2）为防冷却水管在浇筑过程中受冲击损坏，吊罐下料时控制下料高度，一般控制下料高度尽量小，并不直接冲击冷却水管，以免大骨料扎破水管。

（3）若蛇行管为铁管，在弯管与直管段接头处加焊 φ6 mm 短钢筋与仓面固定，并采取有效措施防止冷却水管被钻孔打断。

（4）冷却水管在仓内拼装成蛇形管圈。用"U"形卡或铁丝铁钉将塑料管固定在混凝土仓面上，埋设的冷却水管不能堵塞，并清除表面的油渍等物。管道的连接确保接头连接牢固，不得漏水。对已安装好的冷却水管须进行通水检查，安装好的冷却水管覆盖一坯混凝土后即进行初期通水，如发现堵塞及漏水现象，立即处理。在混凝土浇筑过程中，注意避免水管受损或堵塞。

4.4　混凝土表面养护

根据设计文件要求，上下游面和孔洞等保温使用 3.0～5.0 cm 厚的聚苯乙烯泡沫板，因此选用 3.0～5.0 cm 厚的聚苯乙烯泡沫板，作为永久面和横缝面的保湿材料。

保温材料厚度根据混凝土拱坝设计规范的公式计算：

$$h = k_1 k_2 \lambda_s \left(\frac{1}{\beta} - \frac{1}{\beta_0} \right)$$

式中　λ_s——保温材料热导系数；

　　　β_0——不保温时混凝土表面放热系数，取 15W/（m²·K）；

h——保温板厚度；

k_1——风速修正值，取 1.6；

k_2——潮湿程度修正系数，取 1.0。

聚苯板导热系数

$$\lambda = 0.033 \, \text{W/} \, (\text{m} \cdot \text{K}) = 0.119 \, \text{kJ/} \, (\text{m} \cdot \text{h} \cdot {}^\circ\text{C})$$

$$h = 1.6 \, \text{cm}$$

2.0 cm 厚聚苯乙烯泡沫板能够满足要求，选用招标文件提供聚苯乙烯泡沫板厚度为 3 ~ 5.0 cm，作为上下游及孔洞等永久性表面保温材料。

聚苯板保温材料由粘结剂、聚苯板、防水涂料组成；聚苯板使用于混凝土永久面。

5 结 语

大岗山水电站拱坝混凝土浇筑已完成 270 万立方米，至今还未发现有危害性的裂缝，混凝土质量获得了国内外专家一致好评，说明混凝土温度控制措施是恰当的。在进行混凝土通水冷却系统建设时，配置足够的制冷容量，并科学地维护冷机生产效率，是温度控制的前提和保障。一旦制冷容量不足将造成混凝土温升偏高，相应温度应力升高，对混凝土不利。本工程在对混凝土冷却过程进行灵活控制，在必要的时候进行超冷，但超冷的程度应充分论证，以确保混凝土冷却温差控制在安全的范围内。

参考文献

[1] 四川省大渡河大岗山水电站拱坝混凝土温度控制技术要求（A 版）.

[2] 龚召熊. 水工混凝土的温控与防裂[M]. 北京：中国水利水电出版社，1999.

[3] 朱伯芳. 拱坝设计与研究[M]. 北京：中国水利电力出版社，2002.

大岗山水电站拱坝坝肩边坡稳定性防治施工

李继跃　　刘经军

（中国葛洲坝集团股份有限公司，湖北　武汉　430033）

【摘　要】 针对大岗山水电站右岸坝肩边坡大规模失稳块体，采取动态设计、裂隙追踪、实时监测等技术，以多种加固方法相结合进行综合治理，确保边坡整体稳定，满足高拱坝坝肩开挖要求。

【关键词】 高拱坝；坝肩；深层裂隙处理

1　概　述

大岗山水电站位于大渡河中游上段的四川省雅安市石棉县挖角乡境内，为大渡河干流规划的第 14 梯级电站。坝址距下游石棉县城约 40 km，距上游泸定县城约 75 km。工程枢纽建筑物由混凝土双曲拱坝、水垫塘、二道坝、右岸泄洪洞、左岸引水发电建筑物等组成。最大坝高 210.00 m，电站装机容量 2 600 MW（4×650 MW）。

右岸边坡天然情况下整体稳定。根据地表地质调查及勘探资料揭示，大岗山电站右岸岩质边坡中存在中倾坡外和陡倾坡内的长大结构面。由于陡倾坡内的长大结构面（F1、γL5、γL6 等）斜交岸坡，将构成潜在不稳定块体的后缘兼下游侧边界，中倾坡外的卸荷裂隙、小断层构成潜在滑移面，上游侧边界将追踪垂直岸坡的陡倾结构面，由此构成确定性的潜在不稳定块体。大坝基础开挖施工过程中表层阻滑岩体被挖除，拱坝坝肩边坡由于开挖卸荷、深层裂隙等原因，在上、下游 100~200 m 范围内，出现高度约 200~300 m，方量一般为 200 万~300 万立方米的整体可能失稳块体及从几万到几十万立方米的一系列的局部可能失稳块体，大坝施工被迫停止。经检测分析发现，导致边坡失稳的主要裂隙在岩体深处，原设计施工的锚索系统对此未能起到加固作用。

2　坝肩边坡稳定性防治施工

2.1　设计方案

工程设计、勘测、施工等参建单位在现场勘测的基础上研究确定了坝肩边坡处理方案：采用布置抗剪洞、锚固洞为主，以水平抗滑桩结合锚索、排水、灌浆等综合处理措施进行边坡整体加固，其中地面工程措施有喷锚支护、锚索、混凝土框格梁、边坡排水网格等，地下工程主要包括地下锚固洞、抗剪洞、抗滑桩、斜井及灌浆等。

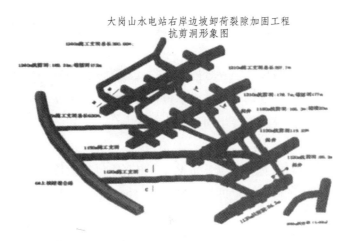

图 1   大岗山右岸边坡抗剪洞工程布置图

2.2   施工技术

地面防治措施采用常规施工方法，本文主要介绍地下工程抗剪洞、水平抗滑锚固桩[1, 2]施工技术。

2.2.1   抗剪洞、水平抗滑锚固桩开挖施工方法

大岗山水电站抗剪洞、水平抗滑锚固桩采用钻爆开挖与系统支护进行施工，下三层抗剪洞、水平抗滑锚固桩开挖日进尺不超过 2.0 m，上三层抗剪洞、水平抗滑锚固桩开挖日进尺不超过 1.5 m，开挖完成后，进行系统支护，完成后再进行下循环。

开挖断面为 8.0 m × 9.0 m 城门洞型，在开挖施工过程中，主要岩石类别为 Ⅳ、Ⅴ 类围岩，花岗岩发育的灰绿岩岩脉较多，时常会出现由霏细斑岩构成的碎裂岩碎粉岩，属岩块岩石屑型。掌撑面出露的 f231 断层宽度为 0.2 ~ 0.4 m，断层两盘岩性主要为灰白色、微新、无卸荷，呈现块状，镶嵌结构和岩屑夹泥型，岩石组成存在碎裂岩，碎粉岩，霏细斑，出现的 β4 辉绿岩宽度可达 10.0 m 甚至更大。洞内渗水严重，时常出现掉快等情况；且卸荷裂隙较多，时常因岩石自身应力被破坏出现的岩石胀裂现象，给现场施工带来极大的安全隐患，造成开挖施工难度加大，严重制约施工进度。经现场工程技术人员实地踏勘，采用"短进尺强支护、超前支护"代替常规系统支护进行施工，保证开挖施工质量和施工期施工安全。

2.2.2   抗剪洞、水平抗滑锚固桩混凝土施工

1）一期混凝土施工程序及方法

抗剪洞、水平抗滑锚固桩一期混凝土施工必须在水平抗滑锚固桩洞身开挖基本结束才能进行。主要的施工程序：清基→测量放样→基础面验收（或缝面）→模板施工→钢筋施工→预埋件施工→仓位验收→混凝土浇筑→混凝土养护。

一期回填混凝土采用 C25 中热微膨胀混凝土，混凝土浇筑段长为 1 ~ 15 m，可根据现场实际施工需要进行调整，分为底板、侧墙、顶拱三层进行浇筑施工。水平抗滑锚固桩混凝土

施工底板厚度 2.5 m，边墙仓高度 3.0 m，顶拱段高 1.85 m；浇筑后形成 3.0 m×3.5 m 的梯形断面灌浆廊道。

凝土浇筑施工方法：底板由内至外分段清基→底板建基面验收→底板钢筋制安、模板制安→仓位验收→边墙及顶拱钢筋制安→立模承重排架搭设→模板安装→混凝土运输、泵送混凝土入仓→混凝土浇筑→拆模、混凝土面处理、养护。

2）二期回填混凝土程序及方法

二期回填混凝土采用 C25 低热微膨胀混凝土，混凝土浇筑段长为不小于 15 m，可根据现场实际施工需要进行调整，分为两层进行浇筑施工。抗剪洞、水平抗滑锚固桩可分为混凝土上层仓高度 2.0 m，下层仓高 1.5 m。

抗剪洞、水平抗滑锚固桩混凝土浇筑段长为 12~15 m 可根据现场实际施工需要进行调整，一段进行浇筑，可分为上下两层进行浇筑施工，洞内二期回填混凝土总体施工方法为从内向外进行回填混凝土施工，每仓混凝土按照底层→上层的顺序进行施工。

混凝土浇筑施工方法：底板由内至外分段清基→底板建基面验收→底板钢筋制安、模板制安→仓位验收→边墙及顶拱钢筋制安→立模承重排架搭设→模板安装→混凝土运输、泵送混凝土入仓→混凝土浇筑→拆模、混凝土面处理、养护。

2.2.3 裂隙追踪技术

常规水平抗滑锚固桩、斜井开挖施工，都是按照施工图设计施工，为静态设计。由于大岗山水电站工程地质的特殊性，水平抗滑锚固桩、斜井开挖支护施工需追踪卸荷断层裂隙进行施工，根据开挖揭露的断层裂隙走向确定水平抗滑锚固桩、斜井开挖位置和方向，为动态设计。这种动态设计理念及施工方式经济、合理、灵活、适用。

抗剪洞、水平抗滑锚固桩、斜井裂隙追踪开挖每一循环掌子面，设计人员都要对其进行勘察，判断裂隙断层的位置和方向。如何更好地找到裂隙断层，按照裂隙断层的位置和方向进行施工，保证开挖进度，需要在长期施工过程中进行摸索和总结。抗剪洞、水平抗滑锚固桩、斜井每一循环开挖完成具备掌撑面勘察条件时，施工单位及时通知监理、设计进行地质勘察，设计地质工程师使用地质勘察仪器进行勘测，确定下一循环的洞向。

1）仪器确定围岩情况及洞向

在现场设计要对其掌撑面的裂隙断层进行数据采集，使用罗盘来确定围岩的产状，以地质锤敲打进行定性，采用钢卷尺测量岩脉的尺寸，例如：1 240 m 抗剪洞 K0 + 3.0 m ~ K0 - 3.0 m 段，开挖揭示岩体为弱风化下段、强卸荷微红色黑云二长花岗岩，发育两条断层：f 1240 - 26，产状 N60°W/SW∠65° ~ 70°，断层带宽 5 ~ 10 cm，由碎裂岩、片状岩屑型。花岗岩主要发育 4 组裂隙：SN/E70° ~ 75°，N70° ~ 90°E/SE（NW）∠75° ~ 85°，L1：N60° W/SW∠65° ~ 70°，L2：SN/W∠55°，岩体呈块裂结构，Ⅳ类围岩。XL316 - 1 产状 N15°E/SE∠65°，宽 4.5 ~ 6.0 m，起伏粗糙，张开 1 ~ 2 cm。

施工单位测量人员采用全站仪将设计所需点进行现场实测，将数据提供设计，以便确定卸荷裂隙断层位置，设计以现场工作联系单位的形式，确定抗剪洞洞向如图2、图3所示。

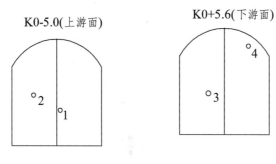

1. X=3 259 321.957, Y=520 819.03, Z= 1 243.23
2. X=3 259 323.28, Y=520 815.92, Z= 1 244.20
3. X=3 259 311.41, Y=520 816.52, Z= 1 244.38
4. X=3 259 312.97, Y=520 814.39, Z= 1 248.60

图 2　掌撑面断层裂隙图

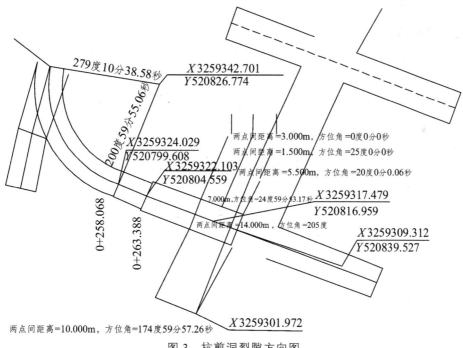

图 3　抗剪洞裂隙方向图

2）勘探追踪

抗剪洞裂隙断层追踪开挖过程中，时常遇到裂隙断层不明显，就选择采用勘探洞进行超前勘探裂隙断层。勘探洞主要目的：了解附近的地质情况、观测与地质编录内容，以及确定探裂隙断层。例如：1 240 m 抗剪洞 K0 + 19 m 掌撑面上的 XL361 – 1 卸荷裂隙密集带在 1 240 m 抗剪洞高程延伸及其性状，在此掌撑面布置一个勘探洞，洞径为 2.0 m × 2.0 m，先进行勘探洞开挖，其开挖完成后再根据设计进行抗剪洞上游侧主洞开挖。每进尺 10 m 通知设计代表到现场收集资料，如图4所示。

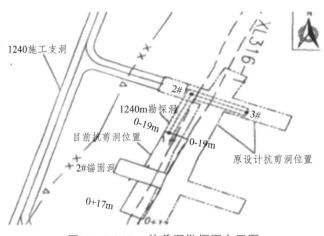

图4 1 240 m抗剪洞勘探洞布置图

2.3 监测方法

2.3.1 监测方案

地面锚索使用锚索测力计进行检测，它运用动力学原理，由锚固段的地层抗力和锚索拉力得到滑坡剩余下滑值。抗剪洞、水平抗滑锚固桩、斜井一般在抗滑桩上设置测斜管，对抗滑桩的侧向位移进行监测，据以计算得到锚固段的地层抗力。

为更好保证对水平抗滑锚固桩施工期安全和后期安全稳定，使用微震安全监测技术进行安全监测，根据微破裂的大小、集中程度、破裂密度，推断岩石宏观破裂的发展趋势，从而预测预报边坡失稳前兆，以指导水平抗滑锚固桩开挖施工。为确保边坡稳定采用变形监测、外观监测、抗剪洞、水平抗滑锚固桩、斜井施工期采用爆破安全监测、微震安全监测的综合监测手段保证边坡稳定。

2.3.2 微震安全监测技术

微震安全监测技术原理：由于岩质边坡属于类脆性材料，在内部发生岩石微破裂的时候，外观位移一般都较小，随着岩石破裂的增多，其释放的能量也逐渐增大，在大的滑面形成之前，一般都会在潜在滑面周围形成大量微破裂，通过仪器监测这些微破裂信号就可以反演岩体微破裂发生的时刻、位置和性质，即地球物理学中所谓的"时空强"三要素。根据微破裂的大小、集中程度、破裂密度，则有可能推断岩石宏观破裂的发展趋势，从而预测预报边坡失稳前兆。

每层抗剪洞、水平抗滑锚固桩施工时，爆破前的预警是必要的，不管是哪条抗剪洞、水平抗滑锚固桩进行施工，其他相邻洞室都应停止施工，撤离所有的施工作业人员。在这过程中，往往影响了抗剪洞、水平抗滑锚固桩施工进度，这就需要合理的施工组织。

在洞室钻爆开挖施工时，根据微震事件发生和集中程度，微震技术监测可以精确到坐标误差不超过±1.0 m，能监测到哪一时段震动事件多或不断增多，及时进行预警，指导抗剪洞、水平抗滑锚固桩洞室作业面及时调整钻爆参数，达到微震事件不超标，保证施工安全。

3 结 语

在大岗山水电站大坝基础开挖施工中，针对高拱坝左坝肩边坡的不稳定因素，采取动态设计、裂隙追踪、实时监测等技术，顺利完成了多层大断面水平抗滑桩、抗剪洞等治理工程施工。以水平抗滑桩、抗剪洞和喷锚、锚索支护、灌浆加固等常规方法结合，对大坝右岸坝肩边坡大规模失稳体进行了有效的综合治理，满足了高拱坝坝肩稳定及结构要求，促进了大岗山水电站工程的建设进展。大岗山水电站高拱坝坝肩边坡稳定性防治施工，在如下方面有所突破。

（1）水平抗滑桩规模大：抗剪洞尺寸为 8.0 m×9.0 m，水平抗滑锚固桩断面为 7.5 m×6.0 m，最大长度为 52 m，且为多层布置，如此规模的水平抗滑锚固桩在国内水电工程中十分罕见。

（2）在抗剪洞、斜井、水平抗滑锚固桩开挖施工中采用裂隙追踪方式，这种动态设计方式突破了常规的静态设计理念。

（3）在国内首次将微震安全监测技术应用到了抗剪洞、水平抗滑锚固桩施工中。

目前我国水电资源开发主要在西部山区，水电工程建设中高边坡较多，大岗山水电站高拱坝边坡稳定性治理的成功实践，可为日后类似工程施工提供有益的借鉴和参考。

参考文献

[1] 杜先兴，杨勇.西藏林芝八一电厂后山抗滑锚固桩工程施工中所采取的措施[J].四川地质学报，2001，21（1）：48-49.

[2] 邢焕兰.锚固（索）桩加固顺层石质路基工作性状的研究[J].石家庄铁路职业技术学院学报，2005，4（2）：1-5.

大岗山水电站水垫塘边墙圆弧段硅粉混凝土施工工艺

刘 斌

（中国水电八局，四川 成都）

【摘 要】大岗山水电站水垫塘断面采用复式梯形断面，水垫塘 933.00 m 高程～930.00 m 高程为半径 $R = 5$ m 圆弧段，表面 50 cm 范围内采用 $C_{90}50$ 抗冲耐磨硅粉混凝土。通过现场试验比选，采用定型钢模早拆模抹面施工工艺。本文主要就圆弧段改性硅粉混凝土定型钢模早拆模抹面施工工艺流程和重点控制工序进行阐述，为以后类似的工程提供参考。

【关键词】水垫塘；圆弧段；施工工艺

1 工程概况

大岗山水电站为大渡河干流规划中的 22 个梯级的第 14 个梯级电站。水电站正常蓄水位 1 130.0 m，总库容为 7.77 亿立方米，电站装机容量为 2 600 MW。水电站挡水建筑物采用混凝土双曲拱坝，消能建筑物采用水垫塘和二道坝。

水垫塘断面采用复式梯形断面，混凝土底板顶高程 930.00 m，厚 4 m。水垫塘 933.00 m 高程以上边墙厚 3.0 m，边墙坡度为 1∶0.5。水垫塘 933.00 m 高程～930.00 m 高程为半径 $R = 5$ m 圆弧段，表面 50 cm 范围内采用 $C_{90}50$ 抗冲耐磨硅粉混凝土，50 cm 以下范围采用 $C_{90}30$ 混凝土。

2 工程特点

水垫塘面层 50 cm 抗冲耐磨硅粉混凝土为过流面，不平整度要求 ≤6 mm（2 m 直尺检查），并应磨成 ≤1∶20 的斜坡，施工质量要求高，控制难度大。

硅粉混凝土早起水化反应加快，弹性模量增大，而徐变和应力松弛减小，加之对气温的变化较为"敏感"，对确定拆模时间和抹面工艺影响较大。

溢横 0 + 19.44 m～0 + 23.86 m、EL930.0 m～EL933.0 m 为 $R = 5.0$ m 的圆弧段，立模难度大，施工难度大。

抗冲耐磨硅粉混凝土要求与常态混凝土一同浇筑，硅粉混凝土与常态混凝土层间结合不允许做施工缝处理。

距硅粉混凝土表面 60 cm 处布置 Φ25@20 cm 钢筋网，距混凝土表面 15 cm 处梅花形布置 Φ20@100 抗冲磨层插筋，加之仓面施工用筋多，这个混凝土的入仓、振捣带来了很大难处。

3 施工工艺比选

圆弧段硅粉混凝土模板方案决定了施工的成败。模板方案初选有定型钢模＋模板布，小型钢模早拆模抹面，定型钢模早拆模抹面三种，并对三个方案进行现场试验。

3.1 定型钢模＋模板布方案

采用自制弧长 $L_1 = 5.8$ m、模板长 $L_2 = 1.5$ m 定型钢模，模板表面粘贴模板布的方式进行模板安装，浇筑完成待混凝土具备拆模条件后进行拆模。该方案的缺点：弧长 $L = 5.55$ m 定型钢模单块模板质量约 400 kg，不方便立模，施工难度大；模板拼装完成后，间隙较大，不利于质量控制；模板布无法满足引气、排气的要求，拆模后硅粉混凝土表面存在大面积的蜂窝麻面，局部出现架空现象。故将此方案否定。

3.2 小型钢模早拆模抹面方案

采用 P1015 和 P3015 的小型钢模拼装，通过设置样架筋控制立模的精确度，同时预留混凝土下料口。待混凝土完成浇筑初凝具备拆模条件，同时具备抹面条件时，进行拆模抹面工作。该方案的缺点：全部采用 P1015 和 P3015 小型钢模，模板制安和异性围楞工程量大；仓面拉模筋多，拆模后有待割除的拉模筋头多，增加了拆模后抹面的难度，质量控制难度大。故将此方案否定。

3.3 定型钢模早拆模抹面方案

将自制弧长 $L = 5.8$ m 定型大钢模拆分为 $L = 0.725$ m 定型小钢模，通过设置样架筋控制里面精度。同时在 930.82 m 高程设立施工缝，分 2 次完成 930.00 m ~ EL933.0 m 硅粉混凝土施工。采用套筒螺杆拉模筋，进行模板安装，待拆模后只需将套筒拧出，填补原浆即可。待混凝土完成浇筑初凝具备拆模条件，同时具备抹面条件时，进行拆模抹面工作。该方案满足施工要求，固采用此方案。

3.4 硅粉与常态混凝土分界方案

为了防止低强度等级混凝土进入高强度等级混凝土中，保证硅粉混凝土的浇筑厚度，依附距混凝土面 60 cm 处钢筋网，采取预留自然坡进行硅粉混凝土与常态混凝土隔离。通过试验可知能够满足设计和施工要求，同时也存在硅粉混凝土超用的情况，超用量为 11.29%。

3.5 硅粉混凝土复振次数方案

针对圆弧段硅粉混凝土排气泡难的特点，需要对混凝土进行全面的复振。通过试验发现：复振 1 次的硅粉混凝土与复振 2 次的混凝土区别不大，均能满足设计规范要求。固边墙圆弧段硅粉混凝土复振次数采用 1 次。

4　施工关键技术

边墙圆弧段硅粉混凝土施工难度大，施工质量要求高。在施工过程中要不断优化施工方案，提高现场的管理，通过控制关键施工工序和关键技术以达到控制整体施工质量满足业主和设计的要求。

（1）模板制安。圆弧段模板安装的精确度是控制施工质量，保证表面平整度符合设计要求最为关键的工序之一。在模板安装过程中，需要测量进行全程跟踪、检查样件筋的高程是否存在偏差，发现存在偏差需要及时调整。

（2）拆模时间的控制。拆模时间的控制决定了抹面的施工质量。拆模时间过早，硅粉混凝土在自重的影响下发生变形，体型难以控制；拆模时间过晚，硅粉混凝土已经完全初凝，已经错过最佳抹面时间，不具备抹面条件。

（3）硅粉混凝土养护。硅粉混凝土浇筑完成、拆模后应及时进行养护。合理的养护和温控措施是保证硅粉混凝土在强度增长期间不出现裂缝的关键工序。

5　施工工艺

本工程主要施工工艺：测量放样→底板练强筋安装→施工缝面处理→模板、钢筋制安→圆弧段样架筋安装→圆弧段模板安装→混凝土浇筑→平仓、振捣→拆模、抹面→养护。

5.1　立　模

圆弧段硅粉混凝土采用定型钢模早拆模施工工艺，面层定型钢模的制安是控制圆弧段硅粉混凝土体型的关键。仓面两侧采用定型钢模 + 小钢模（P1015、P3015、P6015）拼装，局部采用散板补缝。侧面的模板一次性完成 EL928.0 m～EL933.0 m 安装，相应部位的 W 形紫铜止水片以及复合橡胶止水片的加工和预埋均按施工规范要求进行。

硅粉混凝土面层定型钢模安装分 2 次完成，第一次安装高程 EL930.0 m～930.82 m，第二次安装高程为 930.82 m～EL933.0 m。模板底部间距 1.5 m 布置 Φ28 钢筋作为样架筋，样架筋的制安完成后经过校核高程合格后方能进行模板安装，钢模背楞采用 Φ25 钢筋弯制即可。定型钢模安装完成后，采用全站仪进行校核，不符合要求部位需进行调整。钢模接缝严密不漏浆，以保证有足够的原浆进行拆模后的抹面的。如图 1 所示。

5.2　浇　筑

混凝土采用 25 t 自卸汽车做水平运输，混凝土运输路线为：低线混凝土拌和系统→左岸交通道路→下基坑临时道路→水垫塘基坑，平均运距为 1.2 km。抗冲耐磨混凝土比较黏稠，出机后应尽量缩短运输中转时间。靠山体侧常态混凝土采用预先安装好的溜筒进行混凝土入仓。硅粉混凝土采用门机配合 3 m³ 卧罐直接卸料至卸料口，卸料过程中应多人配合，缓慢匀速的将混凝土料卸出。

在浇筑过程中，不管是晴天、阴天，还是晚上，都必须要求仓面喷雾，保持浇筑面湿度。温度较高时或出现阵雨，安装防雨棚进行遮阳挡雨，保证浇筑温度满足设计要求。浇筑过程中需要做好防晒（覆盖保温被防止高温灌入）。如图 2 所示。

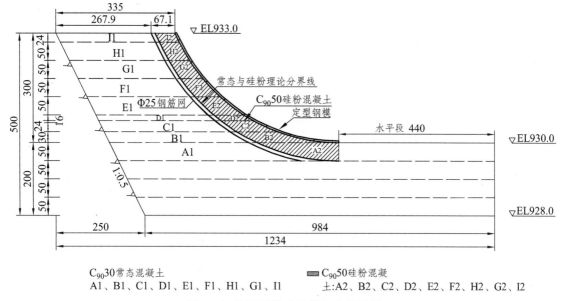

图 1　边墙圆弧段硅粉混凝土分层图

$C_{90}30$常态混凝
A1、B1、C1、D1、E1、F1、H1、G1、I1

▨$C_{90}50$硅粉混凝
土:A2、B2、C2、D2、E2、F2、H2、G2、I2

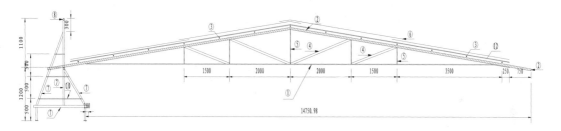

图 2　边墙圆弧段硅粉混凝土雨棚结构图

5.3　振　捣

$\phi100$ 插入式振捣棒的振捣与普通混凝土振捣大体一致,在时间上比普通混凝土适当延长,振捣时间一般为 1～1.5 min,使内部空气全部排出,至混凝土不下沉,开始泛浆为止。

待整个条带硅粉混凝土振捣($\phi100$ 插入式振捣棒)完成后,间隔 30 min(具体时间需要根据具体情况气温、浇筑速度等进行调整)进行$\phi100$ 插入式振捣棒进行复振,复振次数为 1 次即可。

5.4　抹　面

水垫塘边墙硅粉混凝土抹面是控制表面平整度的重要工艺之一。由专业抹面人员在抹面平台上用木抹子初步压平,再用钢抹子进行抹面收光。抹面共进行二次完成。其中第一次抹面至关重要,绝大部分抹面工作应在第一阶段完成,尤其是对于平整度的处理。第二次抹面主要是对已经干缩混凝土进行抹平、收光,提高其外观质量。抹面时禁止在发干的混凝土面表洒水,及时安排每次抹面时间,掌握混凝土表面的初凝情况,充分利用原浆抹光压实。

拆模时间距混凝土复振完成 3 h 后进行。第一次抹面的最佳时间是该条带拆模完成后,即刻进行抹面工作。第二次抹面的最佳时间是在第一次抹面后 30～45 min 进行。第三次抹面的最佳时间是在第二次抹面后 20 min 进行。第一次抹面主要是抹光、初平、压实、控制平整度，第二、三次抹面主要是收光。因混凝土的硬化速度与混凝土本身的坍落度和浇筑时的气候（温度、日晒情况等）密切相关，具体抹面时间应根据混凝土浇筑过程中的实际情况进行调整。具体时间见表 1。

表 1　拆模、抹面时间表

序号	工序名称	间隔上一工序	距离混凝土下料时间	备　注
2	振　捣	0 h	0 h	整平、赶出气泡
3	拆　模	3.0 h	3.0 h	可适当调整
4	第一次抹面	0～5 min	3.1 h	抹光、初平、压实
5	第二次抹面	30～45 min	3.6～3.8 h	收　光
6	第三次抹面	20 min	4.0～4.2 h	收　光

5.5　养　护

根据改性硅粉混凝土（掺硅粉）特性，其早期收缩较大，应特别加强早期湿养护，防止产生早期塑性开裂。在改性硅粉混凝土浇筑过程中，在浇筑块两边各布置了 1 台喷雾机，始终保持了仓面喷雾，以保证仓面混凝土的湿度。硅粉混凝土抹面完成 4 h 后开始铺设土工布，表面洒水保持湿润状态。18 h 后（最后一块混凝土相对抹面时间）开始挂花管，表面铺设土工布进行淋水养护。养护时间不小于 28 d。为防止施工过程中人为损坏已完建的改性硅粉混凝土表面和防止寒潮冲击产生裂缝，在养护期后，仍需进行严格的表面保护。养护时间见表 2。

表 2　混凝土养护时间表　　　　　　　　　　单位：h

序号	工序名称	距离混凝土下料时间	备　注
1	喷　雾	8 以内	根据仓面气温选择
2	铺土工布洒水保湿	8～24	
3	铺土工布淋水	24 以后	

6　施工质量保证措施

（1）在浇筑抗冲磨混凝土前 5～7 d，由技术部做好部门和工区的技术交底，并参与现场施工人员的班前技术交底，充分做好技术交底工作。

（2）结合现场实际情况认真编排仓面设计，由项目部总工程师审核后呈报监理工程师批准后，按照仓面设计要求组织施工。、

（3）开仓浇筑前，确认相关部门和工区已经做好充分准备，每一工序的责任人和每一记录项的责任人报于技术办进行统计，并张贴与施工现场。

（4）在施工过程中，有质量办主任或技术办主任进行现场盯仓，及时指导和纠正施工中存在的问题，提高施工质量。

7 总 结

水垫塘左右岸边墙圆弧段抗冲耐磨硅粉混凝土施工难度大且施工质量要求高。根据现场试验比选，采用小定型钢模早拆模抹面施工工艺，通过以上措施和参数进行控制，同时根据现场实际情况进行微调，保证了圆弧段硅粉混凝土施工质量。施工过程中重点控制：圆弧段模板的安装精确度、圆弧段模板的拆模时间、硅粉混凝土的养护，同时通过提高现场管理水平，提高了硅粉混凝土施工质量。

大岗山水垫塘圆弧段硅粉混凝土平整度满足设计要求，外观质量漂亮，施工质量达到优良。定型钢模早拆模抹面施工工艺对圆弧段硅粉混凝土工程的质量保证和提高起到了关键性的作用，值得在类似工程中进行推广。

参考文献

[1] 陈涛. 小湾水电站水垫塘抗冲耐磨混凝土施工技术[J]. 水力发电，2009，35（6）：25-27.

[2] 罗飞跃. 水垫塘抗冲磨混凝土施工技术研究[J]. 湖南水利水电，2009（5）：23-27.

[3] 楚鹏程，王国平. 溪洛渡水电站水垫塘反弧段混凝土施工工艺[J]. 甘肃水利水电技术，2012，48（02）：56-58.

[4] 林宝玉，蔡跃，波余熠. 高强硅粉抗磨蚀混凝土开裂的成因及防治[J]. 混凝土，2000（7）：11-14.

四、其　他

聚脲喷涂施工技术在拱坝上的应用

顿 江

（中国葛洲坝集团第二工程有限公司，四川　成都　610091）

【摘　要】混凝土是一种由砂石骨料、水泥、水及其他外加材料混合形成的非均质性的脆性材料，混凝土产生裂缝其原因是多方面的。为大坝运行安全，对拱坝上游面裂缝和拱坝横缝进行喷涂聚脲保护，同时为减小泄洪期间在动水作用下对游坝面裂缝的不利影响，对下游坝面水下裂缝进行喷涂聚脲保护。本文就喷涂聚脲保护进行分析探讨，以供业内人士参考借鉴。

【关键词】拱坝；聚脲喷涂；施工技术

1　工程概况

水电站位于四川省凉山彝族自治州木里县和盐源县交界处的雅砻江大河湾干流河段上，是雅砻江下游从卡拉至河口河段水电规划梯级开发的龙头水库，距河口 358.0 km，距西昌市直线距离约 75.0 km。本工程采用堤坝式开发，主要任务是发电。水库正常蓄水位高程 1 880.00 m，死水位高程 1 800.00 m，正常蓄水位以下库容 77.65 亿立方米，调节库容 49.1 亿立方米，属年调节水库。电站装机 6 台，单机容量 600 MW。混凝土双曲拱坝坝顶高程 1 885.00 m，最大坝高 305.0 m，顶拱中心线弧长 552.23 m，拱冠梁顶厚 16.0 m，拱冠梁底厚 63.0 m。

2　混凝土产生裂缝的原因

裂缝是混凝土常见的病害之一，混凝土产生的裂缝原因比较复杂，主要原因还是由于混凝土内部应力和外部荷载作用以及温差、干缩等因素作用下形成的。

3　选用原则

聚脲喷涂特点是固化速度快，曲面、立面、顶面连续喷涂不流挂，对湿气、温度不敏感，热稳定性好，优良的耐腐蚀性能，能经受绝大多数化学介质的侵蚀，优良的物理性能，对各类底材均具有良好的附着力，100%固含量、无 VOC、无污染绿色材料；耐候性好，不粉化，不龟裂；涂层无接缝，外表光顺，高耐磨是炭钢的 10 倍。

聚脲喷涂用途主要用于石油、石化、油田、化工等行业的化工设备及附属设施，大型化工储罐、原油罐、酸洗槽、电镀槽、炭化塔、盐水罐、蒸发池、舰船甲板及舱室地面、海上钻井平台、跨海大桥、混凝土储罐、车间地坪、发电厂冷却塔、污水处理池、储酒罐、食品和制药车间墙地面的防护等。

主要性能指标固含量 100%，凝胶时间 10 s，拉伸强度 14 MPa，断裂伸长 300%，撕裂强度 45 kN/m 硬度（邵 A）85～90，耐磨性（阿克隆法）≤120 mg，冲击强度（kg·cm）50，附着力（拉开法）≥8 MPa（钢、铝等）砼≥3～6 MPa，闪点 >100 ℃，密度 0.95～1.1 g/cm³，耐介质性能 见说明书，干燥时间（25 ℃）1 min 之内表干 10 min 即可达到使用强度，厚度根据设计要求而定（一般做 1～1.5 mm 厚），喷涂时间最长不超过 3 h 。

基层处理是在金属基层及喷砂除锈至 2.5Sa 级，并喷涂底漆。施工前应保证基层表面清洁、无油污、灰尘等杂质。砼基层必须干燥（并达到 28 天强度），无疏松杂质，如果砼基层潮湿首先喷涂 1～2 道封闭底漆，底漆固化后再进行喷涂施工。涂装方法使用亚布喷涂专用设备。包装规格 42 kg/桶、420 kg/桶。

在混凝土修补过程中，选择适合的修补材料可以预防水工混凝土在短时间内再次遭受破坏。喷涂聚脲施工技术对整体封闭式处理，聚脲喷涂在水工混凝土表面修补中的应用，喷涂聚脲防水涂料具有强度高、伸长率高、耐磨、抗冲击、附着力好、施工速度快、防水、防腐、防护性能优良等优点（其他工程的成功经验见图 1）。

图 1　工程使用喷涂聚脲施工技术形象图

4　施工手段

4.1　施工平台

坝段 EL.1 595～1 615 m 的裂缝及 1 615 m 以下的横缝,使用坝前排架实施聚脲喷涂施工。EL.1 615 m 以上坝面的裂缝及横缝,拟采用吊篮手段施工。

下游坝面 EL.1 661 m 以下的裂缝,拟在坝后施工栈桥上安置小型施工排架进行施工,施工排架严格按照《建筑物施工扣件式钢管脚手架安全技术规范》进行搭设,架子的数量需根据裂缝的多少而制定,因下游坝面裂缝普查工作尚未结束,裂缝数目不详,故仅对施工排架绘制示意图,且数量不定,示意图见图 2。连墙件采用 Φ10 mm 膨胀螺栓,拉筋采用 Φ10 mm 圆钢,一端与膨胀螺栓焊接,一端与立杆焊接,平台铺设承重竹跳板,作业平台外侧设计踢脚板并满挂密目网。

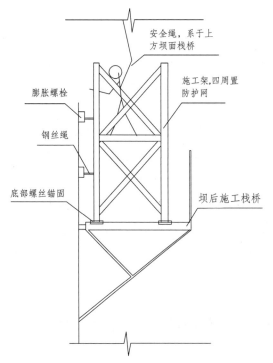

图 2　下游坝面聚脲喷涂施工排架安装示意图

4.2　施工用风、水、电

施工用风采用移动空压机供风；施工用水、电采用系统水电网，并就近供给。风压≥0.2 MPa；水压≥0.3 MPa；电压 380V。

5　工序流程

工序流程如图 3 所示。

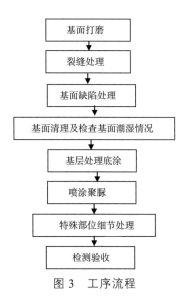

图 3　工序流程

6 施工工艺

6.1 基面打磨处理

施工之前必须对施工基面进行必要的处理和清洁。

1）表面杂质清理对象

表面杂质是指能潜在的影响突覆材料和混凝土的粘结、养护或带来相关使用问题的液体或固体。表面杂质主要有灰尘、盐析、水泥浮浆、脱模剂、油脂等。

2）表面杂质清理要求

混凝土或砂浆基面应达到指定龄期，基面应洁净、干燥和平整，无油脂、粉尘、污物、脱模剂、浮浆和松散的表层等，不得有明显的坑洞或突起。表面杂质应采用有效的方法彻底清除，避免影响坝面防渗材料与混凝土基层的粘结性能，表面清理完毕检查验收合格后方可进行后续施工。

3）表面杂质清理方法

使用专用打磨设备彻底清除混凝土表面杂物、突起和浮浆。混凝土表面杂质可采用高压水冲洗、真空吸尘和压缩空气吹洗、喷砂清理，以及化学清理等方法进行处理。对混凝土表面的灰尘、盐析、水泥浮浆等杂质，可采用高压水冲洗、喷砂清理、真空吸尘和压缩空气吹洗等方式进行清理。

对混凝土表面的脱模剂、油脂等杂质，可采用能将杂质除去的乳化剂或清洁剂清理，清理后应及时用洁净水进行冲洗。将混凝土表面打磨出来的灰尘以及杂物打扫干净，必要时使用吸尘器对混凝土表面进行一次彻底的清洁。

6.2 缺陷修补

1）表面缺陷处理范围

混凝土表面外露钢筋头、管件头、表面蜂窝、麻面、气泡密集区、错台、挂帘，表面缺损、表面裂缝等缺陷，均需修补和处理。

2）表面缺陷处理质量要求

混凝土强度不低于结构设计要求的强度等级。混凝土底材的剥离强度在处理后必须达到1.5 MPa以上。混凝土表面平整度无缺陷。

3）表面缺陷检查

混凝土表面缺陷应先认真检查，查明表面缺陷的部位、类型、程度和规模，并将检查资料报送监理人，修补方案经监理人批准后才能实施。

4）混凝土表面缺陷处理的一般要求

混凝土表面蜂窝凹陷或其他损坏的混凝土缺陷应按监理人指示进行修补，并做好详细记录。修补前必须用钢丝刷或加压水冲刷清除部分，或凿除缺陷混凝土，用水冲洗干净，采用比原混凝土强度等级高一级的砂浆、混凝土或其他填料填补缺陷处，并予抹平。修整部位应加强养护，确保修补材料牢固粘结，无明显痕迹。外露钢筋头、管件头等应全部切除至混凝土表面以下 20～30 mm，并采用预缩砂浆或环氧砂浆填补。

5）修补面处理

凸出于规定表面的不平整表面应当磨平。凹入表面一下的不平整表面应凿除，形成供填充和修补用的足够深的洞，对混凝土表面明显存在的缺陷使用 SP-7888 聚合物修补砂浆漆进行填补（表1）。该材料为环氧体系，涂层强度高，与混凝土和聚脲的粘结强度均能达到设计要求，并且可加入填充料使用，在基面缺陷过大时可在涂料中加入 20%～50% 的石英砂以增加涂料体系的填充能力，A∶B∶C = 3∶1∶1，其中 C 组分为石英砂。

石英砂应注意控制添加量，防止过量填充导致涂层强度降低，使涂层与基材的剥离强度小于设计要求。

表 1　SP-7888 聚合物修补砂浆漆性能指标

序　号	项　　目	单　位	性能指标
1	固体含量	%	≥80
2	干燥时间（表干）	h	≤4
3	干燥时间（实干）	h	≤24
4	粘结强度（标准状态）	MPa	≥3.0
5	粘结强度（浸湿后）	MPa	≥2.5
6	耐碱性，饱和 Ca(OH)$_2$ 溶液	—	168 h 无异常
7	不透水性	—	0.3 MPa，30 min 不渗漏
8	低温施工性	—	0～5 ℃ 正常施工

6.3　基面清理及检查

（1）缺陷修补完毕之后对基面进行打扫和清理，清除缺陷修补时残留在混凝土表面的多余聚合物修补砂浆漆。对各修补位置进行检查看有无遗漏货修补不到位之处。必要时，对缺陷修补位置进行粘结强度测试，检测该区域强度是否达到设计要求。

（2）使用"混凝土基面含水率测定仪"准确测定基面含水率。

6.4　基层处理底涂

当基面含水率不大于 7% 时，使用常规 SP-7887 高固含聚氨酯基层处理剂，但基面含水率大于 7% 时必须使用 SP-7887 高固含聚氨酯基层处理剂（潮湿专用），见表2。

按照 A∶B∶C = 20∶10∶6 的精确配比混合好，充分搅拌均匀，使用刮涂或辊涂的方式将涂料均匀施工于混凝土基材上，如混凝土基面平整度较差，可复涂一次。

表 2 SP-7887 高固含聚氨酯底漆性能指标

序 号	项 目	单位	性能指标
1	固体含量	%	≥98
2	干燥时间（表干）	h	≤4
3	干燥时间（实干）	h	≤24
4	拉伸强度	MPa	≥4.0
5	耐碱性，饱和 $Ca(OH)_2$ 溶液	—	168 h 无异常
6	不透水性	—	0.3 MPa，120 min 不渗漏
7	剥离强度（潮湿基材涂层，潮湿养护）	MPa	≥2.5
8	剥离强度（干燥基材涂层，干燥养护）	MPa	≥3
9	低温施工性	—	0～5 ℃ 正常施工

6.5 喷涂聚脲

聚脲材料采用广州秀珀·国电联合体（4 mm）（喷涂工艺）材料，材料性能见表 3。

表 3 喷涂聚脲材料性能指标（满足国标要求）

序号	项 目		技术指标
1	固含量/%	≥	98
2	凝胶时间/s	≤	45
3	表干时间/s	≤	120
4	拉伸强度/MPa	≥	16
5	撕裂强度/（N/mm）	≥	50
6	断裂伸长率/%	≥	450
7	低温弯折性/℃	≤	−40
8	不透水性/（0.4 MPa，2 h）		不透水
9	加热伸缩率/%	伸长 ≤	1.0
		收缩 ≤	1.0
10	粘结强度/MPa	≥	2.5
11	吸水率/%	≤	5.0
12	耐盐雾性		无锈蚀不起泡不脱落
13	耐油性		无锈蚀不起泡不脱落
14	耐液体介质		无锈蚀不起泡不脱落

聚脲喷涂施工工序为：

对施工现场周围不做聚脲喷涂的区域进行防护，以免聚脲喷涂施工产生的漆雾造成污染。喷涂前基面应保持干燥、清洁，保证基面温度高于 3 ℃。采用美国聚脲专业喷涂机及喷枪进行喷涂作业。喷涂作业时，喷枪垂直于喷涂基面，距离适中并匀速移动；按照先细部构造后整体的作业顺序，可一次或分多次喷涂至设计要求的厚度。

当两次喷涂时间间隔超过 12 h，再次喷涂前应在已有涂层表面涂刷聚脲专用搭接剂，搭接宽度应不小于 150 mm。喷涂过程中将喷涂机置于坝底安全稳定处，采用自上而下喷涂的方法，如喷枪与喷涂机高差过大，须将喷枪管以膨胀螺丝固定于坝面或其他可稳定固定处，以减小喷枪管自重对施工的影响。

6.6 喷涂聚脲收边处理

通过工艺性试验的探索，某拱坝坝面聚脲施工收边处理宜采用边缘逐渐减薄的方式，以便涂层能更好应对水流冲刷和流体的阻力。边缘渐薄对喷枪手的操作技能要求比较高，当喷枪手尚未掌握这一技巧时，可以采用管径 10 cm 的泡沫管进行收边，人为地让边缘涂层减薄。它是利用泡沫管的圆弧面弧度与基材之间的缝隙达到收边的效果，虽然减薄的坡度较大，收边宽度较小，但是也还是有一定的效果的（如图 4 所示）。不喷涂区域遮护可使用聚氯乙烯塑料布或者彩条布进行防护。

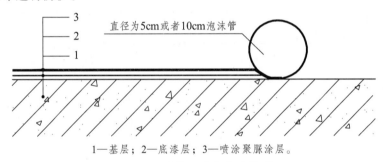

1—基层；2—底漆层；3—喷涂聚脲涂层。

图 4　聚脲涂层边缘收头处理

6.7 搭接处理

当两次喷涂时间间隔超过 6 h，再次喷涂前应在已有涂层表面 40 cm 范围内用钢丝刷或角磨机进行轻度打磨，保证原有防水层表面清洁、干燥、无油污及其他污染物，再涂刷聚脲专用层间搭接剂，并在 4～8 h 之内喷涂后续聚脲涂层，后续聚脲涂层与原有聚脲涂层搭接宽度至少 30 cm。

6.8 现场检测与质量检查

涂层施工完毕，养护 7 d 后应在监理的见证下对涂层随机取点进行厚度和粘结强度检测。

厚度检测：使用美国 defelsko Positector200 超声波测厚仪对涂层进行无损的厚度检测，厚度达不到设计要求的必须补喷聚脲，直至达到 4 mm 设计厚度为止。

粘结强度：根据《建筑防水涂料试验方法》，使用美国 defelsko Positector AT 液压式拉拔仪对涂层随机取点进行粘结强度测试，所有测试点粘结强度必须达到 2 MPa 以上或者基材拉裂，否则该涂层则视为不合格，必须进行返工处理。

7 资源配置

7.1 主要施工人员配置

根据工艺性试验的探索以及某拱坝坝面高空作业的实际情况，拟组织两套施工班组，采取施工人员轮流高空作业的形式。同一班组人员持续高空作业时间不得超过 4 h。具体人员岗位安排见表4。

表4 人员岗位设置

序 号	工 种	人 数	备 注
1	项目经理	1	持证上岗
2	施工队长（生产管理员）	1	持证上岗
3	喷枪手	4	持证上岗
4	打 磨	6	
5	底 漆	6	
6	电 工	2	
7	技 术 员	2	
8	专职安全员	2	
9	技术质检员	2	
10	杂 工	4	
11	吊篮操作员	1	

其中项目经理、施工队长和喷枪手必须持证上岗，喷枪手上岗证为中国建筑防水协会和国家建材行业职业技能鉴定站共同颁发的"喷涂聚脲防水技术岗位技能培训证书"。

7.2 主要投入设备配置

通过工艺性试验的探索，以及各厂家对聚脲施工的经验积累，本工程聚脲防水层施工采用美国 GRACO 公司的 H-XP3 聚脲喷涂机及配套 AP 喷枪，该设备能够提供：（1）平稳的物料输送系统；（2）精确的物料计量系统；（3）均匀的物料混合系统；（4）良好的物料雾化系统；（5）方便的物料清洗系统。

另外，由于本工程最大施工高度近百米，无法搭建脚手架，只可选择依靠吊篮施工。机械设备置于基坑底下的地面上，使用专用管道将材料送至指定施工位置，当施工高度过高时，在坝面合适的位置对管道进行固定。施工使用主要设备见表5。

表 5 主要设备情况表

1	设备名称	规格型号	数量	国别产地	额定功率	备注
2	聚脲喷涂机	H-XP-3	1	美国 GRACO	22 kW	备用 15 台
3	吊 篮	6 m	1	—	—	配备支撑臂
4	无气喷涂机	833	1	美国 GRACO	12 马力	汽油动力
5	工程车	—	1	—	2.5 t	
6	空压机	—	1	—	7.5 kW	
7	聚脲专用喷枪	FUSION	1	美国 GRACO		
8	油水分离器	—	1			
9	附着力检测仪	Positector AT	1	美国 defelsko	—	
10	超声波测厚仪	Positector200	1	美国 defelsko	—	
11	角磨机	博世	5	德国		

8 一般技术要求

所有施工材料必须在开工前两星期一次性进场，以方便进行第三方检测。进场时必须一并携带合格证和出厂检验报告。材料初步验收入库后，由监理见证抽取样品送第三方检测机构检测。

设置聚脲喷涂专职安全员一名，负责现场的施工安全管理和协调，包括坝顶施工情况的了解以及施工现场防护的检查，保障施工安全。设备操作人员应熟悉设备安全操作规程及应急措施；施工现场应远离明火，施工人员禁止吸烟；电气设备应有防爆装置，并配备相应的消防用品；眼睛的保护：喷涂过程中可能接触漆雾，应佩戴化学安全护目镜；呼吸系统的保护：漆雾对呼吸道有一定刺激性，施工人员在施工中应佩戴呼吸防护设备；佩戴橡胶手套、防护帽或连体防护服；在任何时候，任何情况下喷枪口不能对着人；施工中对吊篮进行随时监控检查，确保牢固。

电动吊篮安全使用维护保养措施：操作人员必须年满 18 周岁，无不适应高处作业的疾病和生理缺陷。酒后、过度疲劳、情绪异常者不许上岗。操作人员必须佩戴安全带、安全扣、安全帽、穿防滑鞋。进入吊篮后必须马上将安全带上的自锁钩扣在单独悬挂于建筑物顶部牢固部位的保险绳上。操作人员必须经过上岗培训，作业时必须佩带附本人照片的操作证。必须按检验项目检验合格后方可上机操作。使用中应严格执行安全操作规程。上吊篮操作人员必须在两名人员。操作人员发现事故隐患或者不安全因素，必须停止使用吊篮。出现管理人员违章指挥，强令冒险作业，有权拒绝执行。吊篮运行时严禁超载，平台内载荷应大致均布，ZLD-63 额定载荷 400 kg（以上载荷包括人体重）。出现雷雨、大雪、大雾、五级风以上不得使用吊篮。吊篮不宜接触腐蚀气体及液体，在不得已的情况下，使用时应采取防腐蚀隔离措施。正常工作温度为 − 20 ~ + 40 ℃，电动机外壳温度超过 65 ℃时，应暂停使用提升机。正常工作电压应保持在（380 ± 5）V 范围内，当现场电源低于 360 V 时，应停止作业。电动吊篮夜间禁止使用。操作前，应全面检查屋面悬挂机构焊缝是否脱焊和漏焊，绳扣、螺栓是否齐全、松动。配重数量是否足够、放置是否妥当。并有固定措施，防止滑落。悬挂机构两点间距与悬挂平台两吊点间距相等，其误差≤5 cm。悬吊平台按使用所需长度拼装成一体，各部连接螺栓应紧固。各焊接点的焊缝不脱焊和漏焊。禁止在悬吊平台内用梯子或其他装置取得较高工作高度。不准将电动吊篮作为垂直运输和载人设备使用。工作平台倾斜时应及时调平，两端高差不宜超过 15 cm。吊篮上下运行过程中，吊篮与墙面应相距 10 cm 以上，遇到墙面凸出障碍物时，作业人员应用力推墙，使吊篮避开。严禁对悬吊平台猛烈晃动、"荡秋千"等。必须经常检查电机、提升机运行时是否有异常噪声，过热和产生异味等异常现象。如有上述现象，应停止使用。发生故障时，必须立即通知专业维修人员处理。检查提升机正常的办法：将平台提升至离地 1 m 高，停止后应无滑现象，手动松开制动装置应能均速下降，其速度应小于 12 m/min。安全锁与提升机应可靠连接，无位移、开裂、脱焊等异常现象。安全锁在工作时应该是开启的，处于自动工作状态，无须人工操作。安全锁无损坏、卡死，动作灵活，锁绳可靠。空中开启安全锁，首先点动提升低侧吊篮平台使安全锁打开。在安全绳受力时，切忌蛮力扳动，强行开锁。

吊篮的常规检查和保养维护：为确保吊篮安全施工，必须建立由吊篮操作人员和专职人员相结合的常规检查和保养维护制度，确保吊篮的正常完好状态。新安装、大修及闲置一年或悬空停置二个月以上的吊篮，启用时必须有经过培训的专职人员经行使用前检查、验收后方可启用。检查内容：主要受力构件（悬吊平台、悬挂机构）有否永久变形，焊缝有否裂纹；构件拼装连接处紧固件有否失落或松动；悬挂机构是否安装稳妥，配重是否符合要求；钢丝绳是否严重锈蚀，有否松股、扭结或严重断丝，钢丝绳夹紧是否正确可靠；电器控制系统动作是否正常，安全装置是否有纹；安全锁动作是否灵活，开锁及闭锁功能是否正常；升、降（包含手动滑降）运行是否正常，电磁制动间隙是否符合要求；运行机件动作是否正常，有否运行受阻现象，有否异常噪声、电机发热或冒烟、焦味产生；减速箱及传动装置有否按要求加注或更换润滑油；有否按要求装妥限位块和钢丝绳重锤。

每天作业开始前必须有吊篮操作人员对吊篮经行日常检查，并做好记录，对吊篮的设备状态做出评价和处理。吊篮工作一定时间后，应进行定期检查，并做好检查记录。断丝、松股、弯曲等情况经行一次全面检查，如达到报废标准，应予报废更换。每工作两个月后应按安全检查要求经行一次全面检查，并检查电磁制动器磨擦片磨损情况和电缆线破损情况。每工作 6 个月必须对安全锁经行一次检测标定，用户如不具备条件时应送生产厂家检测标定。每工作 6 个月必须有专职人员对提升机经行开箱拆检，更换磨损件。每工作 6 个月应对电气系统各电气元件及接线可靠性经行检查。

9 结束语

本文针对 300 m 级以上拱坝可能出现坝面裂缝的问题，提出了增设柔性防渗层的防渗方案；根据拱坝的受力特点，选择了以喷涂聚脲为主的复合防渗方案，并进行了试验；为了检验现场施工的可行性，进行了现场工艺性试验。试验结果表明：喷涂聚脲技术可以满足大面积快速施工的要求，弹性好、耐磨性好、耐低温、性能可调节范围广，抗腐蚀性能好，克服了混凝土开裂而聚脲变薄的缺陷，提高了聚脲的防渗效果，大大提高了坝体安全性。

采用聚脲喷涂防渗技术对高压水工混凝土的防护、防渗、降低运营成本、并且施工时固化快和高水压坝体在长期安全运营具有重大意义。采用聚脲喷涂防渗技术处理后，渗水量大幅降低。喷涂聚脲弹性体技术在水利水电工程中具有广阔的推广前景。

参考文献

[1] 孙志恒，岳跃真. 聚脲弹性体喷涂技术及在水利工程中的应用[J]. 大坝与安全，2005（1）：64-66.

[2] 孙志恒，夏世法，付颖千，等. 单组分聚脲在水利水电工程中的应用[J]. 水利水电技术，2009，40（1）：71-72.

[3] 孙志恒，关遇时，鲍志强，等. 喷涂聚脲弹性体技术在尼尔基水利工程中的应用[J]. 水力发电，2006，32（9）：31-33.

[4] 余建平，LOUIS，DUROT，等. 单组分聚脲防水涂膜及其应用[J]. 中国建筑防水，2006（12）：20-22.

[5] 孙志恒，岳跃真. 喷涂聚脲弹性体技术及其在水利工程巾的应用[J]. 大坝与安全，2005，（1）.

大型泄洪洞抗冲耐磨混凝土通水冷却温控研究

雷 文

（中国水利水电第七工程局有限公司，四川 成都 610081）

【摘 要】针对大型泄洪洞抗冲耐磨混凝土温控要求高、裂缝控制难等问题，采用有限元分析方法研究了大岗山泄洪洞边墙 $C_{90}50$ 衬砌混凝土在不同通水温度、不同通水流量条件下的温度场和温度应力变化规律。研究结果表明：衬砌混凝土的最高温度和最大拉应力均呈"先增大、后减小"的变化趋势，且峰值温度出现在浇筑后的 $4 \sim 5\,d$；通水冷却效果与通水温度呈负相关，而与通水流量呈正相关；在浇筑早期适当增大通水流量或降低通水温度，均可降低混凝土的最高温度和最大拉应力，达到温度控制的目的。根据仿真计算结果，施工中采取了"早通水、大流量、短历时"冷却的温控防裂措施，在浇筑过程中至浇完 $1 \sim 2\,d$，通 $12\,℃$ 左右的冷却水，流量约为 $3.5\,m^3/h$，$3 \sim 7\,d$ 通 $17\,℃$ 左右的河水，流量约为 $1.8\,m^3/h$，$7\,d$ 以后依靠表面流水养护达到降温效果。现场温度监测数据显示：泄洪洞边墙典型桩号的实测温度变化过程线的线型和变化趋势均与本文数值模拟结果一致，且边墙衬砌混凝土的整体温控检测合格率达 90% 以上，表明这种"早通水、大流量、短历时"冷却措施温控效果良好。

【关键词】泄洪洞；抗冲耐磨混凝土；通水冷却；温控模拟；防裂措施

1 引 言

我国大型水电工程集中分布在西部高山峡谷地区，受地形等条件限制，存在大量尺寸大、单洞泄流量大、流速高的泄洪洞。施工中普遍采用抗冲耐磨混凝土，面临着温控要求高、裂缝控制难等问题，容易产生温度裂缝，加之高速水流的长期冲刷，空蚀破坏时有发生，严重威胁着泄洪洞的安全和稳定运行，而且会大大增加后期泄洪洞的修补费用。

近年来诸多学者围绕泄洪洞衬砌混凝土的温度场、温度应力以及相关课题进行了较为深入的研究，比如以三峡永久船闸输水洞工程为依托，方朝阳[1]根据实测温度和应力资料，采用有限元方法对施工期边墙和顶拱的温度、应力进行了仿真分析；段亚辉[2]开展了浇筑温控混凝土和常规混凝土的温度现场试验研究，分析了衬砌混凝土温度场的分布和随时间的变化规律；王雍[3]模拟了多种温控措施下的防裂效果。段云岭[4]采用自己编写的 SPS_FET2D 程序对小浪底泄洪洞工程进行了施工过程的仿真分析，探讨了裂缝产生的原因和机理。以溪洛渡导流洞工程为依托，吴家冠[5]研究了边墙衬砌混凝土通水时间长短对水管冷却效果的影响；郭杰[6]研究了不同厚度衬砌混凝土的通水冷却效果；陈勤[7]研究了洞室和围岩温度对泄洪洞衬砌混凝土的温度和温度应力的影响；冯金根[8]研究了混凝土最终绝热温升值和绝热温升速率对衬砌混凝土温度和温度应力场的影响。赵路[9]以三板溪泄洪洞工程为依托，研究了边墙衬砌混凝土的温度场和温度应力分布及变化规律，探讨了裂缝的发生与发展过程。

综上所述，诸多学者在泄洪洞施工期温度场及温度应力分析方面已经做过许多研究并取得了一定进展。由于以往的研究大多集中在探讨裂缝产生的原因、分析影响衬砌混凝土冷却效果的因素或者模拟某项温控措施的防裂效果等方面，而真正将温控仿真计算成果用于指导工程实际施工的例子相对较少。本文以大岗山泄洪洞工程为依托，针对边墙二级配 $C_{90}50$ 硅粉混凝土，采用三维有限元分析方法，模拟了衬砌混凝土在不同通水温度、不同通水流量条件下的温度场和温度应力变化规律，并根据温控仿真计算结果，提出了"早通水、大流量、短历时"冷却的温控防裂措施用于指导工程实际施工，取得了良好的工程应用效果，确保了泄洪洞衬砌混凝土的浇筑施工质量。

2 计算参数

2.1 $C_{90}50$ 混凝土的热力学参数

大岗山泄洪洞边墙衬砌采用 $C_{90}50$ 抗冲耐磨混凝土，其中粉煤灰掺量为 20%、硅粉掺量为 5%。根据现场施工资料、配合比优化设计、混凝土性能试验成果并参考类似工程经验，选取混凝土的热力学参数如表 1、表 2 所示。本文暂不考虑混凝土的徐变。

表 1 $C_{90}50$ 硅粉混凝土热力学参数

导热系数 /[kJ/(m·h·°C)]	导温系数 /（m²/h）	比热 /[kJ/(kg·°C)]	线膨胀系数 /（10^{-6}/°C）	放热系数 /[kJ/(m·h²·°C)]	容重 /（kN/m³）
6.36	0.002 7	0.93	8.0	42	25.11

表 2 $C_{90}50$ 硅粉混凝土强度及弹性模量

混凝土种类	水胶比	抗压强度/MPa			抗拉强度/MPa			弹性模量/GPa		
		7d	28d	90d	7d	28d	90d	7d	28d	90d
$C_{90}50$	0.33	36.1	58.7	67.4	2.7	3.8	4.35	39.4	44.6	46.9

2.2 围岩的热力学参数

大岗山泄洪洞边墙岩体为 I 类围岩，岩体完整性和稳定性较好，弹性模量 E 选定为 40 GPa，$u = 0.20$，其余各项热力学参数的取值如表 3 所示。

表 3 泄洪洞围岩热力学参数

导热系数 /[kJ/(m·h·°C)]	比热 /[kJ/(kg·°C)]	导温系数 /（m²/h）	线膨胀系数 /（10^{-6}/°C）	容重 /（kN/m³）
6.87	0.77	0.001 39	7.0	28.00

2.3 气温、地温参数

采用余弦函数曲线[10]模拟泄洪洞洞室气温的年周期性变化，其表达式为：

$$T_a = A + B\cos\left[\frac{2\pi}{365}(t-C)\right]$$

式中：T_a 为环境气温；A 为多年平均气温；B 为气温年变幅；C 为最高气温时间。根据洞内实测气温资料，并参考类似工程经验，取 $A = 20$，$B = 10$，$C = 210$。

地温的分布较为均匀、稳定。一般而言，地表附近的地温接近于月平均气温，地表以下深 10 m 的地温接近于年平均气温[11, 12]。本文围岩、泄洪洞表面的温度取为年平均气温 20 ℃。

3 边墙衬砌混凝土有限元分析

3.1 计算模型与网格划分

大岗山水电站泄洪洞净断面尺寸为（14.00～16.00 m）×（18.00～20.00 m）（宽×高），结合洞身段混凝土施工，主要对边墙部位 60 cm 厚的 $C_{90}50$ 大体积混凝土温度场和温度应力进行三维有限元仿真分析。计算模型围岩范围约取泄洪洞直径的 3 倍[13]，整体坐标系的坐标原点设在泄洪洞的底部，从上游面向下游面方向为 y 轴正向，垂直泄洪洞轴线的水平方向为 x 轴正向，铅直向上为 z 轴正向，计算模型如图 1 所示。

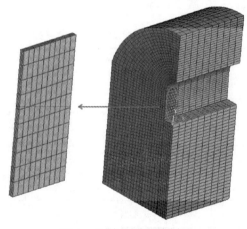

图 1　计算模型网格划分

在网格剖分时，对于围岩与衬砌混凝土采用六面体单元，局部采用五面体或四面体单元进行过渡。无厚度接触单元可以传递热量、压应力与剪应力，但不能承受拉应力，能够比较真实的模拟混凝土层面的温度和应力状况[14]。

3.2 边界条件

非稳定温度场计算中边界条件的选取[11]：围岩底面、顶面和 4 个侧面为绝热边界；泄洪洞施工仓面为固-气边界，按第三类边界条件处理。

应力场计算中边界条件的选取[13]：围岩底面和顶面按固定支座处理；围岩 4 个侧面法线方向按简支处理；混凝土表面按自由边界处理。

3.3 计算工况

泄洪洞边墙 $C_{90}50$ 抗冲耐磨混凝土浇筑采用预埋 HDPE 塑料冷却水管降温，水管外径为 32 mm，壁厚为 2.0 mm，内径为 28 mm，长度在 300 m 以内，导热系数为 1.67 kJ/(m·h· ℃)，采用蛇形均匀铺设，垂直布置间距 1 m，在浇筑时埋入混凝土内部，其在边墙中的布置形式如图 2 所示。一般通水时间不少于 15 d，并应连续进行，通水流量为 1.5 ~ 1.8 m³/h，冷却水管通水温度 T 为 12 ~ 18 ℃。

本次数值模拟，研究了不通冷却水、通 18 ℃、15 ℃、12 ℃ 冷却水条件下，通水流量分别为 1.5 m³/h 和 1.8 m³/h 等 7 种计算工况。由于实际工程中较为关注浇筑初期混凝土内部的温度场和应力场的变化情况，因此本次有限元模拟的时长均选为 30 d。

3.4 控制点选取

在大岗山泄洪洞衬砌混凝土的温控仿真计算结果分析中，主要选取了边墙衬砌混凝土上的代表点来进行对比分析。其中，分别取边墙高 4.5 m、9 m、13.5 m 处代表点来分析边墙应力情况，并在每个高程处分别取衬砌表面、中间和围岩侧 3 个代表点，共计 27 个代表点。所选取各个代表点在边墙衬砌中的位置如图 2 所示。

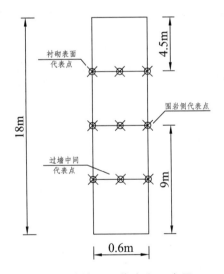

图 2　边墙所取代表点示意图

3.5 计算结果与分析

有限元计算结果显示，在边墙抗冲耐磨混凝土衬砌施工过程中，随着龄期的增长，混凝土内部温度和温度应力都呈现先上升后下降的趋势。统计各计算工况下边墙 27 个代表点处混凝土内部的最高温度、最大温差以及最大拉应力等特征参数，结果如表 4 所示。

表 4　各工况下温度仿真计算结果

工况	通水温度/℃	通水流量/（m³/h）	最高温度/℃	最大温差/℃	最大拉应力/MPa
1	—	—	50.82	27.95	3.19
2	18	1.8	36.52	16.29	4.13
3	18	1.5	36.52	16.286	3.94
4	15	1.5	30.55	15.27	3.13
5	15	1.8	28.56	13.31	3.08
6	12	1.5	28.61	16.29	2.18
7	12	1.8	26.74	14.44	1.54

3.5.1　通水温度影响效果分析

不同通水温度条件下，混凝土内部最高温度及最大拉应力变化曲线如图 3 所示。

从图 3（a）中可以看出，边墙衬砌混凝土浇注过程中，混凝土内部的最高温度大致经历了水化热温升和温降两个阶段[9-10, 15]。浇筑初期，由于 C₉₀50 硅粉混凝土产生大量的水化热，导致混凝土内部温度急剧上升，并在浇筑后 4～5 d 达到最大值，随后由于通水冷却等温控措施发挥作用，混凝土内部温度开始下降。

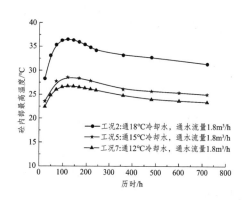
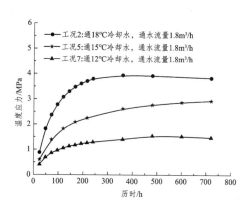

（a）不同冷却水温度下砼内部最高温度历时曲线　（b）不同冷却水温度下砼内部最大拉应力历时曲线

图 3　通水温度影响效果分析

浇筑混凝土内部最大拉应力的变化同样也经历了应力增长和应力减小两个阶段，如图 3（b）所示。不过相比于最高温度而言，峰值拉应力出现的时间相对晚一些，原因可能与混凝土的衬砌施工过程有关。混凝土浇筑早期，在模板的约束作用及混凝土自身的重力作用下，混凝土内部往往产生压应力。混凝土初凝后，模板被拆掉，混凝土在水化热及昼夜温差的作用下，继而产生拉应力。

对比工况 2、工况 5 和工况 7 发现，在相同通水流量条件下，通水温度从 18 ℃ 逐渐降低到 12 ℃ 时，混凝土内部的最高温度历时曲线和最大拉应力历时曲线均随之下移，且峰值温度从 36.5 ℃ 依次降低至 28.6 ℃、26.7 ℃，峰值拉应力由 3.94 MPa 依次减小为 2.93 MPa、1.54 MPa，表现出良好的相关性。

综上所述，通水温度是影响浇筑混凝土冷却效果的一大因素，且浇筑混凝土冷却效果的好坏与冷却水温度的高低呈负相关，施工中建议适当降低冷却水的温度以增强衬砌混凝土的冷却效果。

3.5.2 通水流量影响效果分析

相同通水温度、不同通水流量条件下（对比工况 6 和工况 7），混凝土内部最高温度及最大拉应力历时曲线如图 4 所示。

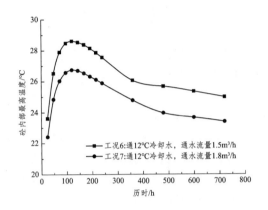 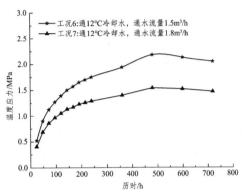

（a）不同通水流量下砼内部最高温度历时曲线　　（b）不同通水流量下砼内部最大拉应力历时曲线

图 4　冷却水温度影响效果分析

从图 4 中可以看出，在相同通水温度条件下，通水流量从 1.5 m³/h 增加到 1.8 m³/h 时，混凝土内部最高温度历时曲线和最大拉应力历时曲线也会相应地下移，且峰值温度和峰值拉应力均有一定程度的减小，表明通水流量是影响浇筑混凝土冷却效果的另一个重要因素，且混凝土冷却效果的好坏与通水流量的大小表现出明显的正相关性。大的通水流量能够更快地带走混凝土的水化热，起到快速冷却的效果，所以施工中建议在适度情况下采用更大的通水流量。

图 3（a）和图 4（a）显示，混凝土内部整体最高温度大约发生在混凝土浇筑后的 4~5 d，施工中建议加强早期通水冷却，以确保混凝土的冷却效果。

3.5.3 最优工况分析

根据标准，混凝土内部允许最高温度为 34 ℃，最大温差不超过 25 ℃，最大允许拉应力为 2.70 MPa。

从表 4 中可以看出：工况 6 最高温度为 28.61 ℃，最大温差为 16.29 ℃，混凝土内部整体最大拉应力为 2.18 MPa；工况 7 最高温度为 26.74 ℃，最大温差为 14.44 ℃，混凝土内部整体最大拉应力为 1.54 MPa。计算结果表明，工况 6 和工况 7 条件下的通水冷却效果可以同时满足温度和应力的要求。

在本工程中，为了有一定的安全系数，施工中建议采用通 12 ℃ 左右的冷却水，通水流量约为 1.8 m³/h，可以达到较好的温控效果。

4 边墙温控监测结果分析

根据温控仿真计算成果，结合混凝土性能试验和现场实际条件，施工中采取了"早通水、大流量、短历时"冷却的温控防裂措施。鉴于 $C_{90}50$ 硅粉混凝土早期水化热集中、生热量大，为避免衬砌混凝土升温速率过快，在浇筑过程中至浇完 1～2 d，通 12 ℃ 左右、流量约为 3.5 m^3/h 的"大流量、低温"冷却水；3～7 d，混凝土内部的温度-历时曲线达到最大值并开始下降，且此时拉应力的增长速度相对较快，而拉应力的产生多为混凝土内外温差较大所致，为避免衬砌混凝土的峰值温度过高、内外温差过大，施工中采用了通 17 ℃ 左右的河水，流量为 1.8 m^3/h 左右的施工方案；7 d 以后，混凝土初凝完毕，模板被拆除，由于混凝土表面增加了散热面且减少了模板的约束作用，混凝土表面温度迅速下降，内部温度的降低则相对迟缓，导致混凝土内外温差较大，热胀冷缩作用下拉应力增长迅速，此时容易产生温度裂缝。为避免降温速率过快，施工中需采用表面流水养护的措施以保证混凝土的降温速率符合规范和设计要求。

在混凝土浇筑施工过程中，通过在混凝土内部埋设电阻式温度计对混凝土的温度及各项温控措施进行实时监测。其中，每仓混凝土交替在左右两侧边墙埋设 1 支温度计，新浇混凝土前 3 天测量时间间隔小于 8 h，之后小于 12 h，测量持续时间不少于 28 d[16]。边墙部位共计埋设温度计 127 支，其中有 122 支仪器顺利完成监测工作，仪器存活率达 96.1%，温度监测成果如表 5 所示。其中，边墙典型桩段的温度变化过程线如图 5 所示。

表 5 泄洪洞温度监测成果

桩 段	温度计/支	最高温度/℃	平均最高温度/℃	容许最高温度/℃	温控效果分析	
					符合/支	合格率/%
0＋000.00～0＋120.00 m	14	36.7	32.05	36	13	92.86
0＋120.00～1＋037.71 m	110	35.8	33.60	34	101	91.82
1＋037.71～1＋075.50 m	3	33.65	33.47	36	3	100

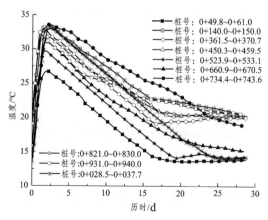

图 5 边墙典型桩段混凝土温度变化过程线

从表 5 中可知，边墙 0 + 000.00 ~ 0 + 120.00 m 渐变段、0 + 120.00 ~ 1 + 037.71 m 标准段、1 + 037.71 ~ 1 + 075.50 m 渐变段实测混凝土的平均最高温度分别为 32.05 ℃、33.60 ℃ 和 33.47 ℃，均高于工况 7 计算所得的最高温度，但都在容许最高温度范围内。实测峰值温度出现的时间一般在浇筑后的 2 ~ 3 d，早于计算所得的 4 ~ 5 d，如图 5 所示。出现这些现象的原因可能在于：数值模拟中，为了节省运算时间，对计算模型、边界条件和次要参数等进行了必要的取舍，导致数值模拟结果与工程实际之间存在些许出入，但数值模拟所得的温度场的变化规律与实测结果一致，仍然具有重要参考价值。

总的来说，泄洪洞边墙典型桩号的实测温度变化过程线的线型和变化趋势均与本文数值模拟结果较为接近，且边墙衬砌混凝土的整体温控检测合格率达 90% 以上，表明这种"早通水、大流量、短历时"冷却的温控防裂措施可以实现良好的温控效果。

5 结 论

（1）大岗山泄洪洞边墙衬砌混凝土三维有限元计算结果显示，采用通 12 ℃ 冷却水，通水流量为 1.8 m³/h 时，混凝土内部最高温度为 26.74 ℃，最大温差为 14.44 ℃，最大拉应力为 1.54 MPa，可以同时满足温度场和应力场设计要求。

（2）温度场和应力场分析结果表明，通水冷却效果的好坏与冷却水温度的高低呈负相关，与通水流量大小呈正相关。在相同通水温度条件下，适当增大通水流量，或者在相同通水流量条件下，适当降低通水温度，衬砌混凝土的最高温度和最大拉应力均会降低。混凝土的峰值温度一般出现在浇筑后的 4 ~ 5 d。通过加强早期通水并适度增大通水流量、降低通水温度可以实现更好的冷却效果。

（3）根据温控仿真计算成果，施工中采取了"早通水、大流量、短历时"冷却的温控措施，在浇筑过程中至浇完 1 ~ 2 d，通 12 ℃ 左右的冷却水，通水流量为 3.5 m³/h 左右；3 ~ 7 d 通 17 ℃ 左右的河水，流量为 1.8 m³/h 左右；7 d 以后依靠表面流水养护达到降温效果。现场温控监测数据显示，泄洪洞边墙衬砌混凝土的温控检测合格率达 90% 以上，表明这种"早通水、大流量、短历时"冷却的温控防裂措施可以有效地降低混凝土内部的最高温升，实现良好的温控效果。

参考文献

[1] 方朝阳，段亚辉. 三峡永久船闸输水洞衬砌施工期温度与应力监测成果分析[J]. 武汉大学学报：工学版，2003，36（5）：30-34.

[2] 段亚辉，方朝阳，樊启祥，等. 三峡永久船闸输水洞衬砌混凝土施工期温度现场试验研究[J]. 岩石力学与工程学报，2006，25（1）：129-135.

[3] 王雍，段亚辉，黄劲松，等. 三峡永久船闸输水洞衬砌混凝土的温控研究[J]. 武汉大学学报（工学版），2001，34（3）：32-36.

[4] 段云岭，周睿. 小浪底工程泄洪洞衬砌施工期温变效应的仿真分析[J]. 水力发电学报，2005，24（5）：50-54.

[5]　吴家冠，段亚辉. 溪洛渡水电站导流洞边墙衬砌混凝土通水冷却温控研究[J]. 中国农村水利水电，2007（9）：96-99.

[6]　郭杰，段亚辉. 溪洛渡水电站导流洞不同厚度衬砌混凝土通水冷却温效果研究[J]. 中国农村水利水电，2008（12）：119-122.

[7]　陈勤，段亚辉. 洞室和围岩温度对泄洪洞衬砌混凝土温度和温度应力影响研究[J]. 岩土力学，2010，31（3）：986-992.

[8]　冯金根，段亚辉，向国兴. 混凝土热学特性对泄洪洞衬砌温度和温度应力影响研究[J]. 水电能源科学，2010，28（5）：82-85 + 173.

[9]　赵路，冯艳，段亚辉，等. 三板溪泄洪洞衬砌混凝土裂缝发生与发展过程[J]. 水力发电，2011，37（9）：35-38 + 67.

[10]　朱伯芳. 大体积混凝土温度应力与温度控制[M]. 北京：中国电力出版社，1999.

[11]　马涛，陈尧隆，司政，等. 某水电站溢洪道闸室施工期温度场和温度应力有限元分析[J]. 水资源与水工程学报，2008，19（5）：105-109.

[12]　梁倩倩，段亚辉. 江坪河水电站有压放空洞衬砌混凝土温控研究[J]. 水电能源科学，2011，29（5）：89-92.

[13]　王祥峰，林云，李洋波，等. 溪洛渡导流洞堵头混凝土温控设计研究[J]. 三峡大学学报（自然科学版），2012，34（5）：14-18.

[14]　张国新，许平，朱伯芳，等. 龙滩重力坝三维仿真与劈头裂缝问题研究[J]. 中国水利水电科学研究院学报，2003，1（2）：111-117.

[15]　韩刚，齐磊，马涛，等. 大型泄洪洞衬砌混凝土施工期温度场和温度应力的仿真计算[J]. 西北农林科技大学学报（自然科学版），2009，37（4）：225-230.

[16]　陈兴泽，赵连锐，曾露. 大岗山水电站泄洪洞洞身硅粉混凝土施工技术[J]. 水力发电，2015，41（7）：77-80.

引汉济渭三河口水利枢纽
碾压混凝土拱坝施工关键技术综述

刘　辉[1]　王建宁[2]　黄　毅[1]　秦清平[1]

（1.四川二滩国际工程咨询有限责任公司，四川　成都　611130；
2.中国水利水电第四工程局有限公司，青海　西宁　810000）

【摘　要】三河口水利枢纽大坝高 141.5 m，坝顶弧长 472.15 m，为我国少见的碾压混凝土拱坝坝型。文章结合类似碾压混凝土筑坝技术带来的设计创新成果和施工技术进展，根据三河口大坝施工特征、设计特性，主要阐述了三河口大坝碾压混凝土入仓方案、施工配合比、层间结合与防渗、温控防裂、高厚升层等施工技术，为类似工程的设计与施工提供参考和借鉴。

【关键词】三河口拱坝；碾压混凝土；施工；关键施工技术

1　工程概况

陕西省引汉济渭工程三河口水利枢纽是国务院纳入"十三五"期间建设的 172 项重大水利工程项目之一，也是引汉济渭工程调水规划的调蓄中枢和重要水源。枢纽主要包括拦河大坝、泄洪放空系统、供水系统和连接洞等组成。水库总库容为 7.1 亿立方米，调节库容为 6.62 亿立方米；设计抽水量为 18 m³/s，发电引水设计流量 72.71 m³/s。抽水采用 2 台可逆式机组，发电除采用 2 台常规水轮发电机组外，还与抽水共用 2 台可逆式机组。

1.1　大　坝

大坝为抛物线碾压混凝土双曲拱坝，坝顶高程 646 m，坝底高程 504.5 m，最大坝高 141.5 m，坝顶宽 9 m，拱冠坝底厚 36.604 m；坝体划分为 10 个坝段，坝顶上游弧长 472.153 m，最大中心角 92.04°，位于高程 602 m；最小中心角 49.48°，位于 504.5 m 高程。大坝宽高比 2.87，厚高比 0.26，上游面最大倒悬度 0.16，下游面最大倒悬度 0.19，坝体碾压混凝土 90.67 万立方米，常态混凝土 20.18 万立方米。

坝体泄洪建筑物由泄洪表孔、放空底孔组成，泄洪表孔采用浅孔型，沿拱坝中心线对称布置，孔口尺寸 15 m×15 m（宽×高），堰顶高程 628 m。

坝身共设置 4 条诱导缝和 5 条横缝，均为径向布置，不设纵缝。拱坝中心线横缝面设置键槽，并埋设接缝灌浆系统，诱导缝和其余横缝埋设重力式和矩形预制块诱导成缝，预制块内部安装重复灌浆系统。

坝内分别布置 3 层纵向主廊道，高程为 515 m、565 m 和 610 m，各层廊道与两岸灌浆廊道相接。

右岸 7#坝段有坝后电梯井、坝内引水管、坝前进水口结构，进水口自 550 m 高程起至坝顶为分层取水塔结构。如图 1 所示。

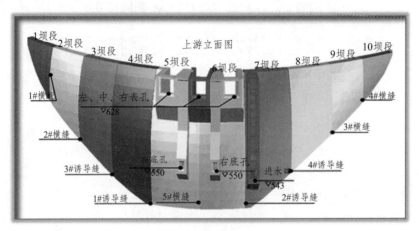

图 1 上游立面图

1.2 气候条件

坝址区子午河流域属北亚热带湿润、半湿润气候区，四季分明。多年平均气温 12.3 ℃，极端最高气温 37.4 ℃，最低气温 – 16.4 ℃；多年平均降水量 903 mm，多年平均蒸发量 1 209 mm，多年平均风速 1.2 m/s，风向多 SSW，多年平均年最大风速 9.1 m/s，最大风速 12.3 m/s，风向 SSW；土层冻结期为 11 月到次年 3 月，最大冻土深度 13 cm。

2 施工特点

结构布置方面，坝内 3 层主廊道与横向交通廊道、监测廊道纵横交错布置，在廊道层分隔若干个碾压区，实施通仓浇筑难度较大。

既要解决峡谷地区岸坡陡峭、坝体轴线长、落差大的碾压混凝土入仓难题，还要在满足碾压混凝土入仓强度和施工特性前提下保证通仓浇筑的工期和质量目标。

5# ~ 7#坝段布置泄洪表孔及泄洪底孔，坝后电梯井、坝前进水口、坝内引水管结构，部分常态与碾压同步升层，施工相互干扰大。

一直以来，碾压混凝土层间结合和坝体防渗质量是大坝施工关键控制点，通常作为综合评判碾压浇筑质量优劣的重点评价指标之一，也是本工程施工的重难点。

全断面碾压混凝土拱坝在碾压时已成拱的特性与常态拱坝柱状浇筑的温度荷载、坝体分缝方面有所区别。除采取综合常规温控技术措施，还要考虑坝址区昼夜和年幅温差较大等外界温度作用对温差约束。因此，"温控防裂"是施工质量关键。

3 碾压混凝土入仓方案优化

3.1 碾压浇筑分区

合理的仓面分区是碾压混凝土连续均衡施工的基础。为通仓碾压施工创造有利条件，在仓面分区规划阶段，主要结合设计分缝数量和分缝特征、结构布局、时空分布、施工道路布置和运输方式、拌和生产能力、浇筑强度、仓号面积等因素综合考虑。

拱坝中心线 5# 横缝设置球形键槽模板，不具备通仓施工条件，其余横缝和诱导缝设置预制块。为发挥碾压混凝土施工优势，最大限度满足碾压混凝土通仓施工条件，将碾压浇筑区以 5# 横缝为界，划分为 6 个区域，碾压分区如图 2 所示。

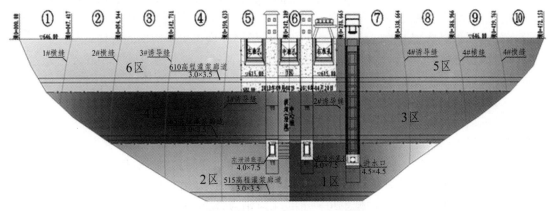

图 2　大坝混凝土施工分区示意图

3.2　碾压混凝土入仓方案

工程实践证明，在仓面面积、拌和能力、设备配置充足的条件下，自卸车直接入仓是碾压混凝土入仓方式的首选方案。

三河口主体工程开工后，对拱坝碾压混凝土入仓方式进行了充分比选和论证。原方案：坝体 576 m 高程以下碾压混凝土全部由坝前填筑运输道路，通过搭接钢栈桥跨越坝体防渗区进入仓面，576 m 高程以上采用满管溜槽入仓方案。经论证，坝体 576 m 高程以下自卸车直接入仓存在以下问题：

坝前中部入仓道路：左、右底孔结构外边线之间距离为 26.5 ～ 24.5 m，底孔牛腿结构起点高程 535.35 m，中部填筑道路采用 "‖" 形和 "Y" 形，当道路填筑至 535.35 m 时，遇底孔牛腿结构存在空间冲突，而且影响 535.00 m 高程以上闸墩上升。

坝前两端入仓道路：沿上游围堰两端填筑入仓道路方案，避开坝前左、右底孔闸墩结构，但右岸 7# 坝段坝前布置有进水口牛腿、分层取水塔结构，进水口牛腿结构起始高程 526.43 m，而且进水口高程 543.00 m 以上闸墩、分层取水塔结构右侧边线距右岸拱肩槽上游开挖面仅有12 m，不具备进水口右侧填路条件。

坝内 3 层主廊道与横向廊道将仓面纵、横向分隔为多个浇筑区段，自卸车直接入仓方式难以实现跨越廊道和兼顾廊道上、下游整体同步浇筑。结合浇筑分区规划、分缝和结构特征、施工条件和干扰等综合因素，在实施阶段将原方案优化调整为：

（1）高程 504.5 ～ 511 m 坝后溜槽＋仓内自卸车：EL504.5 m ～ EL511 m 主要施工范围为4# ～ 5# 坝段，大坝建基面高程 504.5 m，消力塘建基面高程 511 m，受开挖地形和小高差限制，自卸车直接入仓较难以实现，通过选择坝后消力塘开阔的施工场地作为运输道路，于坝后填筑钢筋石笼受料平台＋搭设缓降溜槽实现入仓。通过实践，该入仓方案很好地解决了坝基面"小高差"问题，2016年11月2日，按期实现了坝体首仓碾压混凝土浇筑里程碑。

（2）高程511～514 m坝后自卸车直接入仓：坝体上升至511 m高程后，将消力塘施工道路直接延伸至仓面，通过坝后自卸车直接入仓。

（3）高程514～542 m坝前Ⅰ期皮带机＋仓内自卸车：大坝高程514～高程540 m施工范围为3#～7#坝段，EL515 m基础廊道将碾压仓分隔为上、下游两个单独施工区，为解决跨廊道层浇筑问题，将坝体540 m高程以下全部调整为坝前胶带机供料＋仓内自卸车倒运的组合方式。于上游围堰EL538 m平台左右岸各布置两套胶带机系统，胶带机采取两两相错、平行分布，分别提供廊道上游区域和廊道下游区域下料，确保廊道两层同时均匀上升。

（4）高程540～557 m坝前Ⅱ期胶带机＋仓内自卸车：在上游围堰545 m平台左右岸各布置两套胶带机系统，左岸浇筑区1#～2#胶带机，右岸浇筑区3#～4#胶带机，覆盖高程范围EL540 m～EL557 m。右岸545 m高程先期形成受料平台，利用原538 m高程受料平台作为胶带机系统中转，后期抬升至555 m高程。

（5）高程557～576 m坝前Ⅲ期皮带机＋仓内自卸车：在上游围堰堰顶左右岸Y型布置两套胶带机系统，受料斗高程569 m，充分利用了原Ⅰ、Ⅱ期受料平台作为钢桁架立柱基础，对胶带机系统抬升和分级加长改造，抬高后浇筑最大高程分别为左岸578.9 m和右岸576 m。通过Ⅲ期胶带机改造，按期完成了2017年度大坝节点及2018年汛前节点。

（6）高程576～644 m坝肩箱式满管溜槽＋仓内自卸车转料：为适应坝体浇筑升层高度和仓面面积，采取左、右岸坝肩槽分别布置两组满管溜槽＋水平高速胶带机作为坝体576高程以上碾压混凝土入仓手段。待坝体上升至600 m高程，拆除二级集料斗和高速胶带机，采用满管溜槽＋仓内直接车转运，以减少中间环节，提高倒运效率。

通过坝前胶带机使用总结，将水平胶带机带宽1.0 m调整为1.2 m，带速3.6 m/s调整至5.2 m/s，集料斗容改装为15 m³，箱式满管为12 mm耐磨钢板材质，单节截面尺寸80 cm×80 cm×150 cm，顶部间隔开设排气孔，管体下倾角49°。在左岸满管联动运行期间分别完成了溜槽＋胶带机系统调试、技改和总结，取消满管底部液压弧门装置，增加防冲击挡板和600 m高程二级集料斗增加柔性缓冲措施。

经实践，满管溜槽入仓强度满足坝体576 m高程以上最大浇筑面积和夏季浇筑强度要求，温控碾压混凝土入仓能力达到4 700 m³，小时强度突破300 m³，为坝体碾压混凝土高厚升层的实施创造了坚实基础。

图3　坝后溜槽＋仓内自卸车　　　　　　图4　坝后自卸车直接入仓

图 5　坝前 I 期皮带机 + 仓内自卸车转料

图 6　坝前 II 期胶带机 + 仓内自卸车转料

图 7　坝前 III 期皮带机 + 仓内自卸车转料

图 8　坝肩满管溜槽 + 仓内自卸车转料

图 9　坝肩满管溜槽 + 仓内自卸车转料

表 1　坝体碾压混凝土入仓方式及工程量表

序号	入仓方式	浇筑高程	工程量/m³
1	坝后溜槽＋仓内自卸车转料	504.5～511 m	30 201
2	坝后自卸车直接入仓	511～514 m	15 442
3	坝前Ⅰ期皮带机＋仓内自卸车转料	514～540 m	131 127
4	坝前Ⅱ期皮带机＋仓内自卸车转料	540～557 m	108 527
5	坝前Ⅲ期皮带机＋仓内自卸车转料	557～576 m	155 642
6	坝肩满管溜槽＋仓内自卸车转料	576～644 m	465 851

4　层间结合

4.1　施工配合比

三河口水利枢纽主体工程料场原址位于坝区下游 1.1 km 的瓦房坪，因存在碱活性问题，设计阶段调整为距坝址上游 9 km 的柳木沟料场。柳木沟料场为花岗岩骨料，采用干法生产工艺，石粉含量较高，骨料裹粉现象难以避免，为保证骨料裹粉及骨料超逊径等指标满足设计要求，采取粗骨料二次筛分以解决裹粉和超逊径问题，经筛分冲洗，使得骨料吸水达到饱和，有利于拌和用水量的控制。通过选用水泥碱含量在 0.6% 以下的普硅水泥，以避免碱活性反应风险。根据施工期气候特点和季节差异，采用有显著缓凝作用的奈系减水剂，使混凝土凝结时间适应环境条件。

三河口坝体碾压混凝土全断面采用统一标号，防渗区和非防渗区 $C_{90}25W8F150$（二）/ $C_{90}25W6F100$（三）。在配合比方面，通过工艺试验选择三级配适宜的水胶比、合理的砂浆比、最佳石粉含量、较小的 VC 值、较高的粉煤灰掺量以及联掺缓凝高效减水剂及引气剂等技术路线，充分利用掺粉煤灰混凝土初期增长较慢，后期强度增幅较大的特点，从而达到有效地降低混凝土温升，以保障碾压混凝土的可碾性、易密性、和易性、抗骨料分离、层间结合和抗渗、抗裂及耐久性。三河口水利枢纽大坝碾压混凝土配合比部分参数和主要材料用量。见表 2、表 3。

表 2　碾压混凝土配合比参数

设计等级	级配	水泥（C）	粉煤灰（F）	胶凝材料 $C+F$	粉煤灰掺量 $F/(C+F)$ %	用水量（W）	水胶比 $W/(C+F)$
$C_{90}25W6F100$	三	81	99	180	55	86	0.48
$C_{90}25W8F150$	二	108	108	216	50	97	0.45

[1] 目前国内部分已建碾压混凝土总胶材用量绝大部分大于 140 kg/m³。从改善碾压混凝土性能和提高耐久性考虑，碾压混凝土坝设计规范 SL314—2018（替代 SL314—2004）将原标准规定不宜低于 130 kg/m³，修订为"总胶凝材料用量不宜低于 140 kg/m³"。结合工程实践，碾压混凝土坝设计规范 SL314—2018 规定：内部碾压混凝土掺合料一般小于总胶凝材料 65%

表 3   碾压混凝土配合比主要材料用量表

设计等级	级配	材料用量/（kg/m³）								
		水	水泥	粉煤灰	砂	小石	中石	大石	减水剂	引气剂
C$_{90}$25W6F100	三	86	81	99	720	596	729	439	1.79	0.215
C$_{90}$25W8F150	二	97	108	108	779	439	585	—	2.16	0.323

4.2　VC 值控制

碾压混凝土已从早期采用超干硬或干硬贫性混凝土材料探索期，过渡到为无坍落度亚塑性混凝土，施工或设计规范对碾压混凝土拌合物 VC 值进行了多次、重点修订[2]，充分体现了 VC 值与拌和物黏聚性、可碾性、液化返浆效果以及层间结合质量的重要关系。

工程根据季节和施工时段、外界条件变化对出机口 VC 值进行动态调整，高温及气候干燥时段采用有显著缓凝作用的奈系减水剂，作为延长混凝土初凝时间和用于 VC 值调整的主要方案。夏季仓面 VC 值按 2～3 s 左右控制，出机口 VC 值按 1～2 s 控制，冬季施工仓面按 3～5 s 控制，在保证仓内设备不陷碾和满足正常碾压条件下，现场 VC 值尽量按下限或较低值控制，使碾压混凝土具有良好的可碾性。拌和楼和仓面 VC 值 2 h/次检测，夏季高温时段或可碾性较差时加密检测，根据实测值和返浆效果及时调整 VC 值。针对不同的入仓方式，结合胶带机和满管溜槽运行特点，分别采取自卸车厢外包保温隔热材料、顶部苦盖遮阳篷布、受料平台和胶带机供料线周边搭设遮阳棚等措施，避免运输期间直晒和风干影响。

在夏季、多风和干燥气候施工，仓内碾压混凝土表面水分蒸发较迅速，表面极易发白、回温过快、初凝时间很快缩短，采取雾化和保湿措施能在仓面上空形成一层雾状隔热层，减少在浇筑过程日照辐射强度，增加仓面环境湿度，营造仓面小气候，实现仓面混凝土失水和 VC 值损失补偿，大坝采用固定＋移动喷雾组合方式是保湿措施的基本保障。

夏季高温时段对已碾压的层面和变态区采用尺寸 1.5 m×2.5 m、厚 4 cm 厚聚乙烯发泡保温材料覆盖，对不具备立即碾压条带采取全条带静碾两遍表面封闭措施，达到内部保水保湿效果，以上措施均取得较为显著效果。

4.3　及时摊铺碾压，控制层间间隔

及时摊铺、碾压、覆盖既是控制混凝土温度温升有效措施，也是保证层间结合质量的关键技术[4]。为保证碾压混凝土层间良好黏结力，碾压混凝土初凝时间为 8～10 h，高温季节调整外加剂配方延长至 10～12 h。要求混凝土从拌和、运输到摊铺、碾压等工序在 2 h 内完成。为减少了浇筑仓内作业交叉干扰，主要措施如下：

（1）取消坝体内部各层廊道塑料排水盲管，将预埋方式改为后期造孔。

（2）横缝和诱导缝灌区底部和顶部封闭镀锌止浆片受材料本身加工长度限制，采用变态混凝土包围止浆片时，底部喂料较困难，其密实性难以保证，并且限制了上部混凝土继续碾压作业，碾压激振作用也存在片体击穿破坏和变形的质量风险。通过施工初期调整，选择了适应碾压工艺的柔性橡胶止水带，实现了灌区止浆带快铺快装，大幅提高了浇筑期间车辆通行效率。

（3）浇筑期间预制块、冷却水管、接缝灌浆管路安装工程量大。在冷却水管、横缝和诱导缝安埋时，混凝土的铺筑条带长度调整为一个坝段为区间，铺筑方向由原来的后退式调整为前进式。提前一个坝段实施灌区预制块安装，由上下游端部卸料覆盖碾压料，快速形成机械车辆跨缝通道。

（4）通仓浇筑持续时间长，难免遇到强度不足和天气影响问题，采取错层埋设冷却水管或接缝灌浆系统，避免持续影响期间碾压进料、摊铺和碾压工作与埋设工序受阻和相互干扰，出现的层面不能及时覆盖，产生层间质量问题。

通过以上措施，实现了仓面作业和摊铺碾压工序快速衔接，有效地控制并保证了层间结合间歇。

4.4 改善骨料分离

为缓解骨料分离，分别采取以下措施：① 胶带机中转搭接高差控制；② 皮带机端部设置挡板措施；③ 安装垂直橡胶溜管和胶带刮刀装置。浇筑期间，仓面自卸车按三点式接料，采用两点式卸料至已平仓尚未碾压的混凝土面。骨料分离严重时采用机械平仓机散布为主，同时配备控制铺料厚度的标高锥架，一般分 2 次薄层摊铺，每次摊铺厚度 17 cm，摊铺后重点检查条带两侧骨料分部情况，辅以人工将分离骨料均匀散铺至未碾压区砂浆较多部位，以避免条带搭接部位出现"料沟"搭接问题。碾压过程中的层面出现返浆效果差和表层骨料集中情况，以人工分散清除和换填细料补充解决，局部麻面喷洒灰浆后及时补碾，直至表面返浆。

4.5 层间结合

施工缝面主要采用冲毛处理，控制标准为微露粗砂，防渗区施工缝为全毛面标准，开仓前进行缝面清理和冲洗，对缝面松动骨料予以剔除，冲仓期间应特别注意止水周边和仓面死角部位缝面积渣处理，以免出现新老层面结合和止水绕渗问题。

施工缝面采用垫层拌合物摊铺结合，砂浆拌合物号 M30，均铺厚度按 15~20 mm 控制，铺筑砂浆前缝面保持湿润、积水排尽。砂浆层单次铺设长度按 15~25 m 控制，摊铺面积与碾压混凝土铺筑保持适应，避免摊铺面积过大、覆盖不及时出现砂浆层失水或初凝，影响缝面结合质量。还要避免仓内自卸车和罐车往返行驶于已均摊砂浆层面造成的砂浆厚薄不均，影响新老层面胶结质量或垫层砂浆超厚区的碾压混凝土面出现"弹簧土"。

为进一步保证上游二级配防渗碾压混凝土的层间结合质量，提高坝体抗渗能力。在直接铺筑允许时间内，对防渗区和变态区连续铺筑坯层表面喷洒水泥粉煤灰浆措施，灰浆层厚度 2~3 mm。为避免灰浆失水或初凝问题，夏季喷洒灰浆按单坝段 50% 长度，冬季按单个坝段长度控制，已喷洒灰浆的层面避免车辆行驶，防止车轮带走灰浆和防渗区扰动。

4.6 碾压与检测

碾压作业分条带进行，各条带与坝轴线平行碾压，避免碾压条带搭接不良形成渗水通道。碾压作业采用搭接法，条带间搭接宽度 10~20 cm，端头部位搭接宽度不小于 100 cm，变态混凝土与碾压混凝土搭接碾压宽度大于 20 cm 控制。振动碾行走速度为 1.0 ~ 1.5 km/h，碾压遍数 2 + 6 + 2 "静碾 + 有振碾 + 静碾"，浇筑期间机械车辆往返行驶造成车辙印和松散区及时跟进补碾，以免影响密实度和层面质量。当一个单元升层结束，需要作为水平施工缝层时，对达到规定遍数及压实容重的收仓层面增加 1 ~ 2 遍静碾。

有资料证明，碾压混凝土密实度下降 1%，强度下降 8% ~ 10%[3]。三河口坝体二级配和三级配碾压混凝土基准表观密度为 2 420 kg/m³、2 450 kg/m³，碾压密实度指标 98.0% 以上，按 1 点/100 m² 检测，每层碾压作业结束等待至少 10 min，待碾压坯层混凝土内部压实能量释放后，采用核子水分密度仪检测表观密度。当出现容重测值低于 98% 情况，查找原因并采取补碾措施处理，经复测合格后方可进行下一坯层上料。

5 坝体防渗

5.1 防渗区

通常碾压混凝土的防渗形式主要有以下 3 种类型："金包银"模式、碾压混凝土自身防渗、上游坝面喷涂防渗层等。目前，优先采用坝体上游二级配碾压混凝土和变态混凝土组合防渗，考虑到二级配碾压混凝土层、缝面毕竟是大坝防渗的薄弱环节，二级配碾压混凝土防渗层有效厚度绝大多数采用坝面水头 1/20 ~ 1/10[1]。三河口大坝防渗区最大厚度为 10 m，在防渗区连续铺筑层增加了灰浆工艺。国内部分碾压混凝土拱坝二级配碾压混凝土防渗层厚度，见表 4。

表 4   国内部分碾压混凝土拱坝二级配碾压混凝土防渗层厚度统计表

工程名称	坝型	坝高/m	混凝土强度等级及抗渗等级	最大防渗层厚度	防渗层厚度与水头的比较值
大花水	拱坝	134.5	$C_{20}W8F100$	7	1/19
沙牌	拱坝	132	$R_{90}200W8$	11	1/12
三里坪	拱坝	141	$C_{90}20W8$	8.3	1/16
天花板	拱坝	107	$C_{90}20W8F100$	6.5	1/16
招徕河	拱坝	105	$C_{90}20W8F150$	6.5	1/16
三河口	拱坝	145	$C_{90}25W8F150$	10	1/14

注：三河口大坝设计坝高 145 m。SL314-2018《碾压混凝土坝设计规范》对原标准"二级配碾压混凝土防渗层的有效厚度采用坝面水头 1/30 ~ 1/15"修订为"碾压混凝土防渗层的厚度宜为坝面水头的 1/20 ~ 1/10，最小厚度应满足施工要求"。笔者解读水利规范坝体防渗区最小厚度：最小碾压空间 + 变态区厚度

5.2   止水结构

大坝横缝、诱导缝距上游坝面 50 cm 分别设置两道"W"形，厚度 1.2 mm 铜止水，止水片兼顾接缝灌区上、下游封闭止浆。距第 2 道止水 30 cm 设置有方形诱导空腔结构，诱导空腔截面尺寸 10 cm × 10 cm，材料为镀锌片，其埋设方位与铜止水一致。在上游坝面横缝和诱导缝位置设有 > 型边缘切口进行辅助诱导，防止缝开绕过止水体产生绕渗问题。

5.3 变态混凝土

考虑模板拉筋布设角度、拉筋长度布设以及受力杆件埋深限制问题，《碾压混凝土设计规范》SL314—2018对原标准变态混凝土厚度"30～50 cm"修订为"50～80 cm"。三河口大坝变态区设计厚度50 cm，施工按50～70 cm厚度控制，其主要用于大坝上下游面、止水周边、5#横缝、岸坡、常态与碾压搭接过渡区或振动碾无法靠近部位。变态混凝土选择人工加浆和机制两种方式，灰浆水胶比按不大于同种碾压混凝土水胶比控制，变态混凝土的浆液掺量按照碾压混凝土体积的4%、5%、6%比例掺量控制。工艺试验阶段，对不同的浆液比重、比例加浆后变态混凝土振捣密实情况试验比较：掺浆量为4%时，变态混凝土浆液偏少、局部振捣翻浆情况不好；掺浆量为5%时，变态混凝土浆液适中、振捣翻浆情况较好；掺浆量为6%时，变态混凝土浆液偏多、振捣后浆液显得富裕。施工期采用灰浆部分参数为：三级配变态区人工加浆和机制浆液水胶比0.45/0.48，二级配变态区人工加浆及机制浆液水胶比0.45，加浆量按混凝土体积比5%控制，浆液比重1.65 kg/m^3。

本工程未配置缆机，垂直吊运手段有限，碾压浇筑期间大部分常态混凝土依靠坝后门、塔机吊运，无条件实现碾压混凝土、常态混凝土和机制变态混凝土同步入仓，施工期变态混凝土全部采取人工注浆方式。在浇筑初期，坝体507.5 m高程以下变态区混凝土采用自制脚踩打孔器造孔，打孔器为Φ40 mm剖口管材，按孔距30 cm，孔深20 cm控制，通过646 m集中制浆站输浆至仓内灰浆车，储浆罐安装搅拌装置。通过观察总结，打孔工效和成孔质量存在以下问题：打孔和定量浆桶加浆效率太低，难以适应碾压层铺筑速度，大部分打孔深度也难以达到＞20 cm，孔内注浆后浸透性差，振捣时浆液扩散差，泛浆效果不明显。随后，对坝体507.5 m高程以上变态区全部调整为掏连续式坑槽，通过646 m高程集中制浆站经浆管向仓内供浆方案，变态区全部采用人工振捣＋振捣台车组合方式，变态和碾压结合处搭接碾压。

针对仓内人工加浆随意性较大和浆液比重存在波动问题，除了加密检测工作，还借助大坝混凝土加浆振捣监控管理手段，实现了浆液比重数据实时采集和振捣人员工作轨迹动态监控的有效管理，进一步保证变态混凝土施工质量。

5.4 坝面辅助防渗层

大坝上游坝面507.5～646 m高程及坝前贴角结构表面采用高分子聚脲弹性防水涂料，材料为无溶剂快速固化双组分，由异氰酸酯组分（A组分）与氨基化合物组分（B组分）反应生成。施工期间采用了双组分高温、高压无气喷涂工艺，待固化成膜后形成辅助防水涂层，提高了坝体抗渗和耐久性。还在上游坝面EL535 m以下采用黏土料回填，为坝体防渗再添一道屏障。

6 提高升层高度，减少缝面处理

2018年6月左岸满管溜槽入仓条件先期形成，在保证碾压混凝土入仓能力前提下，结合前期"三河口水利枢纽大坝工程6 m升层施工措施研讨会"意见和现阶段实际情况，对大坝原设计3 m升层调整为4.5 m升层所涉及工程安全、质量、进度的必要性以及可行性进行了论证。主要从砂石加工、拌和生产、碾压混凝土施工强度、模板受力、温控计算成果、型体保证措施等方面进行了分析。经专家咨询会讨论研究，三河口水利枢纽大坝碾压混凝土 4.5 m 升层的砂石加工系统、混凝土拌和系统及入仓措施能够满足最大仓面浇筑强度要求；模板配置及加固措施能够满足 4.5 m 升层技术要求；混凝土通水冷却及冷水机组配置能满足 4.5 m 升层通水容量要求。另外，提出 4.5 m 升层温控部分调整措施：① 7—9 月份浇筑温度不大于 18 ℃；② 冷却水管间距 1.5 m × 1.5 m（三级配）、1.0 m × 1.5 m（二级配），岸坡坝段约束区冷却水管间距 1.0 m × 1.5 m。自 4.5 m 碾压升层实施以来，实现了减少新老结合缝面薄弱环节处理次数及备仓数量，保障了坝体施工进度和质量，于 2018 年 12 月 31 日顺利浇筑至 600 m 高程，实现了年度工程节点，监测结果表明，4.5 m 升层内部混凝土温度整体受控，满足设计指标。

7 温控防裂

大坝主体开工前，根据碾压混凝土各项指标、综合因素以及实际条件，进行了坝体温度控制仿真计算，重点对各浇筑部位和时段以及采取 3 m、6 m 分层各项综合温控措施全面比较和分析研究，提出了施工期间温控措施优化意见和建议。施工期间进行大坝施工跟踪反演分析工作，全面真实反映了施工期坝体混凝土温度及温度应力变化过程，为指导施工期温控工作和大坝运行期安全评价提供必要的技术支撑。

大坝温控措施主要有：二次冲洗筛分→一次、二次风冷骨料降温→加冰水、片冰拌和→自卸车遮阳降低运输回升→胶带机遮阳措施→仓面喷雾保湿、改变小气候→及时碾压、及时覆盖、防止温度回升→通水冷却、降低坝体内外温差→混凝土养护、表面材料保温、坝体上下游面全年保温等综合方案。

2017 年冬季和 2018 年秋季，受柳木沟料场暗物质条带及水泥供应问题导致了碾压混凝土暂停升层，每次持续影响约 3 个月之久。在此期间，停歇面采取了全面保护覆盖措施，保温被揭开后，还是出现不同程度的表面裂缝。

2018 年初部分时段夜间气温接近零下 10 ℃ 和连续日平均气温 2 ℃ 以下，其间碾压混凝土无法施工。在冬季常规气候，主要控制开收仓时间，尽量选择白天气温较高时段开仓或冲洗仓面，施工缝面和钢筋预埋件冻结时，辅以人工清除及撒融雪剂处理，避免冲洗仓面。浇筑期间加强保温材料覆盖层数和调整外加剂配方，加密观测入仓、浇筑温度以及环境温度，及时平仓、碾压和覆盖，变态灰浆加热等综合措施。

8 大坝施工期智能化监控

为实现大坝施工过程有效监控和管理，三河口大坝建立了智能化监控系统平台（1 个管理平台，10 个监控系统，"1 + 10"模式）。10 个监控系统分别为：大坝混凝土温度智能监控管理、碾压质量监控管理、加浆振捣监控、综合监控、灌浆质量自动化监控等、大坝坝踵变形自动监测、施工车辆及人员跟踪定位、施工进度仿真管理、施工跟踪反演分析决策、枢纽施工安全视频监控管理。如图 10 所示。

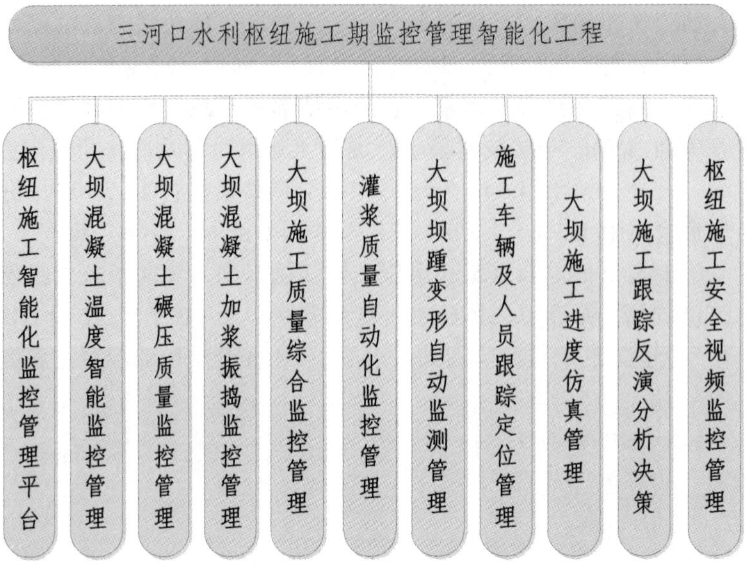

图 10　大坝施工期智能化监控

9　无人驾驶碾压技术

水利水电、道路交通工程领域运用无人驾驶碾压技术已有多年，积累了一定的实践经验和理论成果。为率先在陕西实现水利工程建设的新四化"控制电气化、信息数字化、通信网络化、运行智能化"，依托引汉济渭工程三河口水利枢纽进行碾压混凝土拱坝无人驾驶碾压筑坝技术研究，旨在把无人驾驶碾压筑坝技术推向水利水电建设筑坝技术的新高点，主要以探索适合碾压混凝土拱坝碾压作业区域规划与碾压避障的安全措施，对碾压混凝土的碾压全过程自动控制，克服以往人工碾压作业存在的各种不足，保证与提升碾压混凝土拱坝碾压施工质量。

研究内容包括：无人驾驶碾压机通讯网建设与调试、碾压机改造与调试、碾压混凝土施工过程模拟与试验工作。解决的主要技术难点和问题为：① 碾压混凝土拱坝曲线碾压路径规划问题；② 碾压仓面预埋件规避方法。

10　结语与展望

（1）通过原入仓方案优化调整，施工阶段以坝后溜槽和坝后自卸车直接入仓为辅，坝前胶带机、坝肩满管溜槽为主的入仓方案实践，解决了高山峡谷地形和有限空间条件下的碾压混凝土入仓问题，为主体碾压混凝土通仓、廊道层和 4.5 m 升层浇筑创造了必要条件。本工程在胶带机使用方面也存在诸多不足，如设备突发故障、人员操作不熟练造成的入仓强度不均衡等问题。建议类似工程从胶带机参数设计、备用和配置、人员操作培训方面重点着手。

（2）采用合理的配合比、VC 值动态控制、层间间歇时间控制、及时摊铺和碾压、骨料分离改善等措施，结合必要的检测手段，有效保证碾压混凝土和变态混凝土工作性能和施工质量。施工期质量检查中，于右岸 7# 坝段高程 585 m 取出了 ϕ190 mm，长度 22.6 m 二级配碾压混凝土完整芯样，该芯样贯穿 7 个冷升层和 68 个热升层，芯样混凝土为夏季高温时段浇筑，表明大坝碾压混凝土层间结合施工质量良好。

（3）温度控制与坝体防裂是碾压混凝土坝设计、施工阶段的一项重要任务。结合温度仿真计算指导、温度智能监控管理系统以及仿真反演分析，为大坝温控工作的实施和监控管理提供了一条新途径。

（4）碾压混凝土拱坝通常采用全断面碾压，在碾压后已成拱，横缝（或诱导缝）间距较大，施工期碾压混凝土水化热温升在冷却到准稳定温度场的过程中，将产生较大的温度应力，温度应力因坝体温降过程将长期影响拱坝应力状态，温控措施的实施使得坝内各处温度均不相同，残余的温度应力不同[1]。结合本工程大坝长间歇面出现的表面裂缝性状和发展规律来看，建议今后设计和施工阶段在较长分缝段设置周边短缝，缝面增加并缝措施和接缝灌浆系统，减少气温骤降或内外温差产生表面温度裂缝风险。

（5）施工期是将设计智力成果或雇主建设目标变为现实的重要过程，部分设计、施工规范标准来源于参与建设者和研究者不断创新和尝试。随着我国水利水电工程建设工程规模不断突破和技术趋于成熟，筑坝技术已处于领先地位。在中国大坝协会 2015 学术年会暨第七届碾压混凝土坝国际研讨会交流中，德国 Lahmeyer 国际有限公司代表 Chongjiang Du，Bernhard Stabel 工程师提道"迄今为止，几乎只有中国建造的碾压混凝土拱坝中才能找到传统收缩缝（诱导缝）"的应用，因为所有大型碾压混凝土拱坝都是中国人建造的"[5]，体现了我国筑坝技术的创新优势。当今国内已建的碾压混凝土拱坝已超越坝高 160 m，碾压混凝土坝具有经济可靠、施工快捷等优点，不久的将来，碾压混凝土拱坝坝高必将迈进 200 m 级大关。

参考文献

［1］ SL314—2018 碾压混凝土坝设计规范.

［2］ 田育功. 碾压混凝土快速筑坝技术. 北京：中国水利水电出版社，2018.

［3］ DL/T5433—2009 水工碾压混凝土试验规程.

［4］ 孔西康，刘辉. 快速筑坝技术在亭子口水利枢纽大坝工程施工中的实际运用//《水电可持续发展与碾压混凝土坝建设的技术发展》—中国大坝协会 2015 学术年会暨第七届碾压混凝土坝国际研讨会议论文集. 郑州：黄河水利出版社，2015.

［5］ CHONGJIANG DU，BERNHARD STABEL. 碾压混凝土拱坝的新型施工技术//《水电可持续发展与碾压混凝土坝建设的技术发展》—中国大坝协会 2015 学术年会暨第七届碾压混凝土坝国际研讨会议论文集. 郑州：黄河水利出版社，2015.

西藏扎曲果多水电站工程进度管理

张林鹏[1]　赵海忠[2]

（1. 华能澜沧江水电股份有限公司乌弄龙·里底建管局，云南　维西　674606；
2. 华能澜沧江水电股份有限公司基本建设部，云南　昆明　650214）

【摘　要】果多水电站工程地处西藏高寒、高海拔地区，存在人员、设备、材料及技术方案等施工组织难题，工程按期建成后运行正常。本文对果多水电站工程进度管理的经验进行了总结。

【关键词】工程；进度；管理；果多水电站

1　引　言

　　果多水电站位于西藏自治区昌都市境内，为扎曲水电规划"两库五级"中第二个梯级电站，是西藏境内目前已建成的第二大水电站。坝址以上控制流域面积 33 470 km²，坝址多年平均流量 303 m³/s，多年平均径流量 95.6 亿立方米。水库正常蓄水位为 3 418 m，死水位 3 413 m。正常蓄水位以下库容 7 959 万立方米，调节库容 1 746 万立方米，具有周调节性能。电站开发任务以发电为主，供应昌都市用电，电站装机容量 160 MW（4×40 MW），保证出力 33.54 MW，年发电量 8.319 亿千瓦时。工程枢纽由碾压混凝土重力坝、坝身泄洪冲沙系统、左岸坝身引水系统、坝后地面厂房等永久建筑物组成。其中碾压混凝土大坝坝顶宽 8.00 m，最大底宽 75.00 m，最大坝高 83.00 m，坝顶全长 235.50 m，为西藏地区第一座碾压混凝土大坝。

　　果多水电站于 2012 年 12 月 28 日项目核准通过，2012 年 12 月 30 日顺利实现大江截流，2013 年 10 月第一仓大坝碾压混凝土浇筑，2014 年 11 月 23 日大坝碾压混凝土浇筑完成，2015 年 11 月 20 日下闸蓄水，2015 年 12 月 31 日首台机组按期投产发电，2016 年 12 月 8 日最后 1 台机组投产发电。

　　果多水电站当地多年平均气温 7.7 ℃，极端最高气温 33.4 ℃，冬季极端最低气温 −20.7 ℃。昼夜温差大，最大月平均日温差高达 18.8 ℃，年平均日温差为 16 ℃；空气较为干燥，相对湿度在 39% ~ 59%。建设过程中充分借鉴了已建碾压混凝土重力坝的经验和教训，结合工程区域的地质条件及气候特点，多举措地开展工程进度管理，形成了诸多特殊的工程管理经验，该经验对高寒、高海拔地区的水电站建设具有一定的借鉴意义。

2　果多水电站工程进度管理

2.1　抓好管理，促进工程进度

　　果多水电公司为现场管理单位，在华能澜沧江水电股份有限公司、上游公司授权范围内负责对果多水电站建设实施全面管理。果多水电站建设实施业主负责制、招投标制、工程监理制和合同管理制的项目管理模式。内部管理采用"一岗双责"的管理模式；工程监理采用"小业主、大监理"的管理模式。

2.1.1 完善管理制度，建全保障体系

果多水电站筹建初期即发布了《果多水电站工程现场进度管理办法》《果多水电工程建设监理管理及考核办法》《果多水电站工程设计管理细则》，对果多公司各部门及设计、监理、施工单位的职责进行了明确，并在施工过程中不断完善，健全了保障体系。在合同及华能澜沧江公司批准的年计划基础上，果多水电公司下达各标段的年度、季度生产计划，对主要工程量、里程碑、节点目标进行明确；施工单位细化报送年度、季度、月、周及重点部位专项进度计划，经各方讨论及监理审批后实施，并执行进度考核制度。

2.1.2 深入工程管理，发挥业主主导作用

施工单位编制进度计划时，会因对相邻标段施工内容不了解，或受现场施工队伍影响等，对重点、难点认识不到位，进度计划编排不尽合理。果多水电公司紧抓进度关键线路，统筹考虑、突出重点，要求进度计划编排精确到天，并对重点部位施工计划完成情况进行考核，主导工程施工。

施工滞后项目建立日汇报、日协调管理制度，要求施工单位每天群发施工信息，监理每天组织参建各方召开现场会，实时跟踪了解施工情况，充分调动施工资源，及时解决施工中遇到的各种问题，对不满足计划要求的部位及时进行纠偏，确保工程建设始终处于受控状态，使得工程顺利推进。

为激发参建单位积极性，充分挖掘施工潜力，保证各节点目标的实现，果多水电公司按照合同条款、《果多水电站工程现场进度管理办法》、目标考核奖励协议书等对参建各方进行考核、奖罚，提高了参建各方对进度计划的重视程度，促进了进度计划的顺利实现。

2.2 开展设计优化及创新，推进工程建设

2.2.1 开展大坝建基面优化

水利水电工程建设中大坝建基面的选择，是勘测设计的一项重要工作，其选择合理与否不仅直接关系到工程质量和安全，同时影响施工工期和工程造价。果多水电工程开展超前的坝基声波检测、现场试验和地质跟踪等工作，及时收集坝基岩体质量信息。在对坝基物探检测及大量计算分析的基础上，将大坝建基面最大抬高 10 m，从而节约了工程投资约 6 700 万元，缩短工期约 2.5 个月，经济和综合效益显著。

2.2.2 开展枢纽布置三维协同设计

与传统的二维设计不同，三维协同设计属可视化设计，可大大提高枢纽建筑物和机电设备布置、管线布置的合理性。果多水电站在设计手段创新上，适时开展了三维协同设计工作。通过三维协同设计，工程设计大幅减少了以往设计过程中存在的"错、漏、碰"等通病，提

高了设计产品质量，相应保证了施工进度，同时为将来枢纽运行管理水平的提升打造了一个良好的平台。

2.2.3 开展适应高原环境特点的设计优化

根据果多电站气候特点，考虑到廊道漏水容易引起冻融破坏，在优先保证施工质量和施工进度的前提下，研究并采用了变态混凝土现浇廊道，达到了廊道与周边碾压混凝土的同步快速上升。

采用浅埋式方案布置压力钢管，减小了管道安装与坝体混凝土施工之间的干扰，便于坝体混凝土上升。同时，适应西藏高海拔寒冷地区存在着昼夜温差大、地震烈度高等环境特点，尤其是避免了低温季节温差突变对压力钢管的冻融影响，对结构安全有利。

2.3 开展施工方案优化，推动主体工程快速施工

2.3.1 结合现场条件，选择多种混凝土入仓方式

坝体混凝土总方量约 48.98 万立方米，其中碾压混凝土约 35.75 万立方米。根据坝址区地形特点，利用上下游围堰、基坑开挖道路进行入仓道路填筑，尽量采用汽车直接入仓。通过合理规划入仓方案，高峰月浇筑强度达 7.7 万立方米。

在后期施工过程中，随着坝体高度上升，入仓手段减少，为保证大坝混凝土入仓强度，结合现场实际在左右岸坝肩槽布置了 2 套箱式满管溜槽，并通过坝前 2 台门机、1 台塔机及混凝土泵，保证了备仓及混凝土施工进度。

另外采用"人"字形钢栈桥跨钢模板，结合仓内混凝土先浇块道路，简化了道路填筑，节省了时间，有效地减少了入仓口施工对碾压混凝土施工的干扰。

2.3.2 结合现场条件，优化仓面及层高设计

在入仓强度满足要求的前提下，对仓面设计进行合理优化，尽量采用通仓浇筑，适当提高浇筑层高。大坝工程根据结构特性及施工布置分为左右岸两个大仓面，最大仓面面积约 4 500 m²；通过温控计算并采取必要的温控措施，将碾压混凝土浇筑升层由 3 m 调整为 6 m，节省了层面处理和混凝土等强时间，平均月升层 6 m，最大升层 9 m，加快了施工进度。

2.3.3 进行混凝土碾压试验，优化施工工艺

在主体工程施工前进行混凝土碾压试验，优化混凝土配合比及碾压工艺，最终确定当仓面气候适宜时，碾压混凝土出机口 VC 值按照 2~4 s 控制（冬季以 1~2 s 为宜），采用摊铺厚度为 34 cm、"无振 2 遍 + 有振 6 遍 + 无振 2 遍"的碾压方式，经检测混凝土密实度均大于 98%，保证了施工质量及进度。

模板安装是混凝土快速施工的重要环节，根据碾压混凝土大坝的结构特点及薄层连续施工的需要，上下游面及横缝面采用 3 m×3.1 m 连续翻升钢模板；坝体廊道顶拱采用特制圆弧钢模板，边墙采用组合钢模板；电梯井采用定型模板。通过使用上述模板型式，施工效率高，保证了碾压混凝土外观质量和快速施工。

2.3.4 定子整体吊装方案优化

按正常安装工序施工，发电机定子在安装间叠片，进行铁损实验后再吊入机坑进行下线工作，而定子在机坑下线需要近 2 个月工期，导致机组水机部分安装工作无法开展。为确保发电目标，把定子在机坑下线这一工序改为在安装间进行。下线完成后整体吊至机坑安装调整，合格后进行耐压试验，这样就能保证机组发电机与水轮机之间工作错峰。 通过下线前试吊变形监测、下线后吊装变形监测、定子调整等手段，定子整体吊装过程下线前、后吊装变形监测数据一致，线棒在线槽内无损伤，使安装工期约缩短了 2 个月，水轮机导水机构也提前安装完成，定子最后直流泄漏和交流耐压均一次通过。

2.4 针对高寒高海拔地区特点，制定合理的进度管理措施

果多水电站处于高寒、高海拔地区，人员、设备降效严重。电站所在西藏昌都市经济总量相对较小，工业基础相对薄弱，区内建筑材料供应自给能力不足，离周边主要城市成都、丽江、拉萨等地的距离均在 1 000 km 以上，物资运输主要依靠公路，距离远、路况差、运输周期长，且当地符合条件的劳动力较少，大量人员需要从内地召集。

果多水电站所处地理、气候的特殊性，对其工程进度、造价产生影响，影响因素主要包括冬季施工、人员及设备的组织、施工效率及材料消耗量。

2.4.1 加强人员、设备配置及进出场管理，保证施工资源配置

由于果多水电站所处的地理环境特点，工程建设在施工人员及施工设备方面存在着一定的困难。主要体现在：因高原缺氧、气压低、早晚温度低等影响，人工及机械的效率降低；由于不适应高原缺氧环境，施工人员的流动性大，进退场人员数量增加；机械总体故障率较内地高，加之地理位置偏远，修理周期较内地长。

根据统计数据，相比海拔 1 000 m 以下，非冬季人工平均降效约为 34%，机械降效约为 32%；进入冬季之后，由于气温急剧下降，人工和机械施工效率均降至非冬季效率的一半左右。因此，果多水电公司加强参建单位人员、设备及进出场管理，保证足够的施工资源配置。在非冬季正常施工期间，参建单位工程配置约为内地的 1.5 倍，在冬歇期间，参建单位工程配置约为内地的 1.8 ~ 2 倍。每年春节期间，要求参建单位主要负责人组织人员提前到场，确保 3 月初工程全面复工。

选用适应高原环境的机械设备。冬季施工采用-20#柴油及优质防冻液，并做好机械的防冻保暖工作。强化机械操作人员的技能训练，建立专业维修队伍，对机械进行及时的检查、维护、保养，使施工机械在冬季能正常运行。

2.4.2 加强冬季混凝土保温措施，保证施工质量

果多水电工程低温季节（11 月—次年 3 月）月平均气温在 – 8.6 ~ – 1 ℃，其中 12 月—次年 2 月不浇筑室外混凝土，低温季节混凝土浇筑和过冬保温的质量、进度是对工程总进度的保证。冬季混凝土施工主要采取了以下措施：

（1）对仓外供水管路采取外包橡塑海绵及加热带措施，夜间尽量放空供水管路，防止结冰损坏供水管路。（2）少生产或不生产骨料，并采取遮雨雪措施；胶带机、骨料罐、外加剂池等部位安装保温装置，采用蒸汽排管供热。（3）采取热水拌和、蒸汽排管法加热骨料等措施保证混凝土出机口温度。（4）混凝土尽量缩短运输时间，减少混凝土在运输过程中的热量损失。每车接料时间达到 12 min 以上时，运输车辆宜立即启运；碾压混凝土运输自卸车外侧贴 5 cm 厚聚苯乙烯保温被并在车厢顶部加帆布遮盖，常态混凝土运输罐车采用 2 cm 厚的橡塑海绵对罐体严密包裹；箱式满管采用 5 cm 厚保温被包裹，吊罐采用 2 层 2 cm 厚的橡塑海绵保温材料包裹。（5）采用模板内贴 5 cm 厚聚苯乙烯保温板和一层保温材料，或在模板外侧加贴聚苯乙烯保温被。（6）混凝土浇筑前应检测环境、浇筑面温度，基岩面或老混凝土面若为负温应加热至正温。（7）合理规划仓号面积，提高混凝土入仓强度，采用斜层平推铺筑法施工，缩短混凝土层间间隔时间，及时摊铺、及时碾压。（8）混凝土浇筑完毕后，为防止湿养护结冰，对混凝土停止湿养护，在其上表面采用一层塑料膜＋5 cm 厚聚苯乙烯保温被压紧覆盖。（9）适当推迟拆模时间，拆模后有内贴保温材料的进行保留，无内贴保温材料的，混凝土侧面多用 5 cm 厚保温被及时覆盖。（10）廊道、泄洪冲沙中孔及厂房机窝等孔洞部位采用覆贴 5 cm 厚的聚苯乙烯保温被进行保温，并挂帘封闭，防止形成风道。（11）使用保温彩钢瓦搭建灌浆制浆棚，制浆用水水温不得超过 40 ℃，浆液输送前温度不得小于 10 ℃，浆液灌注前温度不得小于 5 ℃；供浆管表面保温材料选用与供浆管同径的泡沫管，并在保温材料外面包一层塑料布，防止保温材料吸收水分。

果多水电站冬季通过采取上述保温措施，达到了以下效果：供水、供浆管路运行正常；施工机械设备运行正常；混凝土内表面温度达到设计要求指标，有效地减少了混凝土冻融破坏和裂缝的发生。

2.4.3 针对地区偏远的特点，加强物资供应管理

本地区物资主要依靠汽车从内地运输进场，由于冬季冰雪影响，多个路段容易出现险情，运输十分困难。因此，一是做好物资需求计划，提前进行物资储备；二是施工所有需要的机械备品备件、常用的消耗、周转性材料、冬季施工保温材料、燃料等均提前到冬季到来前组织到位，并利用冬季到来前 1 个月做好各项冬季施工准备，以保证冬季施工正常进行。

3 结 语

果多水电工程通过建立健全进度管理体系及制度、进行合理的设计优化及科技攻关、深入细致的现场施工管理，解决了西藏高寒、高海拔地区水电施工的难题，稳步推进了工程建设，按期实现了投产发电，电站建成后运行正常，为后续高寒、高海拔地区水电工程的建设提供了借鉴。

其中有几点经验值得总结：（1）应充分挖掘设计优化潜力。出于安全等各方面考虑，设计方案通常会偏于保守。根据现场实际合理进行设计优化，对保证、节约工期起着重要的作

用。设计优化工作是参建各方共同的责任，需采取奖励措施激励参建各方积极提出优化意见，充分挖掘设计优化潜力。（2）计划应具有超前性。进度管理应督促设计及时供图，尽早认识施工的重点和难点，超前计划，合理安排施工。（3）抓好施工资源管理。由于主客观因素的影响，导致多数承包商不能按合同承诺投入足够的施工资源。业主在工程进度管理过程中应发挥主导作用，可采取约谈、奖罚、向后方发函等手段，督促承包商按时投入足够的施工资源，调动承包人的积极性，提高承包人的履约信用，以确保工程施工进度。

大华桥水电站碾压混凝土大坝施工技术简述

周洪云

（中国水利水电第八工程局有限公司，湖南　长沙　410004）

【摘　要】大华桥水电站碾压混凝土大坝在施工过程中采取了系列施工技术，取得了良好的应用效果，工程完建后主要性能指标优于设计规定值，工程建设质量优良。文章对大华桥水电站碾压混凝土大坝在施工过程中采用的部分主要施工技术及工程措施进行分析和小结，供后续类似工程参考借鉴。

【关键词】碾压混凝土重力坝；大华桥水电站；主要施工技术

1　概　述

1.1　工程概况

大华桥水电站是澜沧江上游河段规划推荐开发方案的第七级电站，位于云南省怒江州兰坪县境内的澜沧江干流上，大坝为碾压混凝土重力坝，坝高 103 m，装机 4 台，单机容量 23 万千瓦，总装机容量 92 万千瓦。如图 1 所示。

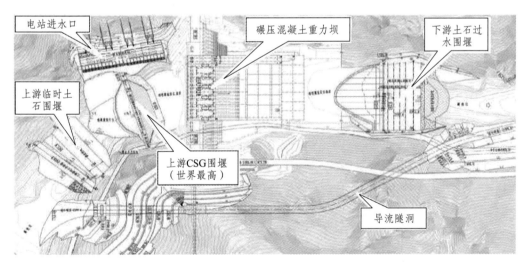

图 1　枢纽平面布置图

大坝为碾压式混凝土重力坝，坝轴线直线布置，坝顶高程 1 481 m，坝基最低开挖高程 1 378 m，最大坝高 103 m，坝顶长度 231.5 m，坝顶宽 17.5 m。

碾压混凝土主要浇筑时段为 2015 年 11 月—2017 年 10 月，总浇筑方量 53 万立方米，最高浇筑强度为 6.5 万立方米/月。

1.2 水文及气象条件

大华桥水电站坝址以上流域控制面积 9.26 万平方千米，多年平均流量 925 m³/s。坝址区多年平均气温 16.7 ℃。兰坪气象站极端最高气温 31.7 ℃，极端最低气温 – 10.2 ℃。流域内的降水在年内分配极不均匀，主要集中在汛期的 6—10 月，约占全年的 85%，其中又以 7—9 月为最多，约占全年的 60%。

1.3 导流程序简述

拦河坝施工导流采用断流围堰一次拦断河流，隧洞泄流，枯水期围堰挡水，汛期基坑过水，基坑内枯水期施工的导流方案。导流挡水建筑物采用上游临时土石围堰 + 上游 CSG 过水围堰[1]及下游土石过水围堰[2]。如图 2、表 1 所示。

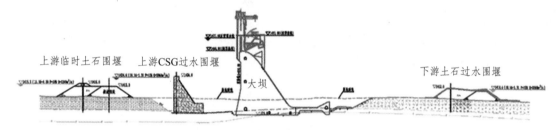

图 2　施工导流程序剖面图

表 1　施工导流程序规划表

导流时段		导流及度汛准（洪水频率）	洪水流量 /（m³/s）	上游水位 /m	下游水位 /m	挡水建筑物	泄水建筑物
初期导流	I 枯	2014 年 11 月上旬—2015 年 4 月 30 日	（11.1～4.30）时段 10%	1 420	1 416.9	1 409.0	上游临时围堰、下游围堰	导流洞
		2015 年 5 月 1 日—2015 年 5 月 31 日	（10.16～5.31）时段 10%	2 060	1 424.6	1 410.6	上、下游围堰	导流洞
	I 汛	2015 年 6 月 1 日—2015 年 10 月 15 日	全年 5%	6 950	1 434.9	1 418.7		导流洞和过水基坑
	II 枯	2015 年 10 月 16 日—2016 年 5 月 31 日	（10.16～5.31）时段 10%	2 060	1 424.6	1 410.6	上游胶凝砂砾石围堰、下游围堰	导流洞
	II 汛	2016 年 6 月 1 日—2016 年 10 月 15 日	全年 5%	6 950	1 434.9	1 418.7		导流洞和过水基坑
	III 枯	2016 年 10 月 16 日—2017 年 5 月 31 日	（10.16～5.31）时段 10%	2 060	1 424.6	1 410.6	上游胶凝砂砾石围堰、下游围堰	导流洞
中期导流	III 汛	2017 年 6 月 1 日—2017 年 10 月 15 日	全年 2%	8 300	1 461.7	1 420.4	坝体	导流隧洞、泄洪底孔和缺口
	IV 枯[1]	2017 年 10 月 16 日—2018 年 1 月 31 日	（10.16～5.31）时段 10%	2 060	1 424.6	1 410.6	坝体	导流隧洞
后期导流	IV 枯[2]	2018 年 2 月 1 日—2018 年 2 月 28 日	（12.1～3.31）时段 10%	724	1 447.2	1 407.1	坝体及导流隧洞闸门挡水	底孔
	IV 枯[3]	2018 年 3 月 1 日—2018 年 5 月 31 日	（12.1～5.31）时段 10%	1 830	1 477.0（控）	1 410.1	坝体、导流隧洞闸门及 2 孔表孔闸门	底孔和 3 孔表孔

1.4 工程特点

大华桥水电站碾压混凝土大坝工程主要的特点有以下几个方面：

（1）坝址处河谷狭窄，混凝土运输入仓和质量控制是重点。

（2）常态混凝土主要采用塔机和缆机浇筑，塔机与缆机的干扰和安全问题是重点。

（3）缺口坝段过流面保护，是本工程的难点。

2 施工准备

2.1 混凝土施工配合比

在混凝土生产过程中，采用合格的原材料和高效复合型外加剂，优化施工配合比，并根据外界条件的变化，对碾压混凝土拌和物的 VC 值进行动态控制，使实际施工配合比尽可能达到最佳状态，确保施工质量。混凝土胶凝材料采用祥云/滇西红塔 P·MH42.5 水泥 + 曲靖 II 级灰/宣威 II 级灰/贵州火焰 II 级灰，主要施工配合比[3]见表 2。

表 2　混凝土施工配合比材料用量表

序号	施工部位	设计指标	外加物 JM-II RCC /%	TG /%	F /%	$W/(C+F)$	级配	砂率 /%	材料用量/（kg/m³） 水	水泥	煤灰	砂	小石	中石	大石	JM-II	TG	V_c值 /s
1	下游围堰堰面碾压混凝土	C20	0.8	0.25	50	0.38	二	36	97	128	127	738	744	608	0	2.040	0.638	3~8
2	坝体大体积	C180 15 W50	0.8	0.25	60	0.55	三	36	87	63	95	785	431	576	431	1.264	0.395	3~8
3	上游防渗层、表孔台阶堰面	C180 20 W100	0.8	0.25	50	0.50	二	39	97	97	97	823	730	597	0	1.552	0.485	3~8
	变态混凝土（加浆量为碾压混凝土体积的 6%）																	坍落度/mm
4	迎水面变态混凝土	C90 20 W100	0.8	0.25	50	0.50	二	39	97	97	97	823	730	597	0	1.552	0.582	10~30
		净浆（加浆量 6%）	0.8	—	50	0.45	—	—	547	608	608	—	—	—	—	9.728	—	—

备注：

1. 各种材料计算比重：祥云 P·MH42.5 水泥 3.19，曲靖 II 级灰 2.32，人工砂 2.62，人工碎石 2.70；人工砂的细度模数 = 2.59。

2. 各级配石子比例：碾压混凝土骨料的二级配为中石：小石 = 45：55；三级配为大石：中石：小石 = 30：40：30。

3. 配合比中的骨料用量均为饱和面干状态下的骨料用量。

4. 混凝土配合比计算时，掺引气剂的混凝土扣含气量：二级配 2.5%、三级配 2.0%。

5. 由于碾压混凝土的 180 d 龄期未到，以上推荐的均为 90 d 龄期的碾压混凝土前期施工配合比

2.2 主要施工机械布置

大坝混凝土浇筑采用分高程（由低至高）分别采用自卸汽车、满管溜槽、胶带机输送、塔机及缆机组合入仓的方式。

2.2.1 缆机布置

坝址布设1台30 t辐射式缆机[4]，主要负责大坝常态混凝土浇筑、吊装表孔弧门及启闭机、吊装钢筋、模板等辅助材料和施工机械设备（包括振动碾、平仓机、汽车等），缆机跨度300 m，覆盖范围为左岸锚固端18.64°的扇形区域，左岸缆机基础为锚固端，右岸为副车移动端。如图3所示。

图3　缆机布置图

结合缆机布置，在右坝肩缆机覆盖范围内规划缆机供料平台，供料平台由高、低平台组成，高平台高程为1 480.56 m，为右岸上坝公路，同时汛期作为当地村民对外通道，需要做好保通、干扰和安全措施；低平台高程为1 475.56 m，宽度5 m。

2.2.2 其他设备布置

在左岸1 416.5 m高程、基坑1 383 m高程（后期转移至右岸1 420.5 m高程）顺水流方向，各布置1台K80型塔机（1#、2#-1K80塔机）负责坝体常态混凝土浇筑、辅助坝体碾压混凝土浇筑、吊装金属结构和钢筋、模板等辅助材料、施工机械设备；前期在左岸1 430 m高程布置1条满管溜槽（1#），负责左岸坝段1 410～1 430 m高程碾压混凝土入仓，后期在左岸1 481 m高程布置1条满管溜槽（3#），负责左岸坝段1 430～1 479.5 m高程碾压混凝土入仓，在右岸1 480.5 m高程布置1条满管溜槽（2#），负责右岸坝段1 410～1 479.5 m高程碾压混凝土入仓，后期在大坝右侧布置1条混凝土胶带运输机和1 452.0 m高程布置1条满管溜槽（4#），负责溢流坝段1 410.0～1 445.0 m高程混凝土入仓；大坝下部（1 410 m高程以下）碾压混凝土采用自卸汽车运输入仓。另外，配备2台QUY55履带吊、1台BLJ600×40布料机、1台HBT60C混凝土输送泵负责辅助消力池及护坦、消力池右导墙、回填混凝土、河道防护混凝土护坡、灌浆平洞、导漂排、左岸缆机基础等部位混凝土浇筑。

2.3 混凝土拌和

2.3.1 混凝土生产系统

混凝土生产系统高峰小时强度可按以下公式计算：

$$Q_h = K_h \times Q_m / 20 \times 25$$

式中　Q_h——小时生产能力；

K_h——小时不均匀系数，可取 1.5；

Q_m——混凝土高峰月浇筑强度（m^3）。

本工程高峰月浇筑强度为 8 万立方米，系统设计规模：常温混凝土生产能力 300 m^3/h；出机口温度 12 °C 的预冷混凝土生产能力 240 m^3/h。大坝混凝土生产系统布置于坝址下游、距坝址约 0.8 km 的左岸一层平台上游侧，系统配置 HL300-2S4000 型拌和楼 2 座，并配制冷系统。混凝土料采用汽车运输，出料场坪高程约 1 430 m。

系统混凝土生产所需粗、细骨料均由黄登甸尾中转料仓取料自卸汽车运输至本系统。粗骨料至本系统后进行二次筛分。

系统混凝土生产所需胶凝材料（水泥、粉煤灰、灰岩石粉、磷矿渣粉）由发包人统供，系统储存设施和拌和楼按照双掺要求配置。见表 3。

表 3　混凝土生产系统性能参数表

拌和系统设备	两座 HL270-2S4000L 强制式拌和楼
系统设计浇筑能力	常温 ≥480 m^3/h
制冷能力	高温季节 ≥270 m^3/h
	出机口温度 ≤12 °C
理论生产能力	12 万立方米/月
实际高峰强度	6.5 万立方米/月

2.3.2　拌和制冷系统

制冷系统制冷容量按两座拌和楼预冷混凝土生产能力满负荷计算，综合考虑 2016、2017 年 6 月和 7 月的工况（气温、混凝土产量及最大仓面强度），两座拌和楼全部配置预冷设施。系统设计制冷总容量（标准工况）2.31×10^{10} J/h，除满足施工需要外，还有一定的富余。采用骨料两次风冷、充分加冰、加冷水拌和的混凝土预冷工艺[5]，确保混凝土出机口温度满足设计要求。

3　主要施工技术

3.1　模板技术

3.1.1　模板规划

（1）大坝上下游永久外露面及分坝段（缝）侧面模板主要采用 3 m×3 m 可连续翻升的大模板，该形式模板可满足碾压混凝土的施工要求，是在以往碾压混凝土工程模板施工基础上进一步总结提升，有丰富的使用经验。

（2）1#、12#坝段侧边采用球形键槽模板。

（3）坝后反弧段采用定型钢模板，溢流坝段坝后台阶采用专门的台阶模板。

（4）廊道采用新型美缝模板，以整齐顺直的键槽代替不规则的模板拼缝，实现混凝土表面整体美观的目标。如图4所示。

图4　廊道美缝模板实际效果图

3.1.2　模板施工

模板安装前先按混凝土结构物的施工详图测量放样，每块模板接缝处设1～2个样点。在已浇混凝土上新安装的模板应使得模板与硬化的混凝土有不大于25 cm的搭接，以防止模板伸张、畸形突变或漏损砂浆。

采用汽车吊吊运就位，仓内采用拉模筋固定。特别应注意的是，由于模板主背楞受力后会产生弹性变形，加之各部件的安装配合间隙，模板安装时应予内倾。经多年使用该类模板的经验，内倾量控制在3～6 mm时较为适宜。模板安装时，测量人员随时用仪器检查校正。模板之间的接缝平整严密，满足规范技术要求，并在模板面板上刷一道脱模剂。

在混凝土浇筑过程中，设置专人负责经常检查、调整模板的形状及位置，使其与设计线的偏差不超过模板安装允许偏差绝对值的1.5倍。模板如有变形走样，立即采取有效措施予以矫正。

3.2　预埋件及止水施工

止水（浆）片安装时应采用专用支托卡具支撑牢固，竖向止水（浆）片的支托卡具每50 cm一道，水平止水（浆）片的每100 cm一道。预埋件按图纸位置安装固定。

3.3 混凝土运输与入仓

大坝碾压混凝土采用自卸汽车直接入仓、满管溜槽入仓、缆机入仓等多种方式。各区、各坝段碾压混凝土入仓方式统计如表4。

表4 混凝土生产系统性能参数表

入仓方式	浇筑部位	高 程	碾压砼工程量/m³
自卸汽车入仓	3#~8#坝段	EL1378.60~L1392.70	107 700
左岸1430满管入仓	3#~5#坝段	EL1392.70~L1396.67	108 428
	6#~9#坝段	EL1392.70~L1405.00	
	8#~10#坝段	EL1405.00~L1422.70	
	10#坝段	EL1422.70~L1430.00	
左岸1481满管入仓	8#坝段	EL1422.70~L1438.40	47 263
	9#~11#坝段	EL1430.00~L1468.20	
右岸1481满管入仓	2#~5#坝段	EL1396.67~L1405.00	115 090
	1#-2~3#坝段	EL1405.00~L1480.00	
	4#~7#坝段	EL1405.00~EL1442.7	117 807
	4#~8#坝段	EL1442.70~L1449.50	
缆机入仓	12#坝段	EL1450.0~EL1481.0	6 121
	1#坝段	EL1465.0~EL1481.0	774

注：其余大坝常态混凝土（廊道、底孔、闸墩、溢流面、门库等）采用缆机、混凝土泵、胶带机入仓，约23万立方米（含地质超挖回填量）

1）自卸汽车入仓

基坑1 397 m高程以下采用自卸汽车直接入仓。

采用汽车直接入仓时，汽车轮胎冲洗处的设施应符合要求，距入仓口必须有不少于30 m的脱水距离，进仓道路应铺成碎石路面，并冲洗干净、无污染。

2）满管入仓

大坝碾压混凝土入仓满管长度超过100 m，并完成近20万立方米碾压混凝土的入仓。分别为：右岸EL.1 481 m至EL.1 400 m采用满管（81 m高差）+胶带机入仓；左岸EL.1 394 m至EL.1 430 m采用满管+胶带机入仓；左岸EL.1 481 m至EL.1 439 m满管入仓。

满管溜槽断面800 mm×800 mm，为方形断面，倾角为65°~76°，设计输送能力250 m³/h。如图5。

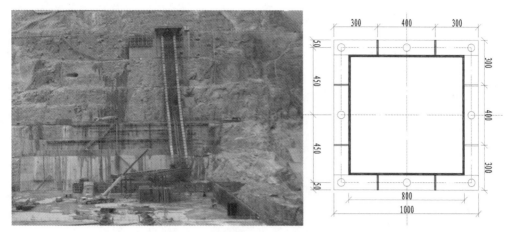

图 5   满管溜槽入仓方式实际效果图

3.4 卸 料

碾压混凝土铺筑层以固定方向逐条带铺筑。坝体迎水面 8～15 m 范围内，平仓方向应与坝轴线方向平行。条带宽度根据施工仓面的具体宽度适时调整，一般为 6.0 m。大坝碾压混凝土采用平层通仓法。

采用吊罐入仓时，卸料高度控制在 1.0 m 以内，由自卸汽车在仓内布料时采用退铺法依次卸料，汽车在拌和楼接料时分两点或三点接料。卸料时分多点卸料，以减少料堆高度，减轻骨料分离，并将碾压混凝土卸到已平仓的混凝土面上，以便平仓机平仓时能扰动料堆底部，使料堆底部骨料集中现象得以改善。

3.5 平 仓

卸料后及时平仓，要求边卸料、边摊铺、边平仓。平仓机以 D65P 型为主。

平仓机推料宜采用先两侧后中间的方法。平仓机平仓过程中出现两侧的骨料集中，应分散于条带上。

混凝土摊铺主要施工要点为：

（1）混凝土铺筑时，采用平层铺筑，层面略向上游倾斜。

（2）汽车卸料时严格控制靠近模板条带作业，料堆边缘与模板的距离不小于 1.0 m；与模板接触部位必要时辅以人工铺料。

（3）汽车在仓内转运时，每一条带起始卸料采用梅花形布料作业方法，料堆中心间距约 7 m，排距约 4 m，卸料两排形成 6 m 左右宽条带，铺料条带长度达到 20 m 左右后进行平仓。条带形成后，汽车卸料卸在未碾压的混凝土坡面上，然后开始按平仓厚度平仓，使铺料条带向前延伸推进。

（4）经现场碾压试验确定压实层厚度，当压实层厚度为 30 cm 左右时，应按两层铺料一次碾压方式进行，两层铺料厚度取 17 cm 左右，用平仓机平仓。并在平仓机上安装激光找平仪进行控制，同时在模板上画出分层高度线，作为辅助控制手段。

（5）汽车在碾压混凝土仓面行驶时，尽量避免急刹车、急转弯等有损碾压混凝土质量的操作。

（6）在施工缝面上铺砂浆、水泥掺合料浆或小级配常态混凝土前应严格清除二次污染物，铺浆后应立即覆盖碾压混凝土。铺砂浆、水泥掺合料浆或小级配常态混凝土应采用专用的摊铺机铺料，以确保铺料均匀。

（7）严禁不合格的碾压混凝土拌和料入仓。

（8）卸料平仓应严格控制混凝土的分区界线，二级配碾压混凝土的摊铺宽度应满足施工图纸的规定，最大误差不得大于 30 cm。

3.6　碾　压

大面积碾压采用德国产 BOMAG BW202AD 型振动碾，靠近模板边角位置则用 BW75S 型手扶式振动碾碾压。碾压作业采用条带搭接法，大坝迎水面 8 ~ 15 m 范围内，碾压方向应垂直水流方向，碾压条带间的搭接宽度为 10 ~ 20 cm，端头部位的搭接宽度应不小于 100 cm。碾压机具碾压不到的死角，以及有预埋件的部位，浇筑变态混凝土。

碾压方式采用平碾法。平层碾压时，施工缝面砂浆分段摊铺，然后摊铺碾压混凝土，层层往上碾压施工。砂浆采用摊铺机铺设，上层未碾压的前缘需辅以人工铺砂浆。新铺设的砂浆要求在半小时内覆盖。

碾压施工技术要点：

（1）碾压速度：一般控制在 1.0 km/h 到 1.5 km/h 范围内。

（2）碾压遍数：为防止振动碾在碾压时陷入混凝土内，对刚铺平的碾压混凝土先无振碾压 2 遍使其初步平整，然后有振碾压 6 ~ 8 遍，直至碾压混凝土表面泛浆后再视情况无振碾压 1 ~ 2 遍。具体碾压遍数由现场碾压试验确定。

（3）压实度检测：碾压达到规定的碾压遍数后，及时用率定好的核子密度仪对压实后的混凝土进行容重测定，对未达规定容重指标的进行补碾，确保相对压实度达到 98.5%以上。当混凝土过早出现不规则、不均匀回弹现象时，及时检查混凝土拌和物的分离和泌水情况，并及时采取措施予以调整，必要时将该部位碾压混凝土予以挖除，另外补填碾压混凝土拌和物，再补碾密实。

（4）碾压要求：碾压作业条带清楚，走向偏差控制在 20 cm 范围内，条带间重叠 10 ~ 20 cm。同一碾压层两条碾压带之间因碾压作业形成的凸出带，采用无振慢速碾压 1 ~ 2 遍收平；收仓面的两条碾压带之间的凸出带，采用无振慢速碾压收平。

（5）覆盖时间控制：碾压混凝土拌和物从拌和到碾压完毕的时间最多不得超过 2 h；碾压混凝土的层间允许间隔时间低温季度控制在 6 h 内，高温季度控制在 4 h 内。

同一碾压层两条碾压带之间因碾压作业形成的凸出带，采用无振慢速碾压 1 ~ 2 遍收平。变态及碾压交界处先用振捣器插入到碾压混凝土中，精心振捣，确保两种混凝土融混密实，结合部位表面再用 BW75S 手扶式振动碾碾压收平。

3.7 变态混凝土施工

本工程变态混凝土的铺筑层厚为 34 cm 左右，分两层摊铺。首先在处理好的层面上水平铺设一层水泥掺合料浆（体积为变态混凝土中规定浆液的掺量的一半），然后铺筑第一层碾压混凝土，摊铺好后在碾压混凝土层面上水平铺设另外一半的水泥掺合料浆，接着摊铺第二层碾压混凝土。第二层碾压混凝土摊铺好后，采用手持大功率振捣器将碾压混凝土和浆液的混合物振捣密实。层面连续上升时，在浇筑上层混凝土时振捣器深入下层变态混凝土内 5~10 cm，振捣器拔出时，混凝土表面不留有孔洞。振捣作业在水泥掺合料开始加水搅拌后的 1 h 内完成，并做到细致认真。使混凝土外光内实，严防漏、欠振现象发生。

变态混凝土灌浆技术参数：

（1）浆液密度 1.72 g/cm^3。

（2）打孔法间距一般控制在 20 cm × 20 cm。

（3）振捣时间 40~60 s（视条件间隔 30 min 再加振 20 s），振捣时振捣棒应深入下层变态混凝土内 5~10 cm。

（4）单孔加浆 7.2 L。

3.8 仓面主要温控措施

针对坝区所处干热性河谷且枯水季节风速大的特点，本工程在仓面采取了以下温控、保湿措施，克服了不良气候因素的影响，较好地解决了大坝碾压混凝土施工层间结合及温控防裂问题。

（1）喷雾机合理布置，仓面小气候效果明显。

（2）大坝上下游面采用挂花管流水养护。

（3）夏季过流缺口采用土工布 + 喷水养护。

（4）冬季施工完后及时保温被覆盖。

4 结 语

通过以上系列主要施工技术的研究，大华桥水电站大坝碾压混凝土取得了良好的应用效果，2016 年 9 月 13 日，在 8#坝段取出一根 φ195 mm、长 21.1 m 的超长芯样，芯样表面光滑、骨料致密、骨料分布均匀，是对大坝碾压混凝土施工质量和层间结合质量的一个良好展示。

大华桥水电站于 2018 年 2 月初成功下闸蓄水，蓄水至正常蓄水位时，实测大坝坝体渗漏量 2.3 L/s，岸坡渗水 2.5 L/s，每小时渗水总量 17.8 m^3，总渗水量远小于设计规定值。同年 5 月，全国质量巡视组对大坝防渗区现场检测最大透水率为 0.4 Lu，小于设计 0.5 Lu 标准，充分证明大华桥水电站大坝工程建设质量优良，施工过程中采用的主要施工技术值得后续类似工程参考借鉴。

参考文献

[1] 罗长青. 全断面胶凝砂砾料（CSG）过水围堰在大江上研究与应用——以大华桥水电站上游 CSG 围堰为例[J].低碳世界，2017，（6）：103-104.

[2] 陈瑞华. 澜沧江大华桥水电站下游过水围堰放冲研究[J]. 四川水力发电，2011，30(Ⅰ)：71-75.

[3] 郭辉. 大华桥水电站人工砂石粉含量检测及设计指标调整[J]. 云南水力发电，2017，33（3）：29-31.

[4] 薛宝臣. 大华桥水电站拦河坝施工缆机设计[J]. 云南水力发电，2014，30（4）：1-2，36.

[5] 陈笠. 大华桥水电站大坝混凝土生产系统工艺设计与布置[J]. 水利水电施工，2016(1)：21-23.